线性代数

主编　范崇金　王　锋

HEUP 哈尔滨工程大学出版社

内容简介

本书作为高等学校线性代数教材，其内容包括行列式理论、线性方程组理论、矩阵理论、实二次型理论和一般线性空间与线性映射理论。本书知识内容严谨、条理清晰，讲、例、练的完美结合，对教师授课、学生的理解具有一定的指导性和促进性。

本书作为高等学校教学教材，同时也可作为全国工科硕士研究生入学考试用书。

图书在版编目(CIP)数据

线性代数/范崇金，王锋主编. —哈尔滨：哈尔滨工程大学出版社，2014. 11
ISBN 978－7－5661－0940－8

Ⅰ.①线… Ⅱ.①范… Ⅲ.①线性代数－高等学校－教材 Ⅳ.①O151.2

中国版本图书馆 CIP 数据核字(2014)第 271902 号

出版发行 哈尔滨工程大学出版社
社　　址 哈尔滨市南岗区东大直街 124 号
邮政编码 150001
发行电话 0451－82519328
传　　真 0451－82519699
经　　销 新华书店
印　　刷 哈尔滨市石桥印务有限公司
开　　本 787mm×1 092mm 1/16
印　　张 10.5
字　　数 265 千字
版　　次 2014 年 12 月第 1 版
印　　次 2014 年 12 月第 1 次印刷
定　　价 25.00 元
http://www.hrbeupress.com
E-mail:heupress@hrbeu.edu.cn

前　言

本书符合高等学校工科线性代数课程的要求，也满足全国工科硕士研究生入学考试大纲的要求。为使本书能适合不同专业的要求，我们在最后一章增加了一般线性空间与线性映射的内容。

作为一门工科基础课教材，在满足大纲要求的前提下，我们的理念是**结构严谨、逻辑清晰、简明扼要、易教易学**。编者在以下几方面做了一点尝试：

（1）由行列式尽早地给出矩阵的秩及线性方程组可解性判别定理，再作为此理论的应用来处理向量组理论。这样，整个课程的教学过程更为流畅，消除了向量组理论的教学难点。

（2）多处刻意强调了高斯消元法。例如，我们用高斯消元法证明了克莱姆法则，避免了较难的传统证明。

（3）在内容处理上，我们从等价分类的角度概述了矩阵的等价、复数域上方阵的相似、实对称阵的合同。这样，学生会对这三部分内容有一个整体的理解，而不仅仅是对零散的知识点的理解。

（4）本书给出了几个传统工科线性代数教材中一般不予给出的定理证明，教师可以灵活处理。这些定理的证明用的都是线性代数的基本理论，易于理解，学生完全可以自我阅读。

（5）为满足学生考研需要，本书加大了习题的数量与类型，特别是证明题都是比较经典的，个别习题有一定的难度。

我们的许多同事审阅过本书的初稿，提出了有益的建议。作为工业和信息化部“十二五”规划教材，在修订中，我们也充分采纳了评审专家李尚志教授和陈萍教授的建议。本书的出版也得到了哈尔滨工程大学教务处、理学院和出版社的大力支持。在此，编者向他们致以诚挚的谢意。

尽管我们编者都讲授本课程近三十年，也有不同层次线性代数教学经验，但限于作者的悟性和知识水平，书中不当之处在所难免，编者欢迎广大读者的批评和建议。

编　者

2014 年 5 月 18 日

目　录

第1章　行　列　式

线性代数起源于解线性方程组,人们在准确地阐述线性方程组的可解性与解的结构时,引入了行列式和矩阵;而行列式和矩阵本身也成了线性代数的重要组成部分. 这样,线性方程组、行列式和矩阵就构成了线性代数重要的基础部分.

本章的主要内容:

(1) 任意阶行列式的定义与性质;

(2) 行列式按行或列的展开;

(3) 克莱姆法则.

1.1　二阶行列式和三阶行列式

1. 二阶行列式

引例1　若定义二阶行列式

$$\begin{vmatrix} a_{11} & a_{12} \\ a_{21} & a_{22} \end{vmatrix} \equiv a_{11}a_{22} - a_{12}a_{21},$$

则当 $ad - bc \neq 0$ 时,二元一次方程组

$$\begin{cases} ax + by = d_1 & ① \\ cx + dy = d_2 & ② \end{cases}$$

的解为

$$x = \frac{D_x}{D}, \quad y = \frac{D_y}{D},$$

这里

$$D = \begin{vmatrix} a & b \\ c & d \end{vmatrix}, \quad D_x = \begin{vmatrix} d_1 & b \\ d_2 & d \end{vmatrix}, \quad D_y = \begin{vmatrix} a & d_1 \\ c & d_2 \end{vmatrix}.$$

证明　由 ① × d − ② × b 得到 $(ad - bc)x = dd_1 - bd_2$,
从而

$$x = \frac{dd_1 - bd_2}{ad - bc} = \frac{D_x}{D};$$

同理

$$y = \frac{ad_2 - cd_1}{ad - bc} = \frac{D_y}{D}.$$

2. 三阶行列式

引例2　若定义三阶行列式

$$\begin{vmatrix} a_{11} & a_{12} & a_{13} \\ a_{21} & a_{22} & a_{23} \\ a_{31} & a_{32} & a_{33} \end{vmatrix} \equiv a_{11}a_{22}a_{33} + a_{12}a_{23}a_{31} + a_{13}a_{21}a_{32} - a_{13}a_{22}a_{31} - a_{12}a_{21}a_{33} - a_{11}a_{23}a_{32},$$

则可证明三元一次方程组

$$\begin{cases} a_1x + b_1y + c_1z = d_1 & ① \\ a_2x + b_2y + c_2z = d_2 & ② \\ a_3x + b_3y + c_3z = d_3 & ③ \end{cases}$$

的解

$$x = \frac{D_x}{D}, \quad y = \frac{D_y}{D}, \quad z = \frac{D_z}{D} \quad (D \neq 0),$$

这里

$$D = \begin{vmatrix} a_1 & b_1 & c_1 \\ a_2 & b_2 & c_2 \\ a_3 & b_3 & c_3 \end{vmatrix}, \quad D_x = \begin{vmatrix} d_1 & b_1 & c_1 \\ d_2 & b_2 & c_2 \\ d_3 & b_3 & c_3 \end{vmatrix}, \quad D_y = \begin{vmatrix} a_1 & d_1 & c_1 \\ a_2 & d_2 & c_2 \\ a_3 & d_3 & c_3 \end{vmatrix}, \quad D_z = \begin{vmatrix} a_1 & b_1 & d_1 \\ a_2 & b_2 & d_2 \\ a_3 & b_3 & d_3 \end{vmatrix}.$$

证明 在方程 ① 和 ② 中视 z 为常数去解 x 和 y 得到

$$\begin{vmatrix} a_1 & b_1 \\ a_2 & b_2 \end{vmatrix} \cdot x = \begin{vmatrix} d_1 - c_1z & b_1 \\ d_2 - c_2z & b_2 \end{vmatrix} \qquad ④$$

$$\begin{vmatrix} a_1 & b_1 \\ a_2 & b_2 \end{vmatrix} \cdot y = \begin{vmatrix} a_1 & d_1 - c_1z \\ a_2 & d_2 - c_2z \end{vmatrix} \qquad ⑤$$

方程 ③ 两边同乘 $\begin{vmatrix} a_1 & b_1 \\ a_2 & b_2 \end{vmatrix}$;再将 ④ 和 ⑤ 两式代入,化简得到

$$\left(a_3\begin{vmatrix} b_1 & c_1 \\ b_2 & c_2 \end{vmatrix} - b_3\begin{vmatrix} a_1 & c_1 \\ a_2 & c_2 \end{vmatrix} + c_3\begin{vmatrix} a_1 & b_1 \\ a_2 & b_2 \end{vmatrix}\right) \cdot z = a_3\begin{vmatrix} b_1 & d_1 \\ b_2 & d_2 \end{vmatrix} - b_3\begin{vmatrix} a_1 & d_1 \\ a_2 & d_2 \end{vmatrix} + d_3\begin{vmatrix} a_1 & b_1 \\ a_2 & b_2 \end{vmatrix},$$

这就是 $D \cdot z = D_z$,从而

$$z = \frac{D_z}{D};$$

同理可得另外两式.

在此,我们自然会猜到以上的公式能够一般化,但这要定义四阶和四阶以上的行列式.这正是下一节的内容.

三阶行列式可按图 1 - 1 所示的**对角线法则**计算.

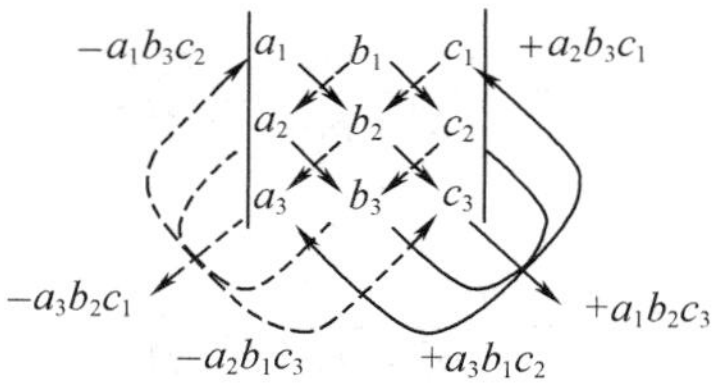

图 1 - 1

例 计算行列式

$$D=\begin{vmatrix}1 & -2 & 3\\2 & 2 & 1\\3 & 0 & 2\end{vmatrix}.$$

解 由对角线法则,

$$D=1\times2\times2+(-2)\times1\times3+3\times2\times0-3\times2\times3-(-2)\times2\times2-1\times1\times0$$
$$=-12.$$

习 题 1.1

1. 计算下列行列式:

(1) $\begin{vmatrix}1 & 3\\1 & 4\end{vmatrix}$; (2) $\begin{vmatrix}a & b\\a^2 & b^2\end{vmatrix}$;

(3) $\begin{vmatrix}1 & 2 & 3\\2 & 2 & 4\\3 & 4 & 3\end{vmatrix}$; (4) $\begin{vmatrix}1 & a & b\\0 & 2 & c\\0 & 0 & 3\end{vmatrix}$;

(5) $\begin{vmatrix}a & b & c\\b & c & a\\c & a & b\end{vmatrix}$; (6) $\begin{vmatrix}x & -1 & 0\\0 & x & -1\\a_3 & a_2 & a_1\end{vmatrix}$.

2. 利用行列式解下列方程组:

(1) $\begin{cases}5x+2y=3\\4x+2y=1\end{cases}$; (2) $\begin{cases}2x-4y+z=1\\x-5y+3z=2\\x-y+z=-1\end{cases}$.

3. 验证下列等式,并归纳出三阶行列式的性质:

(1) $\begin{vmatrix}a_1 & b_1 & c_1\\a_2 & b_2 & c_2\\a_3 & b_3 & c_3\end{vmatrix}=(-1)\cdot\begin{vmatrix}a_2 & b_2 & c_2\\a_1 & b_1 & c_1\\a_3 & b_3 & c_3\end{vmatrix}$;

(2) $\begin{vmatrix}ka_1 & kb_1 & kc_1\\a_2 & b_2 & c_2\\a_3 & b_3 & c_3\end{vmatrix}=k\cdot\begin{vmatrix}a_1 & b_1 & c_1\\a_2 & b_2 & c_2\\a_3 & b_3 & c_3\end{vmatrix}$;

(3) $\begin{vmatrix}a_1 & b_1 & c_1\\a_2+ka_1 & b_2+kb_1 & c_2+kc_1\\a_3 & b_3 & c_3\end{vmatrix}=\begin{vmatrix}a_1 & b_1 & c_1\\a_2 & b_2 & c_2\\a_3 & b_3 & c_3\end{vmatrix}$;

(4) $\begin{vmatrix}a_1+x_1 & b_1+y_1 & c_1+z_1\\a_2 & b_2 & c_2\\a_3 & b_3 & c_3\end{vmatrix}=\begin{vmatrix}a_1 & b_1 & c_1\\a_2 & b_2 & c_2\\a_3 & b_3 & c_3\end{vmatrix}+\begin{vmatrix}x_1 & y_1 & z_1\\a_2 & b_2 & c_2\\a_3 & b_3 & c_3\end{vmatrix}$;

(5) $\begin{vmatrix} a_1 & b_1 & c_1 \\ a_2 & b_2 & c_2 \\ a_3 & b_3 & c_3 \end{vmatrix} = \begin{vmatrix} a_1 & a_2 & a_3 \\ b_1 & b_2 & b_3 \\ c_1 & c_2 & c_3 \end{vmatrix}$.

4. 令 $D = \begin{vmatrix} a_{11} & a_{12} & a_{13} \\ a_{21} & a_{22} & a_{23} \\ a_{31} & a_{32} & a_{33} \end{vmatrix}$,化简下列两式,并找出规律:

(1) $a_{31}\begin{vmatrix} a_{12} & a_{13} \\ a_{22} & a_{23} \end{vmatrix} - a_{32}\begin{vmatrix} a_{11} & a_{13} \\ a_{21} & a_{23} \end{vmatrix} + a_{33}\begin{vmatrix} a_{11} & a_{12} \\ a_{21} & a_{22} \end{vmatrix}$;

(2) $a_{21}\begin{vmatrix} a_{12} & a_{13} \\ a_{22} & a_{23} \end{vmatrix} - a_{22}\begin{vmatrix} a_{11} & a_{13} \\ a_{21} & a_{23} \end{vmatrix} + a_{23}\begin{vmatrix} a_{11} & a_{12} \\ a_{21} & a_{22} \end{vmatrix}$.

1.2 n 阶行列式

1. 三阶行列式的特点

本节我们要定义任意 n 阶行列式,为此我们观察三阶行列式

$$\begin{vmatrix} a_{11} & a_{12} & a_{13} \\ a_{21} & a_{22} & a_{23} \\ a_{31} & a_{32} & a_{33} \end{vmatrix} = a_{11}a_{22}a_{33} + a_{12}a_{23}a_{31} + a_{13}a_{21}a_{32} - a_{13}a_{22}a_{31} - a_{12}a_{21}a_{33} - a_{11}a_{23}a_{32}$$

的特点:

(1) 行列式为3!个单项式的和,每个单项式为 $\pm a_{1p_1}a_{2p_2}a_{3p_3}$;

(2) 排列 $p_1p_2p_3$ 取遍 1,2,3 的所有全排列;

(3) 当排列 $p_1p_2p_3$ 为 123,231,312 时,单项式的系数为 +1;当排列 $p_1p_2p_3$ 为 321,213,132 时,单项式的系数为 -1.

那么两组排列 123,231,312 和 321,213,132 的什么区别决定了单项式的系数为 +1 或 -1?若数字 $a > b$,我们称数对 ab 为**逆序对**,则我们发现:

(1) 排列 123,231,312 中逆序对的个数为偶数;

(2) 排列 321,213,132 中逆序对的个数为奇数.

鉴于这样的发现,我们下面不难给出 n 阶行列式的定义.

2. n 元排列

n **元排列**:由数字 $1,2,\cdots,n$ 构成的不重复全排列称为(一个)n **元排列**. 一切 n 元排列的集合记为 A_n,此集合有 $n!$ 个元素. 例如,

$$A_2 = \{12,21\},\quad A_3 = \{123,132,213,312,321\}.$$

排列的逆序数:设 $p_1p_2\cdots p_n$ 为任意一个 n 元排列,数字 i 的前面有 t_i 个数字大于 i,则称

$$\tau(p_1p_2\cdots p_n) \equiv t_1 + t_2 + \cdots + t_n$$

为排列 $p_1p_2\cdots p_n$ 的**逆序数**.

例如,$\tau(2431)=0+0+1+3=4$,$\tau(4231)=0+1+1+3=5$.

排列的奇偶性:若 $\tau(p_1p_2\cdots p_n)$ 为奇(偶)数,则称 $p_1p_2\cdots p_n$ 为奇(偶)排列.

例如,2431 为偶排列,4231 为奇排列.

对换:在一个排列中对调其中的两个数字,而保持其余的数字不变,这种过程称为对换;对换两个相邻的数字称为相邻对换.

命题 1.1 **若 $\tau(p_1p_2\cdots p_n)=t$,则经过 t 次相邻对换,可将排列 $p_1p_2\cdots p_n$ 调成 $12\cdots n$.**

证明 1 经过 t_1 次相邻对换调到首位,而这并不改变 $t_i(i=2,3,\cdots,n)$;2 经过 t_2 次相邻对换调到第 2 位;依此类推,最终排列 $p_1p_2\cdots p_n$ 经过 $t_1+t_2+\cdots+t_n$ 次,即 t 次相邻对换调成了排列 $12\cdots n$.

命题 1.2 **对换改变原来排列的奇偶性.**

证明 若对换排列的两个相邻的数,排列的逆序数加 1 或减 1,因而奇偶性改变. 现设排列

$$a_1\cdots a_ipb_1\cdots b_jqc_1\cdots c_k \tag{1}$$

对换 p,q 两数后调为排列

$$a_1\cdots a_iqb_1\cdots b_jpc_1\cdots c_k \tag{2}$$

这个过程可分解为:排列(1)先经过 $j+1$ 次相邻对换调为排列

$$a_1\cdots a_ib_1\cdots b_jqpc_1\cdots c_k \tag{3}$$

排列(3)再经过 j 次相邻对换调为排列(2). 因而排列(1)经过 $2j+1$ 次相邻对换调为(2). 再由证明的前一部分知排列(1)和排列(2)的奇偶性相反.

3. n 阶行列式的定义

定义 1 对给定的 $n\times n$ 个数 $a_{ij}(i,j=1,2,\cdots,n)$,我们称

$$\begin{vmatrix} a_{11} & a_{12} & \cdots & a_{1n} \\ a_{21} & a_{22} & \cdots & a_{2n} \\ \vdots & \vdots & \ddots & \vdots \\ a_{n1} & a_{n2} & \cdots & a_{nn} \end{vmatrix} \equiv \sum_{p_1p_2\cdots p_n\in A_n}(-1)^{\tau(p_1p_2\cdots p_n)}a_{1p_1}a_{2p_2}\cdots a_{np_n}$$

为 n **阶行列式**,也可简记为 $|a_{ij}|_n$;称 a_{ij} 为行列式(第 i 行第 j 列)的**元素**.

评注:(1) $|a_{ij}|_n$ 是一个数值,在定义上它是 $n!$ 项单项式的和,其中一般项 $\pm a_{1p_1}a_{2p_2}\cdots a_{np_n}$ 的每个因子来自此行列式的不同的行和不同的列;

(2) 由此定义,二阶和三阶行列式与前面所定义的一致.

命题 1.3 **<u>上三角行列式</u>(当 $i>j$ 时,$a_{ij}=0$)**

$$\begin{vmatrix} a_{11} & \cdots & a_{1n} \\ & \ddots & \vdots \\ 0 & & a_{nn} \end{vmatrix} = a_{11}a_{22}\cdots a_{nn}.$$

证明 由定义,在此行列式的一般项 $\pm a_{1p_1}a_{2p_2}\cdots a_{np_n}$ 中,若 $p_n \neq n$,则 $a_{np_n} = 0$,此项为0. 在 $\pm a_{1p_1}a_{2p_2}\cdots a_{n-1,p_{n-1}}a_{nn}(p_{n-1} \leqslant n-1)$ 中,若 $p_{n-1} \neq n-1$,此项也为0. 如此继续下去,此行列式的定义式中仅留下了 $(-1)^{\tau(12\cdots n)}a_{11}a_{22}\cdots a_{nn} = a_{11}a_{22}\cdots a_{nn}$,命题成立.

评注: 同样可以证明,下三角行列式(当 $i < j$ 时,$a_{ij} = 0$)

$$\begin{vmatrix} a_{11} & & 0 \\ \vdots & \ddots & \\ a_{n1} & \cdots & a_{nn} \end{vmatrix} = a_{11}a_{22}\cdots a_{nn}.$$

定理 1.1 行列式和它的转置行列式相等,即

$$\begin{vmatrix} a_{11} & a_{12} & \cdots & a_{1n} \\ a_{21} & a_{22} & \cdots & a_{2n} \\ \vdots & \vdots & \ddots & \vdots \\ a_{n1} & a_{n2} & \cdots & a_{nn} \end{vmatrix} = \begin{vmatrix} a_{11} & a_{21} & \cdots & a_{n1} \\ a_{12} & a_{22} & \cdots & a_{n2} \\ \vdots & \vdots & \ddots & \vdots \\ a_{1n} & a_{2n} & \cdots & a_{nn} \end{vmatrix}.$$

证明 左边的行列式记为 D,右边的行列式记为 D',$b_{ij} \equiv a_{ji}$,则

$$\begin{aligned} D' &= |b_{ij}|_n = \sum (-1)^{\tau(p_1p_2\cdots p_n)} b_{1p_1}b_{2p_2}\cdots b_{np_n} \\ &= \sum (-1)^{\tau(p_1p_2\cdots p_n)} a_{p_11}a_{p_22}\cdots a_{p_nn}. \end{aligned}$$

将 $a_{p_11}a_{p_22}\cdots a_{p_nn}$ 等值改写为 $a_{1q_1}a_{2q_2}\cdots a_{nq_n}$ 时,前者的行指标排列 $p_1p_2\cdots p_n$ 被调成排列 $12\cdots n$;同时,其列指标排列 $12\cdots n$ 被调成排列 $q_1q_2\cdots q_n$. 由于两个调换过程是同步进行的,故所用相邻对换的个数相同,再由命题 1.1 知

$$\tau(p_1p_2\cdots p_n) = \tau(q_1q_2\cdots q_n);$$

又当 $p_1p_2\cdots p_n$ 取遍一切 n 元排列后,相应的 $q_1q_2\cdots q_n$ 也取遍一切 n 元排列,从而

$$\begin{aligned} D' &= \sum (-1)^{\tau(p_1p_2\cdots p_n)} a_{p_11}a_{p_22}\cdots a_{p_nn} \\ &= \sum (-1)^{\tau(q_1q_2\cdots q_n)} a_{1q_1}a_{2q_2}\cdots a_{nq_n} \\ &= |a_{ij}|_n = D. \end{aligned}$$

评注: 此定理说明行列式的行和列的地位是平等对称的;对于行列式的行有什么结论,对于列也有相同的结论.

习 题 1.2

1. 求下列排列的逆序数:

(1) 4132; (2) 14325;

(3) $n(n-1)\cdots 21$; (4) $13\cdots(2n-1)24\cdots(2n)$.

2. 设 $\tau(p_1p_2\cdots p_n)=t$，求 $\tau(p_n\cdots p_2p_1)$.

3. 求 $\sum\limits_{p_1\cdots p_n\in A_n}(-1)^{\tau(p_1\cdots p_n)}$ 的值.

4. 写出 5 阶行列式 $|a_{ij}|_5$ 的展开式中含有 a_{11} 和 a_{23} 的所有带负号的项.

5. 用定义计算下列行列式：

（1）$\begin{vmatrix} 0 & & a_{1n} \\ & \iddots & \vdots \\ a_{n1} & \cdots & a_{nn} \end{vmatrix}$；（2）$\begin{vmatrix} a_{11} & 0 & 0 & a_{14} \\ 0 & a_{22} & a_{23} & 0 \\ 0 & a_{32} & a_{33} & 0 \\ a_{41} & 0 & 0 & a_{44} \end{vmatrix}$；

（3）$\begin{vmatrix} 0 & 1 & 0 & 0 & 0 \\ 0 & 0 & 2 & 0 & 0 \\ 0 & 0 & 0 & 3 & 0 \\ 0 & 0 & 0 & 0 & 4 \\ 5 & 0 & 0 & 0 & 0 \end{vmatrix}$；（4）$\begin{vmatrix} a_1 & a_2 & a_3 & a_4 & a_5 \\ b_1 & b_2 & b_3 & b_4 & b_5 \\ c_1 & c_2 & 0 & 0 & 0 \\ d_1 & d_2 & 0 & 0 & 0 \\ e_1 & e_2 & 0 & 0 & 0 \end{vmatrix}$.

6. 用行列式的定义，但不进行完全计算，求 x 的四次多项式

$$f(x)=\begin{vmatrix} 5x & 1 & 2 & 3 \\ x & x & 1 & 2 \\ 1 & 2 & x & 3 \\ x & 1 & 2 & 2x \end{vmatrix}$$

中 x^4 和 x^3 的系数.

1.3 行列式的性质

1. 行列式的性质

行列式关于行或列具有同样的性质，为了简明，下面仅叙述行列式关于行的性质. 这些性质在行列式的计算和理论推导中非常重要.

性质 1　互换行列式的两行，行列式变号，绝对值不变.

证明　为了简明，不妨设第 1 行与第 2 行互换. 由定义，

$$\begin{vmatrix} a_{21} & a_{22} & \cdots & a_{2n} \\ a_{11} & a_{12} & \cdots & a_{1n} \\ \vdots & \vdots & \ddots & \vdots \\ a_{n1} & a_{n2} & \cdots & a_{nn} \end{vmatrix}=\sum_{p_1p_2\cdots p_n\in A_n}(-1)^{\tau(p_1p_2\cdots p_n)}a_{2p_1}a_{1p_2}\cdots a_{np_n}$$

$$=\sum_{p_1p_2\cdots p_n\in A_n}(-1)^{\tau(p_2p_1\cdots p_n)\pm 1}a_{1p_2}a_{2p_1}\cdots a_{np_n}$$

$$=(-1)\sum_{p_1p_2\cdots p_n\in A_n}(-1)^{\tau(p_2p_1\cdots p_n)}a_{1p_2}a_{2p_1}\cdots a_{np_n}$$

$$= (-1)\sum_{p_2p_1\cdots p_n\in A_n}(-1)^{\tau(p_2p_1\cdots p_n)}a_{1p_2}a_{2p_1}\cdots a_{np_n}$$

$$= (-1)\cdot\begin{vmatrix} a_{11} & a_{12} & \cdots & a_{1n} \\ a_{21} & a_{22} & \cdots & a_{2n} \\ \vdots & \vdots & \ddots & \vdots \\ a_{n1} & a_{n2} & \cdots & a_{nn} \end{vmatrix}.$$

推论　若行列式有两行相同,则此行列式的值为零.

证明　若行列式 $|a_{ij}|_n$ 中有两行相同,我们就交换这两行. 由性质1知 $|a_{ij}|_n=-|a_{ij}|_n$,从而 $|a_{ij}|_n=0$.

性质 2　行列式中任意一行的公因子可提到行列式的外面,即用常数乘行列式相当于用此数乘行列式的任选一行.

证明　为了清晰,对第 1 行验证此性质:

$$\begin{vmatrix} ka_{11} & ka_{12} & \cdots & ka_{1n} \\ a_{21} & a_{22} & \cdots & a_{2n} \\ \vdots & \vdots & \ddots & \vdots \\ a_{n1} & a_{n2} & \cdots & a_{nn} \end{vmatrix} = \sum_{p_1p_2\cdots p_n\in A_n}(-1)^{\tau(p_1p_2\cdots p_n)}(ka_{1p_1})a_{2p_2}\cdots a_{np_n}$$

$$= k\sum_{p_1p_2\cdots p_n\in A_n}(-1)^{\tau(p_1p_2\cdots p_n)}a_{1p_1}a_{2p_2}\cdots a_{np_n}$$

$$= k\cdot|a_{ij}|_n.$$

推论　若行列式中有两行对应成比例,则行列式的值为零.

证明　将比例数提到行列式之外后,得到一个两行相同的行列式;再由性质 1 的推论知此行列式的值为 0.

性质 3　将行列式的任意一行的各元素乘一个常数,再对应地加到另一行的元素上,行列式的值不变(行等值变换).

证明　不失一般性,设第 1 行乘以 k 加到第 2 行上. 由定义,

$$\begin{vmatrix} a_{11} & a_{12} & \cdots & a_{1n} \\ a_{21}+ka_{11} & a_{22}+ka_{12} & \cdots & a_{2n}+ka_{1n} \\ \vdots & \vdots & \ddots & \vdots \\ a_{n1} & a_{n2} & \cdots & a_{nn} \end{vmatrix}$$

$$= \sum(-1)^{\tau}a_{1p_1}(a_{2p_2}+ka_{1p_2})\cdots a_{np_n}$$

$$= \sum(-1)^{\tau}a_{1p_1}a_{2p_2}\cdots a_{np_n}+\sum(-1)^{\tau}a_{1p_1}(ka_{1p_2})\cdots a_{np_n}$$

$$= \begin{vmatrix} a_{11} & a_{12} & \cdots \\ a_{21} & a_{22} & \cdots \\ \vdots & \vdots & \ddots \end{vmatrix} + \begin{vmatrix} a_{11} & a_{12} & \cdots \\ ka_{11} & ka_{12} & \cdots \\ \vdots & \vdots & \ddots \end{vmatrix}\text{(第二个行列式为0)}$$

$$= \begin{vmatrix} a_{11} & a_{12} & \cdots \\ a_{21} & a_{22} & \cdots \\ \vdots & \vdots & \ddots \end{vmatrix}.$$

性质 4 **行列式具有分行相加性(行列式的加法原理),即**

$$\begin{vmatrix} x_{11}+y_{11} & x_{12}+y_{12} & \cdots & x_{1n}+y_{1n} \\ a_{21} & a_{22} & \cdots & a_{2n} \\ \vdots & \vdots & \ddots & \vdots \\ a_{n1} & a_{n2} & \cdots & a_{nn} \end{vmatrix} = \begin{vmatrix} x_{11} & x_{12} & \cdots & x_{1n} \\ a_{21} & a_{22} & \cdots & a_{2n} \\ \vdots & \vdots & \ddots & \vdots \\ a_{n1} & a_{n2} & \cdots & a_{nn} \end{vmatrix} + \begin{vmatrix} y_{11} & y_{12} & \cdots & y_{1n} \\ a_{21} & a_{22} & \cdots & a_{2n} \\ \vdots & \vdots & \ddots & \vdots \\ a_{n1} & a_{n2} & \cdots & a_{nn} \end{vmatrix}.$$

证明 由行列式的定义,很容易验证这个等式.

2. 行列式计算举例

符号说明: 我们用 $\mathrm{r}_i,\mathrm{c}_i$ 分别表示行列式的第 i 行,第 i 列;用 $\mathrm{r}_i \leftrightarrow \mathrm{r}_j$ 表示第 i 行和第 j 行互换;用 $k\times \mathrm{r}_i$ 表示用 k 乘第 i 行;用 $k\times \mathrm{r}_i \to \mathrm{r}_j$ 表示第 i 行乘 k 加到第 j 行上. 对于列也有同样的符号.

例 1 计算

$$D = \begin{vmatrix} 1 & 2 & 3 & 4 \\ 2 & 3 & 4 & 1 \\ 3 & 4 & 1 & 2 \\ 4 & 1 & 2 & 3 \end{vmatrix}.$$

解

$$D \xlongequal[i=2,3,4]{(-i)\times \mathrm{r}_1 \to \mathrm{r}_i} \begin{vmatrix} 1 & 2 & 3 & 4 \\ 0 & -1 & -2 & -7 \\ 0 & -2 & -8 & -10 \\ 0 & -7 & -10 & -13 \end{vmatrix} = (-1)^3 \cdot \begin{vmatrix} 1 & 2 & 3 & 4 \\ 0 & 1 & 2 & 7 \\ 0 & 2 & 8 & 10 \\ 0 & 7 & 10 & 13 \end{vmatrix}$$

$$\xlongequal[(-7)\times \mathrm{r}_2 \to \mathrm{r}_4]{(-2)\times \mathrm{r}_2 \to \mathrm{r}_3} (-1)\cdot \begin{vmatrix} 1 & 2 & 3 & 4 \\ 0 & 1 & 2 & 7 \\ 0 & 0 & 4 & -4 \\ 0 & 0 & -4 & -36 \end{vmatrix}$$

$$\xlongequal{\mathrm{r}_3 \to \mathrm{r}_4} (-1)\cdot \begin{vmatrix} 1 & 2 & 3 & 4 \\ 0 & 1 & 2 & 7 \\ 0 & 0 & 4 & -4 \\ 0 & 0 & 0 & -40 \end{vmatrix} = 160.$$

例 2 计算

$$D = \begin{vmatrix} 1 & 1 & 1 & 1 \\ x & a & y & z \\ y & y & a & z \\ z & z & z & a \end{vmatrix}.$$

解

$$D \xlongequal[(-z)\times r_1 \to r_4]{\substack{(-x)\times r_1 \to r_2 \\ (-y)\times r_1 \to r_3}} \begin{vmatrix} 1 & 1 & 1 & 1 \\ 0 & a-x & y-x & z-x \\ 0 & 0 & a-y & z-y \\ 0 & 0 & 0 & a-z \end{vmatrix} = (a-x)(a-y)(a-z).$$

例 3 计算

$$D = \begin{vmatrix} a & x & x & x \\ x & a & x & x \\ x & x & a & x \\ x & x & x & a \end{vmatrix}.$$

解

$$D \xlongequal[i=2,3,4]{r_i \to r_1} \begin{vmatrix} a+3x & a+3x & a+3x & a+3x \\ x & a & x & x \\ x & x & a & x \\ x & x & x & a \end{vmatrix}$$

$$= (a+3x) \cdot \begin{vmatrix} 1 & 1 & 1 & 1 \\ x & a & x & x \\ x & x & a & x \\ x & x & x & a \end{vmatrix}$$

$$\xlongequal[i=2,3,4]{(-x)\times r_1 \to r_i} (a+3x) \cdot \begin{vmatrix} 1 & 1 & 1 & 1 \\ 0 & a-x & 0 & 0 \\ 0 & 0 & a-x & 0 \\ 0 & 0 & 0 & a-x \end{vmatrix}$$

$$= (a+3x)(a-x)^3.$$

例 4 求证

$$\begin{vmatrix} a+b & b+c & c+a \\ p+q & q+r & r+p \\ x+y & y+z & z+x \end{vmatrix} = 2 \cdot \begin{vmatrix} a & b & c \\ p & q & r \\ x & y & z \end{vmatrix}.$$

证明 由行列式的性质 4 和性质 1 知，

$$左边 = \begin{vmatrix} a & b+c & c+a \\ p & q+r & r+p \\ x & y+z & z+x \end{vmatrix} + \begin{vmatrix} b & b+c & c+a \\ q & q+r & r+p \\ y & y+z & z+x \end{vmatrix}$$

$$= \left(\begin{vmatrix} a & b & c+a \\ p & q & r+p \\ x & y & z+x \end{vmatrix} + \begin{vmatrix} a & c & c+a \\ p & r & r+p \\ x & z & z+x \end{vmatrix} \right) + \left(\begin{vmatrix} b & b & c+a \\ q & q & r+p \\ y & y & z+x \end{vmatrix} + \begin{vmatrix} b & c & c+a \\ q & r & r+p \\ y & z & z+x \end{vmatrix} \right)$$

$$= \begin{vmatrix} a & b & c \\ p & q & r \\ x & y & z \end{vmatrix} + \begin{vmatrix} b & c & a \\ q & r & p \\ y & z & x \end{vmatrix}$$

$$= 2 \cdot \begin{vmatrix} a & b & c \\ p & q & r \\ x & y & z \end{vmatrix} = \text{右边}.$$

引理 1.1　行列式 $|a_{ij}|_n$ 可经过若干次行等值变换（将一行 k 倍加到另一行上）化为上三角行列式：

$$\begin{vmatrix} b_{11} & \cdots & b_{1n} \\ & \ddots & \vdots \\ 0 & & b_{nn} \end{vmatrix}.$$

证明　仅在 $n=3$ 时给出证明，读者不难给出一般的证明.

首先，我们证实经过若干行等值变换，行列式

$$\begin{vmatrix} a_{11} & a_{12} & a_{13} \\ a_{21} & a_{22} & a_{23} \\ a_{31} & a_{32} & a_{33} \end{vmatrix}$$

可化为

$$\begin{vmatrix} b_{11} & b_{12} & b_{13} \\ 0 & b_{22} & b_{23} \\ 0 & b_{32} & b_{33} \end{vmatrix}.$$

若 $a_{11}=a_{21}=a_{31}=0$，结论成立. 若 $a_{11}=0, a_{21}\neq 0$，可将第 2 行加到第 1 行上（这是行等值变换）；若 $a_{11}=0, a_{31}\neq 0$，可将第 3 行加到第 1 行上. 于是，可假设 $a_{11}\neq 0$. 这时，由行等值变换

$$\left(-\frac{a_{i1}}{a_{11}}\right)\times \mathrm{r}_1 \to \mathrm{r}_i (i=2,3)$$

得到

$$\begin{vmatrix} a_{11} & a_{12} & a_{13} \\ a_{21} & a_{22} & a_{23} \\ a_{31} & a_{32} & a_{33} \end{vmatrix} = \begin{vmatrix} a_{11} & a_{12} & a_{13} \\ 0 & b_{22} & b_{23} \\ 0 & b_{32} & b_{33} \end{vmatrix}.$$

再对上式右边的行列式的后两行进行同样的讨论知命题为真，因为此时 a_{11} 下面的两个 0 不变.

命题 1.4　下列等式成立：

$$\begin{vmatrix} a_{11} & \cdots & a_{1k} & c_{11} & \cdots & c_{1l} \\ \vdots & \ddots & \vdots & \vdots & \ddots & \vdots \\ a_{k1} & \cdots & a_{kk} & c_{k1} & \cdots & c_{kl} \\ 0 & \cdots & 0 & b_{11} & \cdots & b_{1l} \\ \vdots & \ddots & \vdots & \vdots & \ddots & \vdots \\ 0 & \cdots & 0 & b_{l1} & \cdots & b_{ll} \end{vmatrix} = \begin{vmatrix} a_{11} & \cdots & a_{1k} \\ \vdots & \ddots & \vdots \\ a_{k1} & \cdots & a_{kk} \end{vmatrix} \cdot \begin{vmatrix} b_{11} & \cdots & b_{1l} \\ \vdots & \ddots & \vdots \\ b_{l1} & \cdots & b_{ll} \end{vmatrix}.$$

证明　由上面的引理，经过若干次行等值变换，

$$\begin{vmatrix} a_{11} & \cdots & a_{1k} \\ \vdots & \ddots & \vdots \\ a_{k1} & \cdots & a_{kk} \end{vmatrix}, \quad \begin{vmatrix} b_{11} & \cdots & b_{1l} \\ \vdots & \ddots & \vdots \\ b_{l1} & \cdots & b_{ll} \end{vmatrix}$$

可分别化为

$$\begin{vmatrix} a_1 & & * \\ & \ddots & \\ 0 & & a_k \end{vmatrix} = a_1\cdots a_k, \quad \begin{vmatrix} b_1 & & * \\ & \ddots & \\ 0 & & b_l \end{vmatrix} = b_1\cdots b_l;$$

因而,在

$$\begin{vmatrix} a_{11} & \cdots & a_{1k} & c_{11} & \cdots & c_{1l} \\ \vdots & \ddots & \vdots & \vdots & \ddots & \vdots \\ a_{k1} & \cdots & a_{kk} & c_{k1} & \cdots & c_{kl} \\ 0 & \cdots & 0 & b_{11} & \cdots & b_{1l} \\ \vdots & \ddots & \vdots & \vdots & \ddots & \vdots \\ 0 & \cdots & 0 & b_{l1} & \cdots & b_{ll} \end{vmatrix}$$

的前 k 行和后 l 行进行同样的行等值变换,此行列式化为

$$\begin{vmatrix} a_1 & & & & & * \\ & \ddots & & & & \\ & & a_k & & & \\ & & & b_1 & & \\ & & & & \ddots & \\ 0 & & & & & b_l \end{vmatrix} = (a_1\cdots a_k)\cdot(b_1\cdots b_l).$$

由此看到本命题中的等式成立.

评注: 同理,我们可以证明

$$\begin{vmatrix} a_{11} & \cdots & a_{1k} & 0 & \cdots & 0 \\ \vdots & \ddots & \vdots & \vdots & \ddots & \vdots \\ a_{k1} & \cdots & a_{kk} & 0 & \cdots & 0 \\ c_{11} & \cdots & c_{1k} & b_{11} & \cdots & b_{1l} \\ \vdots & \ddots & \vdots & \vdots & \ddots & \vdots \\ c_{l1} & \cdots & c_{lk} & b_{l1} & \cdots & b_{ll} \end{vmatrix} = \begin{vmatrix} a_{11} & \cdots & a_{1k} \\ \vdots & \ddots & \vdots \\ a_{k1} & \cdots & a_{kk} \end{vmatrix} \cdot \begin{vmatrix} b_{11} & \cdots & b_{1l} \\ \vdots & \ddots & \vdots \\ b_{l1} & \cdots & b_{ll} \end{vmatrix}.$$

例 5 计算行列式

$$D = \begin{vmatrix} 1 & 2 & 1 & 2 & 3 \\ 4 & 5 & 2 & 3 & 1 \\ 7 & 8 & 3 & 1 & 2 \\ 1 & 2 & 0 & 0 & 0 \\ 2 & 1 & 0 & 0 & 0 \end{vmatrix}.$$

解 将行列式的第3列与第2列、第1列逐一交换到第1列；同样，将第4列交换到第2列，将第5列交换到第3列，即

$$D=(-1)^{2\times 3}\begin{vmatrix}1&2&3&1&2\\2&3&1&4&5\\3&1&2&7&8\\0&0&0&1&2\\0&0&0&2&1\end{vmatrix}=\begin{vmatrix}1&2&3\\2&3&1\\3&1&2\end{vmatrix}\cdot\begin{vmatrix}1&2\\2&1\end{vmatrix}=54.$$

例 6 求证

$$\begin{vmatrix}a&b&c&d\\-b&a&-d&c\\c&d&a&b\\-d&c&-b&a\end{vmatrix}=[(a-c)^2+(b-d)^2]\cdot[(a+c)^2+(b+d)^2].$$

证明

$$\text{左边}\xlongequal[r_2\to r_4]{r_1\to r_3}\begin{vmatrix}a&b&c&d\\-b&a&-d&c\\c+a&d+b&a+c&b+d\\-d-b&c+a&-b-d&a+c\end{vmatrix}$$

$$\xlongequal[(-1)\times c_4\to c_2]{(-1)\times c_3\to c_1}\begin{vmatrix}a-c&b-d&c&d\\-b+d&a-c&-d&c\\0&0&a+c&b+d\\0&0&-b-d&a+c\end{vmatrix}$$

$$=\begin{vmatrix}a-c&b-d\\-(b-d)&a-c\end{vmatrix}\cdot\begin{vmatrix}a+c&b+d\\-(b+d)&a+c\end{vmatrix}$$

$=$ 右边.

习 题 1.3

1. 计算下列行列式：

(1) $\begin{vmatrix}0&1&1&1\\1&0&1&1\\1&1&0&1\\1&1&1&0\end{vmatrix}$； (2) $\begin{vmatrix}1&2&-1&2\\3&0&1&5\\1&-2&0&3\\-2&-4&1&6\end{vmatrix}$；

(3) $\begin{vmatrix}9&-9&7&6\\-3&6&8&-5\\-6&9&-3&-7\\12&-8&6&4\end{vmatrix}$； (4) $\begin{vmatrix}-1&1&1&1\\1&-1&1&1\\1&1&-1&1\\1&1&1&-1\end{vmatrix}$；

(5) $\begin{vmatrix} 1 & 2 & 3 & 6 \\ 3 & 4 & 9 & 8 \\ 0 & 0 & -1 & 3 \\ 0 & 0 & 5 & 1 \end{vmatrix}$;

(6) $\begin{vmatrix} 0 & 0 & 1 & -1 & 2 \\ 0 & 0 & 3 & 0 & 2 \\ 0 & 0 & 2 & 4 & 0 \\ 1 & 2 & 0 & 0 & 0 \\ 3 & 1 & 0 & 0 & 0 \end{vmatrix}$;

(7) $\begin{vmatrix} 2 & 1 & 4 & 1 \\ 3 & -1 & 2 & 1 \\ 1 & 2 & 3 & 2 \\ 5 & 0 & 6 & 2 \end{vmatrix}$;

(8) $\begin{vmatrix} 0 & 1 & 1 & a \\ 1 & 0 & 1 & b \\ 1 & 1 & 0 & c \\ a & b & c & d \end{vmatrix}$;

(9) $\begin{vmatrix} 0 & x & y & z \\ x & 0 & z & y \\ y & z & 0 & x \\ z & y & x & 0 \end{vmatrix}$;

(10) $\begin{vmatrix} 1 & 1 & 2 & 3 \\ 1 & 2-x^2 & 2 & 3 \\ 2 & 3 & 1 & 5 \\ 2 & 3 & 1 & 9-x^2 \end{vmatrix}$.

2. 证明下列等式:

(1) $\begin{vmatrix} a^2 & ab & b^2 \\ 2a & a+b & 2b \\ 1 & 1 & 1 \end{vmatrix} = (a-b)^3$;

(2) $\begin{vmatrix} ax+by & ay+bz & az+bx \\ ay+bz & az+bx & ax+by \\ az+bx & ax+by & ay+bz \end{vmatrix} = (a^3+b^3)\cdot\begin{vmatrix} x & y & z \\ y & z & x \\ z & x & y \end{vmatrix}$;

(3) $\begin{vmatrix} a^2 & (a+1)^2 & (a+2)^2 & (a+3)^2 \\ b^2 & (b+1)^2 & (b+2)^2 & (b+3)^2 \\ c^2 & (c+1)^2 & (c+2)^2 & (c+3)^2 \\ d^2 & (d+1)^2 & (d+2)^2 & (d+3)^2 \end{vmatrix} = 0.$

3. 若行列式

$$D = \begin{vmatrix} a_{11} & \cdots & a_{1n} \\ \vdots & \ddots & \vdots \\ a_{n1} & \cdots & a_{nn} \end{vmatrix}$$

的每一行元素的和都为 0,计算 D.

4. 若行列式

$$D = \begin{vmatrix} a_{11} & \cdots & a_{1n} \\ \vdots & \ddots & \vdots \\ a_{n1} & \cdots & a_{nn} \end{vmatrix}$$

的阶数为奇数,且对任何 i,j 有 $a_{ij} = -a_{ji}$,求证 $D = 0$.

1.4 行列式按行(列)展开

1. 代数余子式

余子式与代数余子式:在 $n(n \geqslant 2)$ 阶行列式 $|a_{ij}|_n$ 中,删去 a_{ij} 所在的第 i 行和第 j 列,余下的元素按原来的位置构成的 $n-1$ 阶行列式称为 a_{ij} 对应的**余子式**,记为 M_{ij};而称 $A_{ij} \equiv (-1)^{i+j} \cdot M_{ij}$ 为 a_{ij} 对应的**代数余子式**.

例如,在 $\begin{vmatrix} 2 & 1 & 4 \\ 1 & 0 & 5 \\ 3 & 4 & 2 \end{vmatrix}$ 中,a_{23} 对应的余子式和代数余子式分别为

$$M_{23} = \begin{vmatrix} 2 & 1 \\ 3 & 4 \end{vmatrix} = 5, \quad A_{23} = (-1)^{2+3} \cdot M_{23} = -5.$$

评注:这里,我们要注意到 M_{ij}, A_{ij} 只决定于 a_{ij} 的位置,与 a_{ij} 的值无关. 例如,行列式

$$\begin{vmatrix} x_{11} & x_{12} & x_{13} \\ a_{21} & a_{22} & a_{23} \\ a_{31} & a_{32} & a_{33} \end{vmatrix} \text{和} \begin{vmatrix} y_{11} & y_{12} & y_{13} \\ a_{21} & a_{22} & a_{23} \\ a_{31} & a_{32} & a_{33} \end{vmatrix}$$

的第一行元素的代数余子式 A_{11}, A_{12}, A_{13} 分别对应相等.

例 1 设 $D = |a_{ij}|_3$ 为三阶行列式,求证:

(1) $a_{11}A_{11} + a_{12}A_{12} + a_{13}A_{13} = D$;

(2) $a_{21}A_{11} + a_{22}A_{12} + a_{23}A_{13} = 0$.

证明 (1) 通过验证的方式,容易证明此式. 但我们用行列式的定义,给出一个适合任意阶行列式的通用方法:

$$\begin{aligned}
&\begin{vmatrix} a_{11} & a_{12} & a_{13} \\ a_{21} & a_{22} & a_{23} \\ a_{31} & a_{32} & a_{33} \end{vmatrix} \\
&= \sum_{p_1p_2p_3} (-1)^{\tau(p_1p_2p_3)} a_{1p_1}a_{2p_2}a_{3p_3} \\
&= \sum_{1p_2p_3} (-1)^{\tau(1p_2p_3)} a_{11}a_{2p_2}a_{3p_3} + \sum_{2p_2p_3} (-1)^{\tau(2p_2p_3)} a_{12}a_{2p_2}a_{3p_3} + \sum_{3p_2p_3} (-1)^{\tau(3p_2p_3)} a_{13}a_{2p_2}a_{3p_3} \\
&= a_{11}\sum_{1p_2p_3} (-1)^{\tau(p_2p_3)} a_{2p_2}a_{3p_3} + (-1)^1 a_{12}\sum_{2p_2p_3} (-1)^{\tau(p_2p_3)} a_{2p_2}a_{3p_3} + \\
&\quad (-1)^2 a_{13}\sum_{3p_2p_3} (-1)^{\tau(p_2p_3)} a_{2p_2}a_{3p_3} \\
&= a_{11}(-1)^{1+1}\begin{vmatrix} a_{22} & a_{23} \\ a_{32} & a_{33} \end{vmatrix} + a_{12}(-1)^{1+2}\begin{vmatrix} a_{21} & a_{23} \\ a_{31} & a_{33} \end{vmatrix} + a_{13}(-1)^{1+3}\begin{vmatrix} a_{21} & a_{22} \\ a_{31} & a_{32} \end{vmatrix} \\
&= a_{11}(-1)^{1+1}M_{11} + a_{12}(-1)^{1+2}M_{12} + a_{13}(-1)^{1+3}M_{13} \\
&= a_{11}A_{11} + a_{12}A_{12} + a_{13}A_{13}.
\end{aligned}$$

（2）在刚刚证得的上式中，用 a_{21}, a_{22}, a_{23} 分别替换 a_{11}, a_{12}, a_{13}. 这不改变 A_{11}, A_{12}, A_{13}；但此时，左边的行列式有两行相同，其值为零. 因而

$$a_{21} \cdot A_{11} + a_{22} \cdot A_{12} + a_{23} \cdot A_{13} = 0.$$

2. 行列式的展开定理

定理 1.2　设 $D = |a_{ij}|_n$ 为 n 阶行列式，则：

（1）$a_{i1}A_{j1} + a_{i2}A_{j2} + \cdots + a_{in}A_{jn} = \begin{cases} D\ (i = j), \\ 0\ (i \neq j); \end{cases}$

（2）$a_{1i}A_{1j} + a_{2i}A_{2j} + \cdots + a_{ni}A_{nj} = \begin{cases} D\ (i = j), \\ 0\ (i \neq j). \end{cases}$

即行列式的任何一行（列）的元素与其对应的代数余子式之积的和等于这个行列式自身；而任何一行（列）的元素与另一行（列）元素对应的代数余子式之积的和等于零.

证明　此定理的证明与例 1 完全相同.

例 2　计算

$$D = \begin{vmatrix} 3 & 1 & -1 & 2 \\ -5 & 1 & 3 & -4 \\ 2 & 0 & 1 & -1 \\ 1 & -5 & 3 & -3 \end{vmatrix}.$$

解

$$\begin{aligned} D &\xlongequal[c_3 \to c_4]{(-2)\times c_3 \to c_1} \begin{vmatrix} 5 & 1 & -1 & 1 \\ -11 & 1 & 3 & -1 \\ 0 & 0 & 1 & 0 \\ -5 & -5 & 3 & 0 \end{vmatrix} \\ &= (-1)^{3+3} \begin{vmatrix} 5 & 1 & 1 \\ -11 & 1 & -1 \\ -5 & -5 & 0 \end{vmatrix} \\ &\xlongequal{r_1 \to r_2} \begin{vmatrix} 5 & 1 & 1 \\ -6 & 2 & 0 \\ -5 & -5 & 0 \end{vmatrix} \\ &= (-1)^{1+3} \begin{vmatrix} -6 & 2 \\ -5 & -5 \end{vmatrix} \\ &= 40. \end{aligned}$$

例 3　计算

$$D = \begin{vmatrix} a & 0 & 0 & b \\ 0 & a & b & 0 \\ 0 & c & d & 0 \\ c & 0 & 0 & d \end{vmatrix}.$$

解　按第 1 列展开，

$$D = a(-1)^{1+1}\begin{vmatrix} a & b & 0 \\ c & d & 0 \\ 0 & 0 & d \end{vmatrix} + c(-1)^{4+1}\begin{vmatrix} 0 & 0 & b \\ a & b & 0 \\ c & d & 0 \end{vmatrix}$$

$$= ad(-1)^{3+3}\begin{vmatrix} a & b \\ c & d \end{vmatrix} - cb(-1)^{1+3}\begin{vmatrix} a & b \\ c & d \end{vmatrix}$$

$$= (ad - bc)\begin{vmatrix} a & b \\ c & d \end{vmatrix}$$

$$= (ad - bc)^2.$$

例 4 求证 $n(n \geqslant 2)$ 阶**范德蒙**(Vander Monde)行列式:

$$V_n(a_1, \cdots, a_n) = \begin{vmatrix} 1 & 1 & 1 & \cdots & 1 \\ a_1 & a_2 & a_3 & \cdots & a_n \\ a_1^2 & a_2^2 & a_3^2 & \cdots & a_n^2 \\ \vdots & \vdots & \vdots & \ddots & \vdots \\ a_1^{n-1} & a_2^{n-1} & a_3^{n-1} & \cdots & a_n^{n-1} \end{vmatrix} = \prod_{1 \leqslant j < i \leqslant n} (a_i - a_j).$$

例如,

$$V_4(a_1, a_2, a_3, a_4) = \begin{vmatrix} 1 & 1 & 1 & 1 \\ a_1 & a_2 & a_3 & a_4 \\ a_1^2 & a_2^2 & a_3^2 & a_4^2 \\ a_1^3 & a_2^3 & a_3^3 & a_4^3 \end{vmatrix}$$

$$= \left\{ \begin{aligned} (a_4 - a_3)(a_4 - a_2)(a_4 - a_1) \\ (a_3 - a_2)(a_3 - a_1). \\ (a_2 - a_1) \end{aligned} \right.$$

证明 我们用数学归纳法证明此等式.

首先,对二阶行列式,结论成立:

$$\begin{vmatrix} 1 & 1 \\ a_1 & a_2 \end{vmatrix} = a_2 - a_1.$$

现在假设结论对 $n-1$ 阶行列式成立.

对于 n 阶行列式,我们先依次应用

$$(-a_n) \times \mathrm{r}_{n-1} \to \mathrm{r}_n,\ (-a_n) \times \mathrm{r}_{n-2} \to \mathrm{r}_{n-1},\ \cdots,\ (-a_n) \times \mathrm{r}_1 \to \mathrm{r}_2$$

到 V_n 上,得到

$$V_n = \begin{vmatrix} 1 & 1 & \cdots & 1 & 1 \\ a_1 - a_n & a_2 - a_n & \cdots & a_{n-1} - a_n & 0 \\ a_1(a_1 - a_n) & a_2(a_2 - a_n) & \cdots & a_{n-1}(a_{n-1} - a_n) & 0 \\ \vdots & \vdots & \vdots & \vdots & \vdots \\ a_1^{n-2}(a_1 - a_n) & a_2^{n-2}(a_2 - a_n) & \cdots & a_{n-1}^{n-2}(a_{n-1} - a_n) & 0 \end{vmatrix}$$

(按第 n 列展开)

$$= \begin{vmatrix} a_1 - a_n & a_2 - a_n & \cdots & a_{n-1} - a_n \\ a_1(a_1 - a_n) & a_2(a_2 - a_n) & \cdots & a_{n-1}(a_{n-1} - a_n) \\ \vdots & \vdots & \vdots & \vdots \\ a_1^{n-2}(a_1 - a_n) & a_2^{n-2}(a_2 - a_n) & \cdots & a_{n-1}^{n-2}(a_{n-1} - a_n) \end{vmatrix} \cdot (-1)^{1+n}$$

$$= \begin{vmatrix} 1 & 1 & \cdots & 1 \\ a_1 & a_2 & \cdots & a_{n-1} \\ \vdots & \vdots & \vdots & \vdots \\ a_1^{n-2} & a_2^{n-2} & \cdots & a_{n-1}^{n-2} \end{vmatrix} \cdot \prod_{1 \leqslant i \leqslant n-1} (a_n - a_i)$$

$$= V_{n-1}(a_1, \cdots, a_{n-1}) \cdot \prod_{1 \leqslant i \leqslant n-1} (a_n - a_i).$$

由归纳假设 $V_{n-1}(a_1, \cdots, a_{n-1}) = \prod\limits_{1 \leqslant j < i \leqslant n-1} (a_i - a_j)$,从而

$$V_n = \prod_{1 \leqslant j < i \leqslant n-1} (a_i - a_j) \cdot \prod_{1 \leqslant i \leqslant n-1} (a_n - a_i)$$
$$= \prod_{1 \leqslant j < i \leqslant n} (a_i - a_j).$$

由归纳原理,本题结论成立.

评注: 范德蒙行列式 $V_n(a_1, \cdots, a_n)$ 是一个很有用的行列式. 注意

$$V_n(a_1, \cdots, a_n) \neq 0 \Leftrightarrow a_i \neq a_j (i \neq j).$$

对一些特殊的 n 阶行列式,也经常用递推法来计算,如例 5.

例 5 计算下列 n 阶行列式

$$A_n = \begin{vmatrix} 2 & -1 & & & & \\ -1 & 2 & -1 & & & \\ & -1 & 2 & -1 & & \\ & & \ddots & \ddots & \ddots & \\ & & & -1 & 2 & -1 \\ & & & & -1 & 2 \end{vmatrix}_n .$$

解 将 A_n 按第 1 行 (多数情况是按最后的行列) 展开:

$$A_n = 2 \begin{vmatrix} 2 & -1 & & \\ -1 & \ddots & \ddots & \\ & \ddots & \ddots & -1 \\ & & -1 & 2 \end{vmatrix}_{n-1} + \begin{vmatrix} -1 & -1 & & & \\ 0 & 2 & -1 & & \\ & -1 & \ddots & \ddots & \\ & & \ddots & \ddots & -1 \\ & & & -1 & 2 \end{vmatrix}_{n-1}$$

$$= 2A_{n-1} - \begin{vmatrix} 2 & -1 & & \\ -1 & \ddots & \ddots & \\ & \ddots & \ddots & -1 \\ & & -1 & 2 \end{vmatrix}_{n-2}$$

$$= 2A_{n-1} - A_{n-2};$$

于是

$$\begin{aligned}A_n &= 2(2A_{n-2} - A_{n-3}) - A_{n-2} = 3A_{n-2} - 2A_{n-3}\\ &= 3(2A_{n-3} - A_{n-4}) - 2A_{n-3} = 4A_{n-3} - 3A_{n-4}\\ &\vdots\\ &= (n-1)A_2 - (n-2)A_1\\ &= 3(n-1) - 2(n-2)\\ &= n+1.\end{aligned}$$

习 题 1.4

1. 计算下列行列式的一切代数余子式:

(1) $\begin{vmatrix} a & b \\ c & d \end{vmatrix}$;　　(2) $\begin{vmatrix} 2 & -1 & 4 \\ 3 & 1 & 5 \\ 0 & 1 & 1 \end{vmatrix}$.

2. 对于行列式

$$\begin{vmatrix} 1 & -5 & 1 & 3 \\ 1 & 1 & 3 & 4 \\ 1 & 1 & 2 & 3 \\ 2 & 2 & 3 & 4 \end{vmatrix},$$

计算 $A_{14} + A_{24} + A_{34} + A_{44}$.

3. 对于 n 阶行列式

$$D_n = \begin{vmatrix} x & a & \cdots & a \\ a & x & \cdots & a \\ \vdots & \vdots & \ddots & \vdots \\ a & a & \cdots & x \end{vmatrix},$$

计算 $A_{11} + A_{12} + \cdots + A_{1n}$.

4. 计算下列行列式:

(1) $\begin{vmatrix} 1 & 1 & 1 & 1 \\ 1 & 2 & 3 & 4 \\ 1 & 3 & 5 & 6 \\ 1 & 4 & 6 & 7 \end{vmatrix}$;　　(2) $\begin{vmatrix} 1 & 2 & 3 & 4 \\ 4 & 1 & 2 & 3 \\ 3 & 4 & 1 & 2 \\ 2 & 3 & 4 & 1 \end{vmatrix}$;

(3) $\begin{vmatrix} 2 & 1 & -1 & 4 \\ -2 & 3 & 2 & -5 \\ 1 & -2 & -3 & 2 \\ -4 & -3 & 2 & -2 \end{vmatrix}$;　　(4) $\begin{vmatrix} 3 & 1 & 1 & 1 \\ 1 & 3 & 1 & 1 \\ 1 & 1 & 3 & 1 \\ 1 & 1 & 1 & 3 \end{vmatrix}$;

(5) $\begin{vmatrix} a & b & b & b \\ a & b & a & a \\ a & a & b & a \\ b & b & b & a \end{vmatrix}$;　　(6) $\begin{vmatrix} 1+x & 1 & 1 & 1 \\ 1 & 1-x & 1 & 1 \\ 1 & 1 & 1+y & 1 \\ 1 & 1 & 1 & 1-y \end{vmatrix}$;

(7) $\begin{vmatrix} a & 1 & 0 & 0 \\ -1 & b & 1 & 0 \\ 0 & -1 & c & 1 \\ 0 & 0 & -1 & d \end{vmatrix}$; (8) $\begin{vmatrix} \frac{3}{4} & 2 & -\frac{1}{2} & -5 \\ 1 & -2 & \frac{3}{2} & 8 \\ \frac{5}{6} & -\frac{4}{3} & \frac{4}{3} & \frac{14}{3} \\ \frac{2}{5} & -\frac{4}{5} & \frac{1}{2} & \frac{12}{5} \end{vmatrix}$.

5. 计算下列 n 阶行列式：

(1) $D_n = \begin{vmatrix} 1 & 1 & 1 & \cdots & 1 \\ 1 & 0 & 1 & \cdots & 1 \\ 1 & 1 & 0 & \cdots & 1 \\ \vdots & \vdots & \vdots & \ddots & \vdots \\ 1 & 1 & 1 & \cdots & 0 \end{vmatrix}$; (2) $D_n = \begin{vmatrix} a & 0 & \cdots & 0 & 1 \\ 0 & a & \cdots & 0 & 0 \\ \vdots & \vdots & \ddots & \vdots & \vdots \\ 0 & 0 & \cdots & a & 0 \\ 1 & 0 & \cdots & 0 & a \end{vmatrix}$;

(3) $D_n = \begin{vmatrix} x & a & \cdots & a \\ a & x & \cdots & a \\ \vdots & \vdots & \ddots & \vdots \\ a & a & \cdots & x \end{vmatrix}$; (4) $D_n = \begin{vmatrix} 1+a_1 & 1 & \cdots & 1 \\ 1 & 1+a_2 & \cdots & 1 \\ \vdots & \vdots & \ddots & \vdots \\ 1 & 1 & \cdots & 1+a_n \end{vmatrix}$;

(5) $D_n = \begin{vmatrix} x & -1 & \cdots & 0 & 0 \\ 0 & x & \cdots & 0 & 0 \\ \vdots & \vdots & \ddots & \vdots & \vdots \\ 0 & 0 & \cdots & x & -1 \\ a_n & a_{n-1} & \cdots & a_2 & a_1 \end{vmatrix}$.

1.5 克莱姆法则

1. 克莱姆法则

本章 1.1 节中，我们用二阶和三阶行列式来解我们在中学所熟知的二元和三元线性方程组. 克莱姆法则就是此方法的一般化. 首先，我们从消元法解线性方程组的角度看引理 1.1 的证明，可以得到下面一个简单，但很有用的关于线性方程组的引理. 用此引理，我们可以轻松地得到解线性方程组的**克莱姆法则**.

引理 1.2　线性方程组

$$\begin{cases} a_{11}x_1 + a_{12}x_2 + \cdots + a_{1n}x_n = b_1 \\ a_{21}x_1 + a_{22}x_2 + \cdots + a_{2n}x_n = b_2 \\ \vdots \qquad \vdots \qquad \vdots \qquad \vdots \\ a_{n1}x_1 + a_{n2}x_2 + \cdots + a_{nn}x_n = b_n \end{cases} \tag{1}$$

可以通过消元变换（将一方程的 k 倍加到另一个上）变为同解方程组

$$\begin{cases} b_{11}x_1 + b_{12}x_2 + \cdots + b_{1n}x_n = c_1 \\ \qquad b_{22}x_2 + \cdots + b_{2n}x_n = c_2 \\ \qquad\qquad \vdots \qquad \vdots \\ \qquad\qquad b_{nn}x_n = c_n \end{cases}. \tag{2}$$

证明 只要将引理1.1的证明中所用的每个行列式的行等值变换视为方程组(1)的一个消元变换即可得到与方程组(1)同解的方程组(2). 在此过程中,方程组右边的常数 b_1, $\cdots$, b_n 随之被变为 $c_1, \cdots, c_n$.

定理 1.3(Cramer) **若上述线性方程组(1)的系数行列式 $D = |a_{ij}|_n \neq 0$,则此方程组有唯一的一组解**

$$x_1 = \frac{D_1}{D}, \quad x_2 = \frac{D_2}{D}, \quad \cdots, \quad x_n = \frac{D_n}{D},$$

这里 D_i 是将 D 中的第 i 列 $a_{1i}, \cdots, a_{ni}$ 换成 $b_1, \cdots, b_n$ 得到的行列式.

证明 由上述引理,方程组(1)与(2)同解,且它们的系数行列式相等,即 $b_{11}\cdots b_{nn} = D \neq 0$. 再对方程组(2)从下向上逐步消元知,方程组(1)与

$$\begin{cases} a_1x_1 \qquad\qquad = d_1 \\ \quad a_2x_2 \qquad = d_2 \\ \qquad\qquad\quad \vdots \\ \qquad\quad a_nx_n = d_n \end{cases} \tag{3}$$

同解,且 $D = a_1\cdots a_n \neq 0$. 再由行列式的性质3,我们还有

$$D_1 = \begin{vmatrix} d_1 & & & \\ d_2 & a_2 & & \\ \vdots & & \ddots & \\ d_n & & & a_n \end{vmatrix} = d_1a_2\cdots a_n,$$

$$D_2 = \begin{vmatrix} a_1 & d_1 & & \\ & d_2 & & \\ & \vdots & \ddots & \\ & d_n & & a_n \end{vmatrix} = a_1d_2\cdots a_n,$$

$$\cdots,$$

$$D_n = \begin{vmatrix} a_1 & & & d_1 \\ & \ddots & & \vdots \\ & & a_{n-1} & d_{n-1} \\ & & & d_n \end{vmatrix} = a_1\cdots a_{n-1}d_n.$$

于是

$$x_1 = \frac{d_1}{a_1} = \frac{D_1}{D}, \quad x_2 = \frac{d_2}{a_2} = \frac{D_2}{D}, \quad \cdots, \quad x_n = \frac{d_n}{a_n} = \frac{D_n}{D}.$$

例 1 解线性方程组

$$\begin{cases} 2x_1 + x_2 - 5x_3 + x_4 = 8 \\ x_1 - 3x_2 - 6x_4 = 9 \\ 2x_2 - x_3 + 2x_4 = -5 \\ x_1 + 4x_2 - 7x_3 + 6x_4 = 0 \end{cases}.$$

解 此方程组的系数行列式

$$D = \begin{vmatrix} 2 & 1 & -5 & 1 \\ 1 & -3 & 0 & -6 \\ 0 & 2 & -1 & 2 \\ 1 & 4 & -7 & 6 \end{vmatrix} = 27;$$

$$D_1 = \begin{vmatrix} 8 & 1 & -5 & 1 \\ 9 & -3 & 0 & -6 \\ -5 & 2 & -1 & 2 \\ 0 & 4 & -7 & 6 \end{vmatrix} = 81, \quad D_2 = \begin{vmatrix} 2 & 8 & -5 & 1 \\ 1 & 9 & 0 & -6 \\ 0 & -5 & -1 & 2 \\ 1 & 0 & -7 & 6 \end{vmatrix} = -108,$$

$$D_3 = \begin{vmatrix} 2 & 1 & 8 & 1 \\ 1 & -3 & 9 & -6 \\ 0 & 2 & -5 & 2 \\ 1 & 4 & 0 & 6 \end{vmatrix} = -27, \quad D_4 = \begin{vmatrix} 2 & 1 & -5 & 8 \\ 1 & -3 & 0 & 9 \\ 0 & 2 & -1 & -5 \\ 1 & 4 & -7 & 0 \end{vmatrix} = 27;$$

$$x_1 = \frac{D_1}{D} = 3, \quad x_2 = \frac{D_2}{D} = -4, \quad x_3 = \frac{D_3}{D} = -1, \quad x_4 = \frac{D_4}{D} = 1.$$

2. 特殊的齐次线性方程组

我们称下面的特殊线性方程组

$$\begin{cases} a_{11}x_1 + a_{12}x_2 + \cdots + a_{1n}x_n = 0 \\ a_{21}x_1 + a_{22}x_2 + \cdots + a_{2n}x_n = 0 \\ \vdots \qquad \vdots \qquad\qquad \vdots \qquad \vdots \\ a_{m1}x_1 + a_{m2}x_2 + \cdots + a_{mn}x_n = 0 \end{cases} \tag{4}$$

为**齐次线性方程组**,此方程组有一组**零解** $x_1 = \cdots = x_n = 0$. 对于齐次线性方程组,我们关心的是它除了这组零解之外,还有没有其他的**非零解**. 此问题在线性代数中是非常重要的. 作为克莱姆法则的应用,当方程的个数与未知数的个数相等时,我们给出判别齐次线性方程组有非零解的充要条件. 一般情况下,齐次线性方程组有非零解的充要条件将在下一章中用矩阵的秩做统一讨论.

定理 1.4 齐次线性方程组

$$\begin{cases} a_{11}x_1 + a_{12}x_2 + \cdots + a_{1n}x_n = 0 \\ a_{21}x_1 + a_{22}x_2 + \cdots + a_{2n}x_n = 0 \\ \vdots \qquad \vdots \qquad\qquad \vdots \qquad \vdots \\ a_{n1}x_1 + a_{n2}x_2 + \cdots + a_{nn}x_n = 0 \end{cases} \tag{5}$$

有非零解 $\Leftrightarrow$ 系数行列式 $|a_{ij}|_n = 0$,即此方程组仅有零解 $\Leftrightarrow$ 系数行列式 $|a_{ij}|_n \neq 0$.

证明 （⇒）设齐次线性方程组(5)有非零解，我们用反证法来证明 $|a_{ij}|_n=0$. 假设 $|a_{ij}|_n\neq 0$，由克莱姆法则知此方程组有唯一一组解；又因为齐次线性方程组一定有零解，故方程组(5)无非零解. 这与开始的假设矛盾.

（⇐）此时，以 $|a_{ij}|_n=0$ 为已知条件，来证明方程组(5)有非零解. 由引理1.2知，方程组(5)与方程组

$$\begin{cases}b_{11}x_1+b_{12}x_2+\cdots+b_{1n}x_n=0\\ \qquad\quad b_{22}x_2+\cdots+b_{2n}x_n=0\\ \qquad\qquad\qquad\qquad\vdots\quad\ \vdots\\ \qquad\qquad\qquad\quad b_{nn}x_n=0\end{cases}\tag{6}$$

同解，且 $b_{11}\cdots b_{nn}=|a_{ij}|_n=0$. 此刻，至少有一个 $b_{ii}=0$. 设 $b_{11},\cdots,b_{nn}$ 中第一个为0的是 b_{kk}. 现在，取 $x_k=1,x_{k+1}=\cdots=x_n=0$ 代入方程组(6)，方程组(6)化为

$$\begin{cases}b_{11}x_1+b_{12}x_2+\cdots+b_{1,k-1}x_{k-1}=d_1\\ \qquad\quad b_{22}x_2+\cdots+b_{2,k-1}x_{k-1}=d_2\\ \qquad\qquad\qquad\qquad\vdots\qquad\quad\vdots\\ \qquad\qquad\qquad b_{k-1,k-1}x_{k-1}=d_{k-1}\end{cases}.\tag{7}$$

此时，方程组(7)的系数行列式等于 $b_{11}\cdots b_{k-1,k-1}\neq 0$. 由克莱姆法则，此方程组有唯一一组解. 此解与 $x_k=1,x_{k+1}=\cdots=x_n=0$ 合起来就是方程组(5)的一组非零解.

例2 讨论齐次线性方程组

$$\begin{cases}\lambda x_1+x_2+x_3=0\\ x_1+\lambda x_2+x_3=0\\ x_1+x_2+\lambda x_3=0\end{cases}$$

有非零解的条件.

解 此方程组的系数行列式

$$D=\begin{vmatrix}\lambda & 1 & 1\\ 1 & \lambda & 1\\ 1 & 1 & \lambda\end{vmatrix}=(\lambda+2)(\lambda-1)^2,$$

故 $\lambda=-2$ 或 $\lambda=1$ 为此齐次线性方程组有非零解的充要条件.

习 题 1.5

1. 用克莱姆法则解下列方程组：

(1) $\begin{cases}x_1+x_2-2x_3=-2\\ x_2+2x_3=1;\\ x_1-x_2=2\end{cases}$ (2) $\begin{cases}5x_1+4x_3+2x_4=3\\ x_1-x_2+2x_3+x_4=1\\ 4x_1+x_2+2x_3=1\\ x_1+x_2+x_3+x_4=0\end{cases}.$

2. 讨论齐次线性方程组

$$\begin{cases} \lambda x_1 + x_2 + x_3 = 0 \\ x_1 + \mu x_2 + x_3 = 0 \\ x_1 + 2\mu x_2 + x_3 = 0 \end{cases}$$

有非零解的条件.

3. 求证:当 $m < n$ 时,齐次线性方程组

$$\begin{cases} a_{11}x_1 + a_{12}x_2 + \cdots + a_{1n}x_n = 0 \\ a_{21}x_1 + a_{22}x_2 + \cdots + a_{2n}x_n = 0 \\ \vdots \qquad \vdots \qquad \qquad \vdots \qquad \vdots \\ a_{m1}x_1 + a_{m2}x_2 + \cdots + a_{mn}x_n = 0 \end{cases}$$

一定有非零解.(提示:用定理 1.4.)

4. 求证一元三次方程 $ax^3 + bx^2 + cx + d = 0$ ($a \neq 0$) 不可能有四个不同的根.

5. 求空间中四个平面 $a_ix + b_iy + c_iz + d_i = 0$ ($i = 1,2,3,4$) 相交于一点的必要条件.

第 2 章　线性方程组与矩阵

在本章中我们将讨论线性方程组的可解性. 我们将引入一个非常有效的工具——矩阵,将一个线性方程组与两个矩阵(系数阵和增广阵)联系起来;方程组的一个同解变换对应其增广阵的一个行初等变换. 最后,我们再引入矩阵的秩,并通过线性方程组系数阵的秩与增广阵的秩的关系来判别线性方程组的可解性.

本章的主要内容:

(1) 线性方程组与矩阵的对应;

(2) 线性方程组的高斯消元法与其增广阵的行初等变换;

(3) 矩阵的初等变换与等价;

(4) 线性方程组可解性判别.

2.1　线性方程组与矩阵的对应

1. 线性方程组与解的三种形态

在中学我们主要学习了两种线性方程组:二元线性方程组,方程的个数有两个;三元线性方程组,方程的个数有三个. 但在许多情况下我们要考虑如下的一般线性方程组:

$$\begin{cases} a_{11}x_1 + a_{12}x_2 + \cdots + a_{1n}x_n = b_1 \\ a_{21}x_1 + a_{22}x_2 + \cdots + a_{2n}x_n = b_2 \\ \quad\vdots \qquad\quad \vdots \qquad\qquad\quad \vdots \quad\ \ \vdots \\ a_{m1}x_1 + a_{m2}x_2 + \cdots + a_{mn}x_n = b_m \end{cases}.$$

这里,n 为未知数的个数,m 为方程的个数,a_{ij},b_i 为常数;正如下面的例子所示,$n > m$,$n = m$,$n < m$ 都是可能的,且此方程组的解有三种可能的形态:**无解**,即任何一组 $x_1,\cdots,x_n$ 都不满足方程组;**有唯一一组解**;**有无穷多组解**. 下面,我们从讨论空间直角坐标系 $Oxyz$ 中平面的关系展示线性方程组的各种形式和解的各种形态.

例 1　平面 $\pi_1: x + y + z = 1$ 与平面 $\pi_2: x + y + z = 2$ 平行,不相交,此时方程组

$$\begin{cases} x + y + z = 1 \\ x + y + z = 2 \end{cases}$$

无解,即为矛盾方程.

例 2　平面 $\pi_1: x + y + z = 1$ 与平面 $\pi_2: x + 2y + 3z = 1$ 相交成直线,此时方程组

$$\begin{cases} x + \ \ y + \ \ z = 1 \\ x + 2y + 3z = 1 \end{cases}$$

有无穷多组解. 事实上,用简单的消元运算可将此方程组化为

$$\begin{cases} x = 1 + z \\ y = -2z \end{cases}.$$

此时,只要 z 取任何一个数 k, $x = 1 + k, y = -2k, z = k$ 都是一组解. 若视 k 为参数, 所有的解(视为点)就形成了直线$\frac{x-1}{1} = \frac{y}{-2} = z$.

例 3 用消元法解下列方程组

$$\begin{cases} x + y + z = 3 \\ 2x + y - z = 2 \\ x - 3y + z = -1 \end{cases}$$

知此方程组有唯一的一组解 $x = 1, y = 1, z = 1$. 若将每个方程视为平面方程,则这三个平面相交于一个点.

例 4 用消元法容易发现方程组

$$\begin{cases} x + 2y - z = 1 \\ 2x - 3y + z = 0 \\ 4x + y - z = -1 \end{cases}$$

无解(如第一个方程乘 2 加到第二个方程上,得到 $4x + y - z = 2$). 若将每个方程视为平面方程,则这三个平面上没有共同的点.

例 5 方程组

$$\begin{cases} x = 1 \\ y = 2 \\ z = 3 \\ x + y + z = 6 \end{cases}$$

有四个方程,但仍然有唯一一组解. 若将每个方程视为平面方程,则这四个平面相交于一个点.

2. 线性方程组的同解变换与其增广阵行变换的对应

例 6 观察用消元法解下列方程组的过程:

$$\begin{cases} x + y + z = 3 & ① \\ 2x + y - z = 2 & ② \\ x - 3y + z = -1 & ③ \end{cases}.$$

我们应注意到,用消元法解方程组实际上是对方程组的未知数的系数和右边的常数进行运算. 如下,我们先将方程组与一个由方程组的未知数的系数和右边的常数组成的一个数表(矩阵)对应起来,方程组的每一个消法运算和倍法运算都对应此矩阵的一个行运算(r_i 表示矩阵的第 i 行):

$$\begin{cases} x + y + z = 3 & ① \\ 2x + y - z = 2 & ② \\ x - 3y + z = -1 & ③ \end{cases} \leftrightarrow \begin{bmatrix} 1 & 1 & 1 & \vdots & 3 \\ 2 & 1 & -1 & \vdots & 2 \\ 1 & -3 & 1 & \vdots & -1 \end{bmatrix};$$

方程的运算$(-2)\times①\xrightarrow{+}②$对应矩阵的变换$(-2)\times r_1\to r_2$,方程的运算$(-1)\times①\xrightarrow{+}③$对应矩阵的变换$(-1)\times r_1\to r_3$,即

$$\begin{cases}x+\ y+\ z=\ 3\\ \quad -\ y+3z=-4\\ \quad -4y\qquad=-4\end{cases}\leftrightarrow\begin{bmatrix}1&1&1&\vdots&3\\0&-1&-3&\vdots&-4\\0&-4&0&\vdots&-4\end{bmatrix};$$

方程的运算$(-1)\times②$对应矩阵的变换$(-1)\times r_2$,方程的运算$\left(-\dfrac{1}{4}\right)\times③$对应矩阵的变换$\left(-\dfrac{1}{4}\right)\times r_3$,即

$$\begin{cases}x+y+\ z=3 & ①\\ \quad y+3z=4 & ②\\ \quad y\qquad=1 & ③\end{cases}\leftrightarrow\begin{bmatrix}1&1&1&\vdots&3\\0&1&3&\vdots&4\\0&1&0&\vdots&1\end{bmatrix};$$

方程的运算$②\leftrightarrow③$对应矩阵的变换 $r_2\leftrightarrow r_3$,即

$$\begin{cases}x+y+\ z=3 & ①\\ \quad y\qquad=1 & ②\\ \quad y+3z=4 & ③\end{cases}\leftrightarrow\begin{bmatrix}1&1&1&\vdots&3\\0&1&0&\vdots&1\\0&1&3&\vdots&4\end{bmatrix};$$

方程的运算$(-1)\times②\xrightarrow{+}①$对应矩阵的变换$(-1)\times r_2\to r_1$,方程的运算$(-1)\times②\xrightarrow{+}③$对应矩阵的变换$(-1)\times r_2\to r_3$,即

$$\begin{cases}x+\qquad z=2 & ①\\ \quad y\qquad=1 & ②\\ \qquad 3z=3 & ③\end{cases}\leftrightarrow\begin{bmatrix}1&0&1&\vdots&2\\0&1&0&\vdots&1\\0&0&3&\vdots&3\end{bmatrix};$$

方程的运算$\left(-\dfrac{1}{3}\right)\times③\xrightarrow{+}①$对应矩阵的变换$\left(-\dfrac{1}{3}\right)\times r_3\to r_1$,方程的运算$\dfrac{1}{3}\times③$对应矩阵的变换$\dfrac{1}{3}\times r_3$,即

$$\begin{cases}x\qquad\quad=1 & ①\\ \quad y\qquad=1 & ②\\ \qquad z=1 & ③\end{cases}\leftrightarrow\begin{bmatrix}1&0&0&\vdots&1\\0&1&0&\vdots&1\\0&0&1&\vdots&1\end{bmatrix}.$$

由此我们看到了用消元法解方程组的本质是对一个数表进行运算.现在我们就引入矩阵及其初等变换.

定义1 由 $m\times n$ 个数 $a_{ij}(i=1,\cdots,m;j=1,\cdots,n)$排成的如下的 m 行 n 列的数表

$$\begin{bmatrix}a_{11}&a_{12}&\cdots&a_{1n}\\a_{21}&a_{22}&\cdots&a_{2n}\\\vdots&\vdots&\ddots&\vdots\\a_{m1}&a_{m2}&\cdots&a_{mn}\end{bmatrix}_{m\times n}$$

称为一个 $m\times n$ **矩阵**,简记为$[a_{ij}]_{m\times n}$,称 a_{ij}为此矩阵的第 i 行第 j 列的**元素**.一般用大写英文字母$\boldsymbol{A},\boldsymbol{B},\boldsymbol{C}$ 等表示矩阵.$n\times n$ 矩阵称为 n **阶方阵**.若$\boldsymbol{A}=[a_{ij}]_{n\times n}$为方阵,我们用$|\boldsymbol{A}|$表示行列式$|a_{ij}|_n$.

定义 2 对给定的线性方程组

$$\begin{cases} a_{11}x_1+a_{12}x_2+\cdots+a_{1n}x_n=b_1 \\ a_{21}x_1+a_{22}x_2+\cdots+a_{2n}x_n=b_2 \\ \quad\vdots \qquad\quad \vdots \qquad\qquad\quad \vdots \qquad \vdots \\ a_{m1}x_1+a_{m2}x_2+\cdots+a_{mn}x_n=b_m \end{cases},$$

称矩阵

$$\boldsymbol{A}\equiv\begin{bmatrix} a_{11} & a_{12} & \cdots & a_{1n} \\ a_{21} & a_{22} & \cdots & a_{2n} \\ \vdots & \vdots & \ddots & \vdots \\ a_{m1} & a_{m2} & \cdots & a_{mn} \end{bmatrix}_{m\times n}$$

为此方程组的**系数(矩)阵**;称矩阵

$$\widetilde{\boldsymbol{A}}\equiv\begin{bmatrix} a_{11} & a_{12} & \cdots & a_{1n} & b_1 \\ a_{21} & a_{22} & \cdots & a_{2n} & b_2 \\ \vdots & \vdots & \ddots & \vdots & \vdots \\ a_{m1} & a_{m2} & \cdots & a_{mn} & b_m \end{bmatrix}_{m\times(n+1)}$$

为此方程组的**增广(矩)阵**.

3. 矩阵的初等变换

定义 3 (1) 对矩阵 $\boldsymbol{A}$ 进行的下列三种变换称为 $\boldsymbol{A}$ 的**初等变换**:

(i) 交换 $\boldsymbol{A}$ 的两行(列);

(ii) 用一个非零常数乘 $\boldsymbol{A}$ 的某一行(列)的所有元素;

(iii) 将 $\boldsymbol{A}$ 的某一行(列)的所有元素乘以某一常数,再对应地加到另一行(列)上;

(2) 若矩阵 $\boldsymbol{A}$ 经过一系列初等变换(行初等变换和列初等变换可交替使用)化为矩阵 $\boldsymbol{B}$,则称矩阵 $\boldsymbol{A}$ 与矩阵 $\boldsymbol{B}$ 等价,记为

$$\boldsymbol{A}\rightarrow\boldsymbol{B}.$$

例如,

$$\begin{bmatrix} 2 & 1 \\ 1 & 2 \end{bmatrix}\xrightarrow{r_1\leftrightarrow r_2}\begin{bmatrix} 1 & 2 \\ 2 & 1 \end{bmatrix}\xrightarrow{(-2)\times r_1\rightarrow r_2}\begin{bmatrix} 1 & 2 \\ 0 & -3 \end{bmatrix}$$

$$\xrightarrow{\left(-\frac{1}{3}\right)\times r_2}\begin{bmatrix} 1 & 2 \\ 0 & 1 \end{bmatrix}\xrightarrow{(-2)\times r_2\rightarrow r_1}\begin{bmatrix} 1 & 0 \\ 0 & 1 \end{bmatrix}.$$

定义 4 对方程组进行的如下变换称为此方程组的**同解变换**:

(i) 交换方程组中的两个方程;

(ii) 用一个非零常数乘方程组中某个方程的两边;

(iii) 将某个方程的 k 倍加到另一个方程上.

评注： 方程组的同解变换不改变其解. 由前面的例 6 看出，一个线性方程组的三种类型的同解变换对应其增广阵同类型的行初等变换. 若一个线性方程组的增广阵 $\widetilde{\boldsymbol{A}}$ 经过一次或若干次行初等变换化为 $\widetilde{\boldsymbol{B}}$，则 $\widetilde{\boldsymbol{A}}$ 与 $\widetilde{\boldsymbol{B}}$ 对应的方程组是同解的.

例 7 解方程组

$$\begin{cases} x+2y-z=1 \\ 2x-3y+z=0 \\ 4x+y-z=-1 \end{cases}.$$

解 此方程组的增广阵

$$\widetilde{\boldsymbol{A}}=\begin{bmatrix} 1 & 2 & -1 & 1 \\ 2 & -3 & 1 & 0 \\ 4 & 1 & -1 & -1 \end{bmatrix} \xrightarrow[(-4)\times r_1\to r_3]{(-2)\times r_1\to r_2} \begin{bmatrix} 1 & 2 & -1 & 1 \\ 0 & -7 & 3 & -2 \\ 0 & -7 & 3 & -5 \end{bmatrix}$$

$$\xrightarrow{(-1)\times r_2\to r_3} \begin{bmatrix} 1 & 2 & -1 & 1 \\ 0 & -7 & 3 & -2 \\ 0 & 0 & 0 & -3 \end{bmatrix};$$

原方程组与方程组

$$\begin{cases} x+2y-z=1 \\ -7y+3z=-2 \\ 0=-3 \end{cases}$$

同解，而这是矛盾方程组，故原方程组无解.

例 8 解方程组

$$\begin{cases} x_1+x_2+x_3=3 \\ x_1+2x_2+x_3=4 \\ 2x_1+3x_2+3x_3=8 \\ x_1+2x_2+2x_3=5 \end{cases}.$$

解 此方程组的增广阵

$$\widetilde{\boldsymbol{A}}=\begin{bmatrix} 1 & 1 & 1 & 3 \\ 1 & 2 & 1 & 4 \\ 2 & 3 & 3 & 8 \\ 1 & 2 & 2 & 5 \end{bmatrix} \xrightarrow[\substack{(-2)\times r_1\to r_3 \\ (-1)\times r_1\to r_4}]{(-1)\times r_1\to r_2} \begin{bmatrix} 1 & 1 & 1 & 3 \\ 0 & 1 & 0 & 1 \\ 0 & 1 & 1 & 2 \\ 0 & 1 & 1 & 2 \end{bmatrix} \xrightarrow[\substack{(-1)\times r_2\to r_3 \\ (-1)\times r_2\to r_4}]{(-1)\times r_2\to r_1} \begin{bmatrix} 1 & 0 & 1 & 2 \\ 0 & 1 & 0 & 1 \\ 0 & 0 & 1 & 1 \\ 0 & 0 & 1 & 1 \end{bmatrix}$$

$$\xrightarrow[(-1)\times r_3\to r_4]{(-1)\times r_3\to r_1} \begin{bmatrix} 1 & 0 & 0 & 1 \\ 0 & 1 & 0 & 1 \\ 0 & 0 & 1 & 1 \\ 0 & 0 & 0 & 0 \end{bmatrix};$$

原方程组的解为 $x_1=x_2=x_3=1$.

例 9 解方程组

$$\begin{cases} x_1 + x_2 + 2x_3 + 4x_4 = 3 \\ 3x_1 + x_2 + 6x_3 + 2x_4 = 3. \\ -x_1 + 2x_2 - 2x_3 + x_4 = 1 \end{cases}$$

解 此方程组的增广阵

$$\widetilde{\boldsymbol{A}} = \begin{bmatrix} 1 & 1 & 2 & 4 & 3 \\ 3 & 1 & 6 & 2 & 3 \\ -1 & 2 & -2 & 1 & 1 \end{bmatrix} \xrightarrow[r_1 \times r_3]{(-3) \times r_1 \to r_2} \begin{bmatrix} 1 & 1 & 2 & 4 & 3 \\ 0 & -2 & 0 & -10 & -6 \\ 0 & 3 & 0 & 5 & 4 \end{bmatrix}$$

$$\xrightarrow{\left(-\frac{1}{2}\right) \times r_2} \begin{bmatrix} 1 & 1 & 2 & 4 & 3 \\ 0 & 1 & 0 & 5 & 3 \\ 0 & 3 & 0 & 5 & 4 \end{bmatrix} \xrightarrow[(-3) \times r_2 \to r_3]{(-1) \times r_2 \to r_1} \begin{bmatrix} 1 & 0 & 2 & -1 & 0 \\ 0 & 1 & 0 & 5 & 3 \\ 0 & 0 & 0 & -10 & -5 \end{bmatrix}$$

$$\xrightarrow{\left(-\frac{1}{10}\right) \times r_3} \begin{bmatrix} 1 & 0 & 2 & -1 & 0 \\ 0 & 1 & 0 & 5 & 3 \\ 0 & 0 & 0 & 1 & \frac{1}{2} \end{bmatrix} \xrightarrow[(-5) \times r_3 \to r_2]{r_3 \to r_1} \begin{bmatrix} 1 & 0 & 2 & 0 & \frac{1}{2} \\ 0 & 1 & 0 & 0 & \frac{1}{2} \\ 0 & 0 & 0 & 1 & \frac{1}{2} \end{bmatrix};$$

原方程组与

$$\begin{cases} x_1 + 2x_3 = \frac{1}{2} \\ x_2 = \frac{1}{2} \\ x_4 = \frac{1}{2} \end{cases}$$

同解,即

$$\begin{cases} x_1 = \frac{1}{2} - 2c \\ x_2 = \frac{1}{2} \\ x_3 = c \\ x_4 = \frac{1}{2} \end{cases}.$$

评注: 在这里 x_3 任取一个常数 c,就得到方程组的一组解,因而原方程组有无穷多组解,这样的 x_3 称为**自由未知数**,而且方程组上述形式的解为称为此方程组的**通解**. 自由未知数是相对的,在上例中也可视 x_1 为自由未知数. 这样,方程组的通解就写为

$$\begin{cases} x_1 = & c \\ x_2 = \dfrac{1}{2} \\ x_3 = \dfrac{1}{4} - \dfrac{1}{2}c \\ x_4 = \dfrac{1}{2} \end{cases}.$$

例 10 解方程组

$$\begin{cases} x_1 + x_2 + x_3 + x_4 = 1 \\ x_1 - x_2 + x_3 + x_4 = 3 \end{cases}.$$

解 此方程组的增广阵

$$\widetilde{\boldsymbol{A}} = \begin{bmatrix} 1 & 1 & 1 & 1 & 1 \\ 1 & -1 & 1 & 1 & 3 \end{bmatrix} \xrightarrow{(-1)\times r_1 \to r_2} \begin{bmatrix} 1 & 1 & 1 & 1 & 1 \\ 0 & -2 & 0 & 0 & 2 \end{bmatrix} \xrightarrow{\left(-\frac{1}{2}\right)\times r_2}$$

$$\begin{bmatrix} 1 & 1 & 1 & 1 & 1 \\ 0 & 1 & 0 & 0 & -1 \end{bmatrix} \xrightarrow{(-1)\times r_2 \to r_1} \begin{bmatrix} 1 & 0 & 1 & 1 & 2 \\ 0 & 1 & 0 & 0 & -1 \end{bmatrix};$$

原方程组化简为

$$\begin{cases} x_1 + \quad x_3 + x_4 = 2 \\ \quad x_2 \quad = -1 \end{cases},$$

其通解为

$$\begin{cases} x_1 = 2 - c_1 - c_2 \\ x_2 = -1 \\ x_3 = c_1 \\ x_4 = c_2 \end{cases}.$$

3. 矩阵的行最简等价标准形

由上面解线性方程组的实例,我们看到可通过方程组的增广阵的行初等变换替代消元法解线性方程组;增广阵通过行初等变换,到某一时刻可判断方程组是否可解,而且当可解时总可以变成一种最简形式.下面我们指出这种最简形式具有的一般性.

阶梯阵:若矩阵的行元素的排列(视为一个单词)由上至下满足非零元优先的词典序,则称此矩阵为**阶梯阵**.下面的矩阵都是阶梯阵:

$$\begin{bmatrix} 2 & 2 & -1 \\ 0 & 0 & 3 \\ 0 & 0 & 0 \end{bmatrix}, \quad \begin{bmatrix} 0 & 1 & 2 \\ 0 & 0 & 3 \\ 0 & 0 & 0 \end{bmatrix}, \quad \begin{bmatrix} 1 & -2 & 4 & 5 & 2 \\ 0 & 0 & 2 & 0 & 3 \\ 0 & 0 & 0 & 3 & 4 \\ 0 & 0 & 0 & 0 & 0 \end{bmatrix}$$

行最简阵:若矩阵为阶梯阵,且每行中第一个非零元为 1,又这个 1 所在的列中其他的元素都为 0,则称此矩阵为**行最简阵**.下面的矩阵都是行最简阵:

$$\begin{bmatrix}1&2&0\\0&0&1\\0&0&0\end{bmatrix},\quad\begin{bmatrix}0&1&0\\0&0&1\\0&0&0\end{bmatrix},\quad\begin{bmatrix}1&-2&0&0&2\\0&0&1&0&3\\0&0&0&1&4\\0&0&0&0&0\end{bmatrix}.$$

例 11 用行初等变换将矩阵 $\boldsymbol{A}$ 化为行最简阵：

$$\boldsymbol{A}=\begin{bmatrix}1&-2&-1&-2&2\\4&1&2&1&3\\2&5&4&-1&0\\3&3&3&3&1\end{bmatrix}.$$

解

$$\boldsymbol{A}=\begin{bmatrix}1&-2&-1&-2&2\\4&1&2&1&3\\2&5&4&-1&0\\3&3&3&3&1\end{bmatrix}\xrightarrow{\text{(iii)型行初等变换}}\begin{bmatrix}1&-2&-1&-2&2\\0&9&6&9&-5\\0&9&6&3&-4\\0&9&6&9&-5\end{bmatrix}$$

$$\xrightarrow{\text{(iii)型行初等变换}}\begin{bmatrix}1&-2&-1&-2&2\\0&9&6&9&-5\\0&0&0&-6&1\\0&0&0&0&0\end{bmatrix}$$

$$\xrightarrow{\text{(ii)型行初等变换}}\begin{bmatrix}1&-2&-1&-2&2\\0&1&\frac{2}{3}&1&-\frac{5}{9}\\0&0&0&1&-\frac{1}{6}\\0&0&0&0&0\end{bmatrix}$$

$$\xrightarrow{\text{(iii)型行初等变换}}\begin{bmatrix}1&0&\frac{1}{3}&0&\frac{8}{9}\\0&1&\frac{2}{3}&0&-\frac{7}{18}\\0&0&0&1&-\frac{1}{6}\\0&0&0&0&0\end{bmatrix}.$$

命题 2.1 **矩阵 $\boldsymbol{A}=[a_{ij}]_{m\times n}$ 通过行初等变换可变为行最简阵.**

证明 本命题的证明与引理 1.1 的证明完全类似. 首先，若 $\boldsymbol{A}$ 的第 1 列中有 $a_{i1}\neq0$，可通过行交换使此元素排到(1,1)位置上；再通过行初等变换，$\boldsymbol{A}$ 可变为如下形式

$$\boldsymbol{B}=\begin{bmatrix}b_{11}&b_{12}&\cdots&b_{1n}\\0&b_{22}&\cdots&b_{2n}\\\vdots&\vdots&\ddots&\vdots\\0&b_{m2}&\cdots&b_{mn}\end{bmatrix}.$$

在这里，若 $\boldsymbol{A}$ 的第 1 列全为 0，则 $b_{11}=0$，否则 $b_{11}\neq 0$. 再对矩阵 $\boldsymbol{B}$ 的后 $m-1$ 行做同样的处理. 这样继续做，可以看到用(i)型和(iii)型行初等变换可将 $\boldsymbol{A}$ 变为阶梯阵；再用(ii)型行初等变换可将 $\boldsymbol{B}$ 的每行的第 1 个非零元变为 1；再用(iii)型行初等变换可将这个 1 的正上方的所有元素变为 0. 最终，$\boldsymbol{A}$ 经过行初等变换变成为行最简阵.

习 题 2.1

1. 写出下列矩阵：

(1) $a_{ij}=0$ 的 1×3 矩阵；

(2) $a_{ij}=0$ 的 3×1 矩阵；

(3) $a_{ij}=i+j$ 的 2×3 矩阵；

(4) $a_{ij}=i\cdot j$ 的 3×3 矩阵.

2. 写出下列方程组的增广阵：

(1) $2x_1+x_2=0$；

(2) $\begin{cases}x_1=1\\x_2=3\end{cases}$；

(3) $\begin{cases}x_1+x_2+x_3=0\\4x_1+5x_2+6x_3=0\end{cases}$；

(4) $\begin{cases}x_1+x_2=1\\3x_1+4x_2=2\\x_1+6x_2=3\end{cases}$.

3. 判别下列矩阵 $\boldsymbol{A}$ 与 $\boldsymbol{B}$ 是否等价：

(1) $\boldsymbol{A}=\begin{bmatrix}1&0\\0&1\end{bmatrix}$，$\boldsymbol{B}=\begin{bmatrix}k&0\\k&1\end{bmatrix}(k\neq 0)$；

(2) $\boldsymbol{A}=(1,0,1)$，$\boldsymbol{B}=(4,3,2)$；

(3) $\boldsymbol{A}=\begin{bmatrix}1&0\\0&1\end{bmatrix}$，$\boldsymbol{B}=\begin{bmatrix}1&1\\2&2\end{bmatrix}$；

(4) $\boldsymbol{A}=\begin{bmatrix}2&1&4\\1&2&5\end{bmatrix}$，$\boldsymbol{B}=\begin{bmatrix}1&0&0\\0&1&0\end{bmatrix}$.

4. 用增广阵的行初等变换解下列方程组：

(1) $\begin{cases}x+y+z=0\\4x+y+2z=0\\3x-3y-z=0\end{cases}$；

(2) $\begin{cases}2x+y+2z=1\\2x+y-z=2\\-3x+3y+2z=3\end{cases}$；

(3) $\begin{cases}x+2y+3z=4\\2x+3y+5z=-1\\2x+2y+4z=0\end{cases}$；

(4) $\begin{cases}12x_1+7x_2+5x_3=4\\x_1-2x_2+3x_3=6\end{cases}$.

5. 用行初等变换将下列矩阵化为行最简阵：

(1) $\begin{bmatrix}1&2&3&4\\2&3&1&2\\1&1&1&-1\\1&0&-2&-6\end{bmatrix}$；

(2) $\begin{bmatrix}0&3&-6&4&9\\1&2&-1&3&1\\2&3&0&3&-1\\1&-4&5&-9&-7\end{bmatrix}$.

6. 求证：

(1) 矩阵 $\boldsymbol{A}$ 与自身等价；

（2）若矩阵 $\boldsymbol{A}$ 与矩阵 $\boldsymbol{B}$ 等价，则矩阵 $\boldsymbol{B}$ 与矩阵 $\boldsymbol{A}$ 也等价；

（3）若矩阵 $\boldsymbol{A}$ 与矩阵 $\boldsymbol{B}$ 等价，矩阵 $\boldsymbol{B}$ 与矩阵 $\boldsymbol{C}$ 等价，则矩阵 $\boldsymbol{A}$ 与矩阵 $\boldsymbol{C}$ 等价.

2.2 矩阵的秩与等价标准形

1. 矩阵的子式

定义 1 在矩阵 $\boldsymbol{A}=[a_{ij}]_{m\times n}$ 中任选 k 行 k 列，其相交处的 $k\times k$ 个元素按原来的相对位置构成的 k 阶行列式称为矩阵 $\boldsymbol{A}$ 的一个 k **阶子式**.

例如，矩阵

$$\begin{bmatrix}1&2&3&4\\0&5&6&7\\0&0&8&0\end{bmatrix}$$

有如下 4 个 3 阶子式：

$$\begin{vmatrix}1&2&3\\0&5&6\\0&0&8\end{vmatrix},\quad\begin{vmatrix}1&2&4\\0&5&7\\0&0&0\end{vmatrix},\quad\begin{vmatrix}1&3&4\\0&6&7\\0&8&0\end{vmatrix},\quad\begin{vmatrix}2&3&4\\5&6&7\\0&8&0\end{vmatrix}.$$

2. 矩阵的秩

定义 2 若矩阵 $\boldsymbol{A}$ 中有一个 r 阶子式不等于零，而任何 $r+1$ 阶子式（若存在）都等于零，则称数 r 为矩阵 $\boldsymbol{A}$ 的**秩**，记为 $\mathrm{r}(\boldsymbol{A})$；约定**零矩阵**（元素都是零的矩阵）的秩为零.

注： 有的文献中，用 $\mathrm{rank}(\boldsymbol{A})$ 表示矩阵 $\boldsymbol{A}$ 的秩.

评注： n 阶方阵 $\boldsymbol{A}$ 的秩为 $n\Leftrightarrow|\boldsymbol{A}|\neq 0$.

例 1 求下列矩阵的秩：

$$\boldsymbol{A}=\begin{bmatrix}1&2&-1&5\\0&2&3&7\\0&0&0&1\end{bmatrix},\quad \boldsymbol{B}=\begin{bmatrix}1&2&3&4&5\\0&1&2&3&4\\0&0&1&2&3\\0&0&0&0&0\end{bmatrix}.$$

解 矩阵 $\boldsymbol{A}$ 有一个 3 阶子式

$$\begin{vmatrix}1&2&5\\0&2&7\\0&0&1\end{vmatrix}=2\neq 0,$$

而 $\boldsymbol{A}$ 没有 4 阶子式，故 $\mathrm{r}(\boldsymbol{A})=3$；矩阵 $\boldsymbol{B}$ 有一个 3 阶子式

$$\begin{vmatrix}1&2&3\\0&1&2\\0&0&1\end{vmatrix}=1\neq 0,$$

而且 4 阶子式都等于 0，故 $\mathrm{r}(\boldsymbol{B})=3$.

例 2 求证：

(1) 若删去矩阵 $\boldsymbol{A}$ 的一行(列)得到矩阵 $\boldsymbol{B}$，则 $\mathrm{r}(\boldsymbol{B})\leqslant\mathrm{r}(\boldsymbol{A})$；

(2) 若矩阵 $\boldsymbol{A}$ 的某一行(列)的元素都是 0，删去这一行(列)得到矩阵 $\boldsymbol{B}$，则 $\mathrm{r}(\boldsymbol{B})=\mathrm{r}(\boldsymbol{A})$.

证明 (1) 由于矩阵 $\boldsymbol{B}$ 的一个非零子式也是 $\boldsymbol{A}$ 的一个非零子式，故 $\mathrm{r}(\boldsymbol{B})\leqslant\mathrm{r}(\boldsymbol{A})$.

(2) 由于矩阵 $\boldsymbol{A}$ 的一个非零子式也是 $\boldsymbol{B}$ 的非零子式；反之，矩阵 $\boldsymbol{B}$ 的一个非零子式也是 $\boldsymbol{A}$ 的非零子式，故 $\mathrm{r}(\boldsymbol{B})=\mathrm{r}(\boldsymbol{A})$.

定理 2.1 **初等变换不改变矩阵的秩.**

证明 我们仅对矩阵的行初等变换进行证明，对列初等变换同理可证.

(1) 设对换矩阵 $\boldsymbol{A}$ 的两行得到矩阵 $\boldsymbol{B}$. 由于对换一个行列式的两行仅改变行列式的符号，因而 $\boldsymbol{B}$ 的非零子式与 $\boldsymbol{A}$ 的非零子式相互对应，故 $\mathrm{r}(\boldsymbol{B})=\mathrm{r}(\boldsymbol{A})$.

(2) 设矩阵 $\boldsymbol{A}$ 的某一行乘非零数 k 得到矩阵 $\boldsymbol{B}$. 此时，$\boldsymbol{B}$ 的子式与 $\boldsymbol{A}$ 的同位置的子式相等或差一个倍数 k，故 $\mathrm{r}(\boldsymbol{B})=\mathrm{r}(\boldsymbol{A})$.

(3) 设矩阵 $\boldsymbol{A}$ 的某一行乘数 k 加到另一行上得到矩阵 $\boldsymbol{B}$，且 $\mathrm{r}(\boldsymbol{A})=r$. 由于我们已经证明了，交换矩阵的两行不改变矩阵的秩，故此时，我们不妨假设在初等变换 $k\times\mathrm{r}_2\to\mathrm{r}_1$ 之下，

$$\boldsymbol{A}=\begin{bmatrix}a_{11}&a_{12}&\cdots\\a_{21}&a_{22}&\cdots\\\vdots&\vdots&\ddots\end{bmatrix}\to\begin{bmatrix}a_{11}+ka_{21}&a_{12}+ka_{22}&\cdots\\a_{21}&a_{22}&\cdots\\\vdots&\vdots&\ddots\end{bmatrix}=\boldsymbol{B}.$$

任取 $\boldsymbol{B}$ 的一个 $r+1$ 阶子式 M，我们将证明 $M=0$：

① M 不含 $\boldsymbol{B}$ 的第 1 行元素. 此时，M 就是 $\boldsymbol{A}$ 的一个 $r+1$ 阶子式，从而 $M=0$.

② M 含有 $\boldsymbol{B}$ 的第 1 行的元素. 此时，由行列式的性质 4 和性质 2 知

$$M=\begin{vmatrix}a_{1i}+ka_{2i}&a_{1j}+ka_{2j}&\cdots\\a_{ki}&a_{kj}&\cdots\\\vdots&\vdots&\ddots\end{vmatrix}=\begin{vmatrix}a_{1i}&a_{1j}&\cdots\\a_{ki}&a_{kj}&\cdots\\\vdots&\vdots&\ddots\end{vmatrix}+k\begin{vmatrix}a_{2i}&a_{2j}&\cdots\\a_{ki}&a_{kj}&\cdots\\\vdots&\vdots&\ddots\end{vmatrix}=0.$$

由于矩阵 $\boldsymbol{B}$ 的 $r+1$ 阶子式都为 0，故 $\mathrm{r}(\boldsymbol{B})\leqslant r=\mathrm{r}(\boldsymbol{A})$. 另一方面，经过初等变换 $(-k)\times\mathrm{r}_2\to\mathrm{r}_1$，矩阵 $\boldsymbol{B}$ 也可变为 $\boldsymbol{A}$，故 $\mathrm{r}(\boldsymbol{A})\leqslant\mathrm{r}(\boldsymbol{B})$ 也成立. 总之，$\mathrm{r}(\boldsymbol{B})=\mathrm{r}(\boldsymbol{A})$ 仍然成立.

推论 **等价的矩阵有相同的秩.**

评注： 此定理说明，为求一个矩阵的秩，可通过一系列初等变换将此矩阵化成一个秩明显的矩阵，如阶梯阵、行最简阵等.

例 3 求下列矩阵 $\boldsymbol{A}$ 的秩：

$$\boldsymbol{A}=\begin{bmatrix}2&1&8&3&7\\2&-3&0&7&-5\\3&-2&5&8&0\\1&0&3&2&0\end{bmatrix}.$$

解 先对 $\boldsymbol{A}$ 进行行初等变换：

$$\boldsymbol{A}\xrightarrow{\text{(i)型行初等变换}}\begin{bmatrix}1&0&3&2&0\\2&-3&0&7&-5\\3&-2&5&8&0\\2&1&8&3&7\end{bmatrix}$$

$$\xrightarrow{\text{(iii)型行初等变换}}\begin{bmatrix}1&0&3&2&0\\0&-3&-6&3&-5\\0&-2&-4&2&0\\0&1&2&-1&7\end{bmatrix}$$

$$\xrightarrow{\text{(i)型行初等变换}}\begin{bmatrix}1&0&3&2&0\\0&1&2&-1&7\\0&-2&-4&2&0\\0&-3&-6&3&-5\end{bmatrix}$$

$$\xrightarrow{\text{(iii)型行初等变换}}\begin{bmatrix}1&0&3&2&0\\0&1&2&-1&7\\0&0&0&0&2\\0&0&0&0&0\end{bmatrix}=\boldsymbol{B};$$

由此容易看到 $\mathrm{r}(\boldsymbol{A})=\mathrm{r}(\boldsymbol{B})=3$.

命题 2.2 若 $\mathrm{r}(\boldsymbol{A}_{m\times n})=r$，则通过行初等变换及列对换，矩阵 $\boldsymbol{A}$ 可化为

$$\begin{bmatrix}1&\cdots&0&d_{1,r+1}&\cdots&d_{1n}\\\vdots&\ddots&\vdots&\vdots&&\vdots\\0&\cdots&1&d_{r,r+1}&\cdots&d_{rn}\\0&\cdots&0&0&\cdots&0\\\vdots&&\vdots&\vdots&&\vdots\\0&\cdots&0&0&\cdots&0\end{bmatrix}_{m\times n}\quad(r\text{ 个 }1).$$

证明 由命题 2.1，通过行初等变换，$\boldsymbol{A}$ 可以变为行最简阵 $\boldsymbol{B}$. 再交换 $\boldsymbol{B}$ 的列即可得到上述形式的矩阵. 此时，$\mathrm{r}(\boldsymbol{A})=r$.

定理 2.2 若 $\mathrm{r}(\boldsymbol{A}_{m\times n})=r$，则矩阵 $\boldsymbol{A}$ 等价于矩阵

$$\begin{bmatrix}1&\cdots&0&0&\cdots&0\\\vdots&\ddots&\vdots&\vdots&&\vdots\\0&\cdots&1&0&\cdots&0\\0&\cdots&0&0&\cdots&0\\\vdots&&\vdots&\vdots&&\vdots\\0&\cdots&0&0&\cdots&0\end{bmatrix}_{m\times n}\quad(r\text{ 个 }1).$$

证明 对命题 2.2 中的矩阵再进行列初等变换即可.

n 阶单位阵 $\boldsymbol{E}_n$： $\boldsymbol{E}_n$ 表示下面的 n 阶方阵

$$\begin{bmatrix} 1 & & 0 \\ & \ddots & \\ 0 & & 1 \end{bmatrix}_{n \times n}.$$

零矩阵 $\mathbf{0}_{m\times n}$： $\mathbf{0}_{m\times n}$表示其中的元素都是 0 的 $m \times n$ 矩阵. 在上下文清楚时,我们仅用 $\mathbf{0}$ 表示零矩阵,但注意零矩阵 $\mathbf{0}_{2\times 1}$ 与 $\mathbf{0}_{1\times 2}$是不同的零矩阵.

定理 2.2 的简化形式 若 $\mathrm{r}(\boldsymbol{A}_{m\times n}) = r$,则 $\boldsymbol{A}$ 等价于$\begin{bmatrix} \boldsymbol{E}_r & \mathbf{0} \\ \mathbf{0} & \mathbf{0} \end{bmatrix}_{m\times n}$.

3. 矩阵的等价标准形

在代数学中,我们将一个包含有理数集合 $\mathbb{Q}$,且加、减、乘、除(分母不为 0)**运算封闭**的数集称为**数域**. 封闭的含义是指运算的结果还在其中. 这样,我们就有了**有理数域** $\mathbb{Q}$、**实数域** $\mathbb{R}$和**复数域** $\mathbb{C}$. 本书前四章的运算可以在任何数域内进行;但为了方便,我们还是以实数域 $\mathbb{R}$为例.

我们用符号 $\mathbb{R}^{m\times n}$表示实数域 $\mathbb{R}$上的全体 $m\times n$ 矩阵的集合. 在 $\mathbb{R}^{m\times n}$的两个元素(两个 $m\times n$ 矩阵)之间,我们定义了等价,且这种关系满足下列性质(习题 2.1－6):

(1) 对任何矩阵 $\boldsymbol{A}$,有 $\boldsymbol{A} \to \boldsymbol{A}$;

(2) 若 $\boldsymbol{A} \to \boldsymbol{B}$,则 $\boldsymbol{B} \to \boldsymbol{A}$;

(3) 若 $\boldsymbol{A} \to \boldsymbol{B}$,$\boldsymbol{B} \to \boldsymbol{C}$,则 $\boldsymbol{A} \to \boldsymbol{C}$.

定理 2.3 若 $\boldsymbol{A},\boldsymbol{B} \in \mathbb{R}^{m\times n}$,则 $\boldsymbol{A}$ 与 $\boldsymbol{B}$ 等价 $\Leftrightarrow$ $\mathrm{r}(\boldsymbol{A}) = \mathrm{r}(\boldsymbol{B})$.

证明 ($\Rightarrow$)这就是定理 2.1 的推论.

($\Leftarrow$) 若 $\mathrm{r}(\boldsymbol{A}) = \mathrm{r}(\boldsymbol{B}) = r$,则由定理 2.2 知

$$\boldsymbol{A} \to \begin{bmatrix} \boldsymbol{E}_r & \mathbf{0} \\ \mathbf{0} & \mathbf{0} \end{bmatrix}, \quad \boldsymbol{B} \to \begin{bmatrix} \boldsymbol{E}_r & \mathbf{0} \\ \mathbf{0} & \mathbf{0} \end{bmatrix}.$$

于是

$$\boldsymbol{A} \to \begin{bmatrix} \boldsymbol{E}_r & \mathbf{0} \\ \mathbf{0} & \mathbf{0} \end{bmatrix}, \quad \begin{bmatrix} \boldsymbol{E}_r & \mathbf{0} \\ \mathbf{0} & \mathbf{0} \end{bmatrix} \to \boldsymbol{B},$$

从而 $\boldsymbol{A} \to \boldsymbol{B}$.

等价标准形：若 $\mathrm{r}(\boldsymbol{A}_{m\times n}) = r$,我们称$\begin{bmatrix} \boldsymbol{E}_r & \mathbf{0} \\ \mathbf{0} & \mathbf{0} \end{bmatrix}$为矩阵 $\boldsymbol{A}$ 的**等价标准形**. 定理 2.3 说明:两个矩阵等价就等同于它们有相同的等价标准形. 例如,$\begin{bmatrix} 0 & 0 \\ 1 & 0 \end{bmatrix}$,$\begin{bmatrix} 0 & 1 \\ 0 & 0 \end{bmatrix}$的等价标准形都是$\begin{bmatrix} 1 & 0 \\ 0 & 0 \end{bmatrix}$.

最后我们从矩阵等价的角度，整体地来认识集合 $\mathbb{R}^{m\times n}$：

若将集合 $\mathbb{R}^{m\times n}$视为一个学校，一切 $m\times n$ 矩阵为此学校的全体学生. 现在给此学校的学生分班：等价的矩阵分在同一个班中. 每个班中的矩阵有相同的秩，我们就用这个秩做这个班的班号. 矩阵$\begin{bmatrix}\boldsymbol{E}_r & \boldsymbol{0}\\ \boldsymbol{0} & \boldsymbol{0}\end{bmatrix}$在 r 班中，这个最英俊的学生应为此班的班长. 例如，一切 2×3 实数矩阵，按等价分 3 个班：

0 班：此班中仅有一个学生 $0_{2\times 3}$；

1 班：此班中有无穷多个学生，$\begin{bmatrix}1 & 0 & 0\\ 0 & 0 & 0\end{bmatrix}$应为班长；

2 班：此班中有无穷多个学生，$\begin{bmatrix}1 & 0 & 0\\ 0 & 1 & 0\end{bmatrix}$应为班长.

习 题 2.2

1. 判别下列命题的真假，并说明理由：

(1) 若矩阵 $\boldsymbol{A}$ 中有一个元素不是 0，则 $\mathrm{r}(\boldsymbol{A})\geqslant 1$.

(2) 若矩阵 $\boldsymbol{A}$ 是 $m\times n$ 的，则 $\mathrm{r}(\boldsymbol{A})\leqslant m,\ n$.

(3) 若 $\mathrm{r}(\boldsymbol{A})=r$，则 $\boldsymbol{A}$ 仅有一个 r 阶子式不等于 0.

(4) 若 $\mathrm{r}(\boldsymbol{A})=r$，则 $\boldsymbol{A}$ 没有等于 0 的 r 阶子式.

(5) 若矩阵 $\boldsymbol{A}$ 的 r 阶子式都等于 0，则 $\mathrm{r}(\boldsymbol{A})<r$.

(6) 若 $\boldsymbol{A}_{m\times n}$为线性方程组的系数阵，且 $\mathrm{r}(\boldsymbol{A})=m$，则此方程组一定有解.

(7) 若 $\mathrm{r}(\boldsymbol{A}_{n\times n})=n$，$\boldsymbol{A}$ 删除一行为 $\boldsymbol{B}$，则 $\mathrm{r}(\boldsymbol{B})=n-1$.

2. 求下列矩阵的秩：

(1) $\begin{bmatrix}1 & 2 & 3 & 4\\ 1 & -2 & 4 & 5\\ 1 & 10 & 1 & 2\end{bmatrix}$；　(2) $\begin{bmatrix}0 & 1 & 1 & -1 & 2\\ 0 & 2 & 2 & 2 & 0\\ 0 & -1 & -1 & 1 & 1\\ 1 & 1 & 0 & 0 & 1\end{bmatrix}$；

(3) $\begin{bmatrix}1 & -1 & 2 & 1 & 0\\ 2 & -2 & 4 & 2 & 0\\ 3 & 0 & 6 & -1 & 1\\ 0 & 3 & 0 & 0 & 1\end{bmatrix}$；　(4) $\begin{bmatrix}1 & 3 & 5 & -1\\ 2 & -1 & -3 & 4\\ 5 & 1 & -1 & 7\\ 7 & 7 & 9 & 1\end{bmatrix}$.

3. 若矩阵 $\boldsymbol{A}$ 的 r 阶子式都是 0，求证 $\boldsymbol{A}$ 的 $r+1$ 阶子式（若存在）也都是 0.

4. 若矩阵 $\boldsymbol{A}$ 删去一行（列）得到矩阵 $\boldsymbol{B}$，求证 $\mathrm{r}(\boldsymbol{B})\geqslant\mathrm{r}(\boldsymbol{A})-1$.

5. 对于不同的 λ，矩阵

$$\boldsymbol{A}_\lambda=\begin{bmatrix}1 & \lambda & -1 & 2\\ 2 & -1 & \lambda & 5\\ 1 & 10 & -6 & 1\end{bmatrix}$$

的秩是多少？

6. 给定矩阵

$$\boldsymbol{M}=\begin{bmatrix} a_{11} & \cdots & a_{1n} & * & \cdots & * \\ \vdots & \ddots & \vdots & \vdots & \ddots & \vdots \\ a_{m1} & \cdots & a_{mn} & * & \cdots & * \\ 0 & \cdots & 0 & b_{11} & \cdots & b_{1t} \\ \vdots & \ddots & \vdots & \vdots & \ddots & \vdots \\ 0 & \cdots & 0 & b_{s1} & \cdots & b_{st} \end{bmatrix},$$

求证 $\mathrm{r}(\boldsymbol{M})\leqslant m+t$.

2.3 线性方程组可解性判别

1. 线性方程组可解性判别

定理 2.4 设线性方程组的系数矩阵为 $\boldsymbol{A}=[a_{ij}]_{m\times n}$，增广阵为 $\widetilde{\boldsymbol{A}}$，则：

(1) $\widetilde{\boldsymbol{A}}$ 对应的方程组有解 $\Leftrightarrow \mathrm{r}(\boldsymbol{A})=\mathrm{r}(\widetilde{\boldsymbol{A}})$；

(2) 当 $\mathrm{r}(\boldsymbol{A})=\mathrm{r}(\widetilde{\boldsymbol{A}})=n$ 时（n 为未知数的个数），$\widetilde{\boldsymbol{A}}$ 对应的方程组有唯一一组解；

(3) 当 $\mathrm{r}(\boldsymbol{A})=\mathrm{r}(\widetilde{\boldsymbol{A}})=r<n$ 时，$\widetilde{\boldsymbol{A}}$ 对应的方程组有无穷多组解，且自由未知数的个数是 $n-r$.

证明 由命题 2.2，若 $\mathrm{r}(\boldsymbol{A})=r$，则

$$\boldsymbol{A}\xrightarrow[\text{列对换}]{\text{行初等变换}}\begin{bmatrix} 1 & \cdots & 0 & d_{1,r+1} & \cdots & d_{1n} \\ \vdots & \ddots & \vdots & \vdots & \ddots & \vdots \\ 0 & \cdots & 1 & d_{r,r+1} & \cdots & d_{rn} \\ 0 & \cdots & 0 & 0 & \cdots & 0 \\ \vdots & \ddots & \vdots & \vdots & \ddots & \vdots \\ 0 & \cdots & 0 & 0 & \cdots & 0 \end{bmatrix}_{m\times n},$$

因而

$$\widetilde{\boldsymbol{A}}\xrightarrow[\text{前 } n \text{ 列的对换}]{\text{行初等变换}}\begin{bmatrix} 1 & \cdots & 0 & d_{1,r+1} & \cdots & d_{1n} & d_1 \\ \vdots & \ddots & \vdots & \vdots & \ddots & \vdots & \vdots \\ 0 & \cdots & 1 & d_{r,r+1} & \cdots & d_{rn} & d_r \\ 0 & \cdots & 0 & 0 & \cdots & 0 & d_{r+1} \\ 0 & \cdots & 0 & 0 & \cdots & 0 & 0 \\ \vdots & \ddots & \vdots & \vdots & \ddots & \vdots & \vdots \\ 0 & \cdots & 0 & 0 & \cdots & 0 & 0 \end{bmatrix}_{m\times(n+1)}=\widetilde{\boldsymbol{D}}.$$

由于对 $\widetilde{\boldsymbol{A}}$ 进行行初等变换不改变其所对应的方程组的解，而对换 $\widetilde{\boldsymbol{A}}$ 的前 n 列中的两列相当于重排未知数的次序，因而 $\widetilde{\boldsymbol{D}}$ 对应的方程组与 $\widetilde{\boldsymbol{A}}$ 所对应的方程组可解性是相同的，仅仅是未知数的排列次序不同. 不妨设原方程组化简成了下列方程组：

$$\begin{cases} x_1 = d_1 - d_{1,r+1}x_{r+1} - \cdots - d_{1n}x_n \\ \vdots \quad \vdots \qquad \vdots \qquad\qquad \vdots \\ x_r = d_r - d_{r,r+1}x_{r+1} - \cdots - d_{rn}x_n \\ 0 = d_{r+1} \end{cases} . \tag{a}$$

这时：

(1) 方程组(a)有解 $\Leftrightarrow d_{r+1}=0 \Leftrightarrow \mathrm{r}(\widetilde{\boldsymbol{A}})=\mathrm{r}(\widetilde{\boldsymbol{D}})=r=\mathrm{r}(\boldsymbol{A})$；

(2) 若 $\mathrm{r}(\widetilde{\boldsymbol{A}})=\mathrm{r}(\boldsymbol{A})=n$，则方程组(a)有唯一一组解

$$x_1=d_1,\quad \cdots,\quad x_n=d_n;$$

(3) 当 $\mathrm{r}(\widetilde{\boldsymbol{A}})=\mathrm{r}(\boldsymbol{A})=r<n$ 时，在方程组(a)中，$x_{r+1},\cdots,x_n$ 为 $n-r$ 个自由未知数，方程组有无穷多组解.

例 1 讨论方程组

$$\begin{cases} x_1 + x_2 + \lambda x_3 = 1 \\ x_1 + \lambda x_2 + x_3 = 1 \\ \lambda x_1 + x_2 + x_3 = 1 \end{cases}$$

何时无解，何时有唯一一组解，何时有无穷多组解.

解 此方程组的增广阵

$$\widetilde{\boldsymbol{A}} = \begin{bmatrix} 1 & 1 & \lambda & 1 \\ 1 & \lambda & 1 & 1 \\ \lambda & 1 & 1 & 1 \end{bmatrix} \xrightarrow{\text{行初等变换}} \begin{bmatrix} 1 & 1 & \lambda & 1 \\ 0 & \lambda-1 & 1-\lambda & 0 \\ 0 & 1-\lambda & 1-\lambda^2 & 1-\lambda \end{bmatrix}$$

$$\xrightarrow{\text{行初等变换}} \begin{bmatrix} 1 & 1 & \lambda & 1 \\ 0 & \lambda-1 & 1-\lambda & 0 \\ 0 & 0 & (1-\lambda)(\lambda+2) & 1-\lambda \end{bmatrix};$$

由此可得出：

(1) 当 $\lambda=-2$ 时，$\mathrm{r}(\boldsymbol{A})=2$，$\mathrm{r}(\widetilde{\boldsymbol{A}})=3$，方程组无解；

(2) 当 $\lambda\neq 1$，且 $\lambda\neq -2$ 时，$\mathrm{r}(\boldsymbol{A})=\mathrm{r}(\widetilde{\boldsymbol{A}})=3$，方程组有唯一一组解；

(3) 当 $\lambda=1$ 时，$\mathrm{r}(\boldsymbol{A})=\mathrm{r}(\widetilde{\boldsymbol{A}})=1<3$，方程组有无穷多组解.

2. 齐次线性方程组有非零解判别

在第 1 章中，我们证实了齐次线性方程组

$$\begin{cases} a_{11}x_1 + a_{12}x_2 + \cdots + a_{1n}x_n = 0 \\ a_{21}x_1 + a_{22}x_2 + \cdots + a_{2n}x_n = 0 \\ \quad\vdots \qquad\quad \vdots \qquad\qquad\quad \vdots \quad\ \ \vdots \\ a_{n1}x_1 + a_{n2}x_2 + \cdots + a_{nn}x_n = 0 \end{cases}$$

有非零解的充要条件为 $|a_{ij}|_n=0$. 下面我们对任意的齐次线性方程组给出有非零解的充要条件.

定理 2.5 齐次线性方程组

$$\begin{cases}a_{11}x_1+a_{12}x_2+\cdots+a_{1n}x_n=0\\a_{21}x_1+a_{22}x_2+\cdots+a_{2n}x_n=0\\\quad\vdots\qquad\quad\vdots\qquad\qquad\quad\vdots\qquad\vdots\\a_{m1}x_1+a_{m2}x_2+\cdots+a_{mn}x_n=0\end{cases}\tag{b}$$

有非零解$\Leftrightarrow \mathrm{r}(\boldsymbol{A})<n$**,即方程组**(b)**仅有零解** $\Leftrightarrow \mathrm{r}(\boldsymbol{A})=n$.

证明 由定理 2.4 知,此方程组有唯一一组解的充要条件是 $\mathrm{r}(\boldsymbol{A})=n$(对齐次方程组 $\mathrm{r}(\boldsymbol{A})=\mathrm{r}(\widetilde{\boldsymbol{A}})$ 自然成立);另一方面,此方程组有唯一一组解等同于其仅有零解. 从而,此方程组有非零解(即有无穷多组解)的充要条件是 $\mathrm{r}(\boldsymbol{A})<n$.

推论 1 **当** $m<n$ **时,齐次线性方程组**(b)**必有非零解.**

证明 此时,$\mathrm{r}(\boldsymbol{A})\leqslant m<n$;由上述定理,本推论成立.

推论 2 **当** $m=n$ **时,齐次线性方程组**(b)**有非零解** $\Leftrightarrow |\boldsymbol{A}|=0$.

证明 此时,$\mathrm{r}(\boldsymbol{A})<n \Leftrightarrow |\boldsymbol{A}|=0$.

注:此推论就是定理 1.4.

例 2 讨论线性方程组

$$\begin{cases}2x_1+x_2+x_3=\lambda x_1\\x_1+2x_2+x_3=\lambda x_2\\x_1+x_2+2x_3=\lambda x_3\end{cases}$$

有非零解的条件,并给出一切非零解.

解 此方程组作为齐次线性方程组,系数行列式

$$\begin{vmatrix}\lambda-2&-1&-1\\-1&\lambda-2&-1\\-1&-1&\lambda-2\end{vmatrix}=\begin{vmatrix}\lambda-4&-1&-1\\\lambda-4&\lambda-2&-1\\\lambda-4&-1&\lambda-2\end{vmatrix}=(\lambda-1)^2(\lambda-4),$$

因而此方程组有非零解的充要条件是 $\lambda=1$ 或 $\lambda=4$.

(1) 当 $\lambda=1$ 时,方程组为

$$x_1+x_2+x_3=0,$$

其通解为

$$\begin{cases}x_1=-c_1-c_2\\x_2=c_1\\x_3=c_2\end{cases};$$

容易看到,只要 c_1,c_2 不全为 0,此解就是非零解.

(2) 当 $\lambda=4$ 时,方程组的系数阵

$$\begin{bmatrix}-2&1&1\\1&-2&1\\1&1&-2\end{bmatrix}\xrightarrow{\text{行初等变换}}\begin{bmatrix}1&1&-2\\1&-2&1\\-2&1&1\end{bmatrix}\xrightarrow{\text{行初等变换}}\begin{bmatrix}1&0&-1\\0&1&-1\\0&0&0\end{bmatrix};$$

此方程组化为

$$\begin{cases} x_1 - x_3 = 0 \\ x_2 - x_3 = 0 \end{cases},$$

其通解为

$$\begin{cases} x_1 = c \\ x_2 = c \\ x_3 = c \end{cases};$$

只要 $c \neq 0$,此解就是非零解.

习 题 2.3

1. 求下列方程组的通解:

(1) $\begin{cases} x_1 + 2x_2 + 3x_3 = 0 \\ 2x_1 + 5x_2 + 3x_3 = 0 \\ x_1 + 8x_4 = 0 \end{cases}$;

(2) $\begin{cases} 2x_1 - x_2 + x_3 - x_4 = 3 \\ 4x_1 - 2x_2 - 2x_3 + 3x_4 = 2 \\ 2x_1 - x_2 + 5x_3 - 6x_4 = 1 \\ 2x_1 - x_2 - 3x_3 + 4x_4 = 5 \end{cases}$;

(3) $\begin{cases} x + y + z = 1 \\ x - y + 2z = 2 \\ 3x + 4y + 3z = 0 \end{cases}$;

(4) $\begin{cases} 2x + y - z + w = 1 \\ 4x + 2y - 2z + w = 2 \\ 2x + y - z - w = 1 \end{cases}$.

2. 给出下列齐次线性方程组有非零解的条件:

(1) $\begin{cases} (3-\lambda)x_1 + 2x_2 + x_3 = 0 \\ 2x_1 + (3-\lambda)x_2 + 2x_3 = 0 \\ x_1 + 2x_2 + (3-\lambda)x_3 = 0 \end{cases}$;

(2) $\begin{cases} (1-\lambda)x_1 - 2x_2 + 4x_3 = 0 \\ 2x_1 + (3-\lambda)x_2 + x_3 = 0 \\ x_1 + x_2 + (1-\lambda)x_3 = 0 \end{cases}$.

3. 讨论下列方程组何时有唯一一组解,无解,无穷多组解:

(1) $\begin{cases} \lambda x_1 + x_2 + x_3 = 1 \\ x_1 + \lambda x_2 + x_3 = \lambda \\ x_1 + x_2 + \lambda x_3 = \lambda^2 \end{cases}$;

(2) $\begin{cases} ax_1 + x_2 + x_3 = 4 \\ x_1 + bx_2 + x_3 = 3 \\ x_1 + 2bx_2 + x_3 = 4 \end{cases}$.

4. 求证:下列方程组有解的充分必要条件是 $\sum_{i=1}^{5} a_i = 0$.

$$\begin{cases} x_1 - x_2 = a_1 \\ x_2 - x_3 = a_2 \\ x_3 - x_4 = a_3 \\ x_4 - x_5 = a_4 \\ -x_1 + x_5 = a_5 \end{cases}.$$

5. 问 a,b 为何值时，线性方程组

$$\begin{cases} x_1 + x_2 + x_3 + x_4 = 0 \\ x_2 + 2x_3 + 2x_4 = 1 \\ x_2 + (a-3)x_3 - 2x_4 = b \\ 3x_1 + 2x_2 + x_3 + ax_4 = -1 \\ x_1 + 2x_2 + 3x_3 + 3x_4 = 1 \end{cases}$$

有唯一解，无解，有无穷多组解？并在有无穷多组解时，写出通解.

第 3 章　矩　　阵

前两章,我们从解线性方程组的角度,引入矩阵及矩阵的一个重要的等价不变量——秩. 事实上,矩阵不仅仅是解线性方程组的工具,而且在矩阵与矩阵之间还可以引入加、减、乘运算;对特殊的方阵,还存在逆运算. 所有这些不仅使矩阵成了工程数学和纯数学中的重要工具,而且也使矩阵本身成了代数学研究的对象. 本章中,我们重点介绍矩阵的基本运算.

本章的主要内容:

(1) 矩阵的加、减、数乘线性运算;

(2) 矩阵的乘法及逆阵;

(3) 矩阵的初等变换与初等阵的对应;

(4) 分块的运算.

3.1　矩阵的运算

1. 矩阵的加法和减法

若两个矩阵都是 $m\times n$ 的,我们称它们为**同型矩阵**;若两个同型矩阵 $\boldsymbol{A}=[a_{ij}]_{m\times n}$,$\boldsymbol{B}=[b_{ij}]_{m\times n}$的对应元素相等,即

$$a_{ij}=b_{ij}(i=1,\cdots,m;j=1,\cdots,n),$$

则称 $\boldsymbol{A}$ 与 $\boldsymbol{B}$ **相等**,记为 $\boldsymbol{A}=\boldsymbol{B}$.

定义 1　若 $\boldsymbol{A}=[a_{ij}]_{m\times n}$,$\boldsymbol{B}=[b_{ij}]_{m\times n}$为两个 $m\times n$ 矩阵,则矩阵

$$\boldsymbol{A}+\boldsymbol{B}\equiv[a_{ij}+b_{ij}]_{m\times n},\quad \boldsymbol{A}-\boldsymbol{B}\equiv[a_{ij}-b_{ij}]_{m\times n}$$

分别称为 $\boldsymbol{A}$ 与 $\boldsymbol{B}$ 的**和**、**差**,即两个同型矩阵的加减是同位置元素对应相加减.

矩阵加减法的基本性质(假设 $\boldsymbol{A},\boldsymbol{B},\boldsymbol{C}$ 为 $m\times n$ 矩阵):

(1) $\boldsymbol{A}+\boldsymbol{B}=\boldsymbol{B}+\boldsymbol{A}$(交换律);

(2) $(\boldsymbol{A}+\boldsymbol{B})+\boldsymbol{C}=\boldsymbol{A}+(\boldsymbol{B}+\boldsymbol{C})$(结合律);

(3) $\boldsymbol{A}+\boldsymbol{0}_{m\times n}=\boldsymbol{0}_{m\times n}+\boldsymbol{A}=\boldsymbol{A}$;

(4) $\boldsymbol{A}-\boldsymbol{A}=\boldsymbol{0}_{m\times n}$.

2. 数乘矩阵

定义 2　若 k 为一个数,$\boldsymbol{A}=[a_{ij}]_{m\times n}$,则矩阵

$$k\boldsymbol{A}\equiv[ka_{ij}]_{m\times n}$$

称为 k 与 $\boldsymbol{A}$ 的**数量乘积**,即数乘矩阵相当于用此数乘以矩阵的每一个元素;约定 $-\boldsymbol{A}\equiv(-1)\boldsymbol{A}$.

命题 3.1 若 $\boldsymbol{A}=[a_{ij}]_{n\times n}$，$k$ 为数，则 $|k\boldsymbol{A}|=k^n\cdot|\boldsymbol{A}|$.

证明 由行列式的性质 2 知，这是明显的.

数乘矩阵的基本性质（$\boldsymbol{A},\boldsymbol{B}$ 为矩阵，k,l 为数）：

(1) $(kl)\boldsymbol{A}=k(l\boldsymbol{A})$；

(2) $(k+l)\boldsymbol{A}=k\boldsymbol{A}+l\boldsymbol{A}$；

(3) $k(\boldsymbol{A}+\boldsymbol{B})=k\boldsymbol{A}+k\boldsymbol{B}$.

例 1 设矩阵 $\boldsymbol{A},\boldsymbol{B},\boldsymbol{X}$ 满足等式 $5(\boldsymbol{A}+\boldsymbol{X})=2(2\boldsymbol{B}-\boldsymbol{X})$，其中

$$\boldsymbol{A}=\begin{bmatrix}4&1&-2\\-1&5&1\end{bmatrix},\quad \boldsymbol{B}=\begin{bmatrix}5&3&1\\-3&1&3\end{bmatrix},$$

求矩阵 $\boldsymbol{X}$.

解 由 $5(\boldsymbol{A}+\boldsymbol{X})=2(2\boldsymbol{B}-\boldsymbol{X})$ 得到：

$$5\boldsymbol{A}+5\boldsymbol{X}=4\boldsymbol{B}-2\boldsymbol{X},\quad 7\boldsymbol{X}=4\boldsymbol{B}-5\boldsymbol{A},$$

$$\begin{aligned}\boldsymbol{X}&=\frac{1}{7}(4\boldsymbol{B}-5\boldsymbol{A})\\&=\frac{1}{7}\left(4\begin{bmatrix}5&3&1\\-3&1&3\end{bmatrix}-5\begin{bmatrix}4&1&-2\\-1&5&1\end{bmatrix}\right)\\&=\frac{1}{7}\begin{bmatrix}0&7&14\\-7&-21&7\end{bmatrix}=\begin{bmatrix}0&1&2\\-1&-3&1\end{bmatrix}.\end{aligned}$$

3. 矩阵的乘法

定义 3 若 $\boldsymbol{A}=[a_{ij}]_{m\times n}$，$\boldsymbol{B}=[b_{ij}]_{n\times s}$，则矩阵

$$\boldsymbol{AB}\equiv\left[\sum_{k=1}^{n}a_{ik}b_{kj}\right]_{m\times s}$$

称为 $\boldsymbol{A}$ 与 $\boldsymbol{B}$ 的**乘积**，即 $\boldsymbol{A}$ 与 $\boldsymbol{B}$ 的乘积 $\boldsymbol{AB}$ 是一个 $m\times s$ 矩阵，其第 i 行第 j 列的元素是 $\boldsymbol{A}$ 的第 i 行的元素 $a_{i1},\cdots,a_{in}$ 与 $\boldsymbol{B}$ 的第 j 列元素 $b_{1j},\cdots,b_{nj}$ 对应乘积的和

$$a_{i1}\cdot b_{1j}+\cdots+a_{in}\cdot b_{nj}.$$

例 2 设

$$\boldsymbol{A}=(2,\ 1,\ 0),\quad \boldsymbol{B}=\begin{bmatrix}1\\-2\\3\end{bmatrix},$$

计算 $\boldsymbol{AB}$ 和 $\boldsymbol{BA}$.

解

$$\boldsymbol{AB}=(2,\ 1,\ 0)\begin{bmatrix}1\\-2\\3\end{bmatrix}=[2\times1+1\times(-2)+0\times3]=0;$$

$$BA=\begin{bmatrix}1\\-2\\3\end{bmatrix}(2,1,0)=\begin{bmatrix}2&1&0\\-4&-2&0\\6&3&0\end{bmatrix}.$$

注：以后我们不再区分 1×1 矩阵 $[a]$ 与数 a.

例 3 设

$$A=\begin{bmatrix}1&-1&2\\3&4&5\end{bmatrix},\quad B=\begin{bmatrix}2&-1\\0&2\\2&4\end{bmatrix},$$

计算 $\boldsymbol{AB}$ 和 $\boldsymbol{BA}$.

解

$$AB=\begin{bmatrix}1&-1&2\\3&4&5\end{bmatrix}\begin{bmatrix}2&-1\\0&2\\2&4\end{bmatrix}=\begin{bmatrix}6&5\\16&25\end{bmatrix};$$

$$BA=\begin{bmatrix}2&-1\\0&2\\2&4\end{bmatrix}\begin{bmatrix}1&-1&2\\3&4&5\end{bmatrix}=\begin{bmatrix}-1&-6&-1\\6&8&10\\14&14&24\end{bmatrix}.$$

例 4 设 $\boldsymbol{A}=[a_{ij}]_{3\times4}$，计算 $\boldsymbol{E}_3\boldsymbol{A}$ 和 $\boldsymbol{AE}_4$.

解

$$E_3A_{3\times4}=\begin{bmatrix}1&0&0\\0&1&0\\0&0&1\end{bmatrix}\begin{bmatrix}a_{11}&a_{12}&a_{13}&a_{14}\\a_{21}&a_{22}&a_{23}&a_{24}\\a_{31}&a_{32}&a_{33}&a_{34}\end{bmatrix}=\begin{bmatrix}a_{11}&a_{12}&a_{13}&a_{14}\\a_{21}&a_{22}&a_{23}&a_{24}\\a_{31}&a_{32}&a_{33}&a_{34}\end{bmatrix}=A_{3\times4};$$

$$A_{3\times4}E_4=\begin{bmatrix}a_{11}&a_{12}&a_{13}&a_{14}\\a_{21}&a_{22}&a_{23}&a_{24}\\a_{31}&a_{32}&a_{33}&a_{34}\end{bmatrix}\begin{bmatrix}1&0&0&0\\0&1&0&0\\0&0&1&0\\0&0&0&1\end{bmatrix}=\begin{bmatrix}a_{11}&a_{12}&a_{13}&a_{14}\\a_{21}&a_{22}&a_{23}&a_{24}\\a_{31}&a_{32}&a_{33}&a_{34}\end{bmatrix}=A_{3\times4}.$$

例 5 设

$$A=\begin{bmatrix}1&2&0&0\\0&1&2&0\\0&0&1&2\\0&0&0&1\end{bmatrix},\quad B=\begin{bmatrix}1&-2&4&-8\\0&1&-2&4\\0&0&1&-2\\0&0&0&1\end{bmatrix},$$

计算 $\boldsymbol{AB}$ 和 $\boldsymbol{BA}$.

解

$$AB=\begin{bmatrix}1&2&0&0\\0&1&2&0\\0&0&1&2\\0&0&0&1\end{bmatrix}\begin{bmatrix}1&-2&4&-8\\0&1&-2&4\\0&0&1&-2\\0&0&0&1\end{bmatrix}=\begin{bmatrix}1&0&0&0\\0&1&0&0\\0&0&1&0\\0&0&0&1\end{bmatrix}=E_4;$$

$$BA=\begin{bmatrix}1&-2&4&-8\\0&1&-2&4\\0&0&1&-2\\0&0&0&1\end{bmatrix}\begin{bmatrix}1&2&0&0\\0&1&2&0\\0&0&1&2\\0&0&0&1\end{bmatrix}=\begin{bmatrix}1&0&0&0\\0&1&0&0\\0&0&1&0\\0&0&0&1\end{bmatrix}=\boldsymbol{E}_4.$$

例 6　设 $\boldsymbol{A}=[a_{ij}]_{3\times4}$，计算 $\boldsymbol{0}_{2\times3}\boldsymbol{A}$ 和 $\boldsymbol{A}\boldsymbol{0}_{4\times2}$.

解

$$\boldsymbol{0}_{2\times3}\boldsymbol{A}_{3\times4}=\begin{bmatrix}0&0&0\\0&0&0\end{bmatrix}\begin{bmatrix}a_{11}&a_{12}&a_{13}&a_{14}\\a_{21}&a_{22}&a_{23}&a_{24}\\a_{31}&a_{32}&a_{33}&a_{34}\end{bmatrix}=\boldsymbol{0}_{2\times4};$$

$$\boldsymbol{A}_{3\times4}\boldsymbol{0}_{4\times2}=\begin{bmatrix}a_{11}&a_{12}&a_{13}&a_{14}\\a_{21}&a_{22}&a_{23}&a_{24}\\a_{31}&a_{32}&a_{33}&a_{34}\end{bmatrix}\begin{bmatrix}0&0\\0&0\\0&0\\0&0\end{bmatrix}=\boldsymbol{0}_{3\times2}$$

例 7　设

$$\boldsymbol{A}=\begin{bmatrix}0&1\\0&0\end{bmatrix},\quad \boldsymbol{B}=\begin{bmatrix}1&0\\0&0\end{bmatrix},$$

计算 $\boldsymbol{AB}$，$\boldsymbol{BA}$，$\boldsymbol{AA}$ 和 $\boldsymbol{BB}$.

解

$$\boldsymbol{AB}=\begin{bmatrix}0&1\\0&0\end{bmatrix}\begin{bmatrix}1&0\\0&0\end{bmatrix}=\begin{bmatrix}0&0\\0&0\end{bmatrix}=\boldsymbol{0};$$

$$\boldsymbol{BA}=\begin{bmatrix}1&0\\0&0\end{bmatrix}\begin{bmatrix}0&1\\0&0\end{bmatrix}=\begin{bmatrix}0&1\\0&0\end{bmatrix}=\boldsymbol{A}\neq\boldsymbol{0};$$

$$\boldsymbol{AA}=\begin{bmatrix}0&1\\0&0\end{bmatrix}\begin{bmatrix}0&1\\0&0\end{bmatrix}=\begin{bmatrix}0&0\\0&0\end{bmatrix}=\boldsymbol{0};$$

$$\boldsymbol{BB}=\begin{bmatrix}1&0\\0&0\end{bmatrix}\begin{bmatrix}1&0\\0&0\end{bmatrix}=\begin{bmatrix}1&0\\0&0\end{bmatrix}=\boldsymbol{B}.$$

由以上几例，对矩阵乘法，我们应注意以下几点：

(1) 零矩阵和单位阵在矩阵的运算中类似于数中的 0 和 1；

(2) 矩阵的乘法不满足交换律，即 $\boldsymbol{AB}=\boldsymbol{BA}$ 不总成立，即使 $\boldsymbol{A}$，$\boldsymbol{B}$ 为同阶方阵；

(3) 由 $\boldsymbol{AB}=\boldsymbol{0}$ 推不出 $\boldsymbol{A}=\boldsymbol{0}$ 或 $\boldsymbol{B}=\boldsymbol{0}$，即当 $\boldsymbol{A}\neq\boldsymbol{0}$，$\boldsymbol{B}\neq\boldsymbol{0}$ 时，可能有 $\boldsymbol{AB}=\boldsymbol{0}$；

(4) 由 $\boldsymbol{AB}=\boldsymbol{AC}$ 推不出 $\boldsymbol{B}=\boldsymbol{C}$，即使 $\boldsymbol{A}\neq\boldsymbol{0}$.

矩阵乘法运算的基本性质（假设运算可行）：

(1) $(\boldsymbol{AB})\boldsymbol{C}=\boldsymbol{A}(\boldsymbol{BC})$（结合律）；

(2) $\boldsymbol{A}(\boldsymbol{B}+\boldsymbol{C})=\boldsymbol{AB}+\boldsymbol{AC}$，$(\boldsymbol{B}+\boldsymbol{C})\boldsymbol{A}=\boldsymbol{BA}+\boldsymbol{CA}$（分配律）；

(3) $(k\boldsymbol{A})\boldsymbol{B}=\boldsymbol{A}(k\boldsymbol{B})=k(\boldsymbol{AB})$（$k$ 为常数）；

(4) $\boldsymbol{EA}=\boldsymbol{AE}=\boldsymbol{A}$；

(5) $\boldsymbol{0A}=\boldsymbol{0}$，$\boldsymbol{A0}=\boldsymbol{0}$；

(6) $AB+kA=A(B+kE)$, $BA+kA=(B+kE)A$(k 为常数).

对角阵:我们称矩阵

$$\mathrm{diag}(\lambda_1,\cdots,\lambda_n)\equiv\begin{bmatrix}\lambda_1 & & \\ & \ddots & \\ & & \lambda_n\end{bmatrix}$$

为**对角阵**,对角阵的运算是比较简单的.

例 8 设 $A=\mathrm{diag}(a_1,a_2,a_3)$, $B=\mathrm{diag}(b_1,b_2,b_3)$,计算 $A+B$ 和 AB.

解

$$A+B=\begin{bmatrix}a_1 & & \\ & a_2 & \\ & & a_3\end{bmatrix}+\begin{bmatrix}b_1 & & \\ & b_2 & \\ & & b_3\end{bmatrix}=\begin{bmatrix}a_1+b_1 & & \\ & a_2+b_2 & \\ & & a_3+b_3\end{bmatrix}$$
$$=\mathrm{diag}(a_1+b_1,a_2+b_2,a_3+b_3);$$

$$AB=\begin{bmatrix}a_1 & & \\ & a_2 & \\ & & a_3\end{bmatrix}\begin{bmatrix}b_1 & & \\ & b_2 & \\ & & b_3\end{bmatrix}=\begin{bmatrix}a_1b_1 & & \\ & a_2b_2 & \\ & & a_3b_3\end{bmatrix}$$
$$=\mathrm{diag}(a_1b_1,a_2b_2,a_3b_3).$$

4. 方阵的幂

若 A 为方阵,我们用 A^n 表示 n 个 A 的连续乘积,称其为 A 的 n 次幂. 由于矩阵的乘法满足结合律,此约定是明确的. 为了方便,我们约定 $A^0=E$. 容易看到对于方阵 A 及任意自然数 m,n,幂运算满足:

(1) $A^mA^n=A^{m+n}$;

(2) $(A^m)^n=A^{mn}$.

方阵的幂运算是复杂的,但下面的例 9 对我们有一定的启示.

例 9 (1) 令

$$P=\begin{bmatrix}1 & 2 & 0\\0 & 1 & 2\\0 & 0 & 1\end{bmatrix},\quad Q=\begin{bmatrix}1 & -2 & 4\\0 & 1 & -2\\0 & 0 & 1\end{bmatrix},$$

计算 QP;

(2) 令 $A=P\mathrm{diag}(1,2,3)Q$,计算 A^n.

解 (1)

$$QP=\begin{bmatrix}1 & -2 & 4\\0 & 1 & -2\\0 & 0 & 1\end{bmatrix}\begin{bmatrix}1 & 2 & 0\\0 & 1 & 2\\0 & 0 & 1\end{bmatrix}=\begin{bmatrix}1 & 0 & 0\\0 & 1 & 0\\0 & 0 & 1\end{bmatrix}=E;$$

(2)

$$A^2=P\begin{bmatrix}1&&\\&2&\\&&3\end{bmatrix}(QP)\begin{bmatrix}1&&\\&2&\\&&3\end{bmatrix}Q=P\begin{bmatrix}1&&\\&2&\\&&3\end{bmatrix}\begin{bmatrix}1&&\\&2&\\&&3\end{bmatrix}Q=P\begin{bmatrix}1^2&&\\&2^2&\\&&3^2\end{bmatrix}Q;$$

同样我们得到

$$\begin{aligned}A^n&=\begin{bmatrix}1&2&0\\0&1&2\\0&0&1\end{bmatrix}\begin{bmatrix}1&0&0\\0&2^n&0\\0&0&3^n\end{bmatrix}\begin{bmatrix}1&-2&4\\0&1&-2\\0&0&1\end{bmatrix}\\&=\begin{bmatrix}1&2&0\\0&1&2\\0&0&1\end{bmatrix}\begin{bmatrix}1&-2&4\\0&2^n&-2^{n+1}\\0&0&3^n\end{bmatrix}\\&=\begin{bmatrix}1&-2+2^{n+1}&4-2^{n+2}\\0&2^n&-2^{n+1}+2\cdot3^n\\0&0&3^n\end{bmatrix}.\end{aligned}$$

评注：由此例我们看到，对 n 阶方阵 A，若能将其分解为

$$A=P\mathrm{diag}(\lambda_1,\cdots,\lambda_n)Q,\ QP=E,$$

则 $A^m=P\mathrm{diag}(\lambda_1^m,\cdots,\lambda_n^m)Q$. 对于一个方阵，能否实现这一点，如何实现，这将是第 5 章的主题.

5. 矩阵的转置

定义 4　给定 $m\times n$ 矩阵 $A=[a_{ij}]_{m\times n}$，则 $n\times m$ 矩阵

$$A^{\mathrm T}\equiv\begin{bmatrix}a_{11}&\cdots&a_{m1}\\\vdots&\ddots&\vdots\\a_{1n}&\cdots&a_{mn}\end{bmatrix}_{n\times m}$$

称为 A 的**转置矩阵**.

例如，若 $A=\begin{bmatrix}1&2&3\\4&5&6\end{bmatrix}$，则 $A^{\mathrm T}=\begin{bmatrix}1&4\\2&5\\3&6\end{bmatrix}$；$n\times1$ 矩阵 $\begin{bmatrix}a_1\\\vdots\\a_n\end{bmatrix}$ 也可以方便地写成 $(a_1,\cdots,a_n)^{\mathrm T}$.

命题 3.2　(1) **若 A 为方阵，则 $|A^{\mathrm T}|=|A|$；**

(2) **对任何矩阵 A，有 $\mathrm r(A^{\mathrm T})=\mathrm r(A)$.**

证明　(1) 这就是行列式转置的性质.

(2) 因为 $A^{\mathrm T}$ 与 A 有相等的最高阶非零子式，所以它们有相同的秩.

矩阵转置运算的基本性质：

(1) $(A^{\mathrm T})^{\mathrm T}=A$；

(2) $(A+B)^{\mathrm T}=A^{\mathrm T}+B^{\mathrm T}$；

(3) $(\boldsymbol{AB})^{\mathrm{T}}=\boldsymbol{B}^{\mathrm{T}}\boldsymbol{A}^{\mathrm{T}}$.

6. 线性方程组的矩阵形式

由矩阵乘法知,线性方程组

$$\begin{cases}a_{11}x_1+\cdots+a_{1n}x_n=b_1\\ \vdots \qquad\qquad \vdots \quad \vdots\\ a_{m1}x_1+\cdots+a_{mn}x_n=b_m\end{cases}$$

可写成如下矩阵形式

$$\begin{bmatrix}a_{11}&\cdots&a_{1n}\\ \vdots&\ddots&\vdots\\ a_{m1}&\cdots&a_{mn}\end{bmatrix}\begin{bmatrix}x_1\\ \vdots\\ x_n\end{bmatrix}=\begin{bmatrix}b_1\\ \vdots\\ b_m\end{bmatrix};$$

若记 $\boldsymbol{A}=[a_{ij}]_{m\times n}$,$\boldsymbol{X}=(x_1,\cdots,x_n)^{\mathrm{T}}$,$\boldsymbol{b}=(b_1,\cdots,b_m)^{\mathrm{T}}$,则上式可简写为 $\boldsymbol{AB}=\boldsymbol{b}$. 特别是,齐次线性方程组可写为 $\boldsymbol{AX}=\boldsymbol{0}$. 例如,方程组

$$\begin{cases}2x_1+3x_2=4\\ x_1+2x_2=5\end{cases}$$

可以写成

$$\begin{bmatrix}2&3\\1&2\end{bmatrix}\begin{bmatrix}x_1\\x_2\end{bmatrix}=\begin{bmatrix}4\\5\end{bmatrix}.$$

习　题　3.1

1. 计算下列各式:

(1) $(2,1,0)+2(-1,0,1)$;

(2) $\begin{bmatrix}1&3\\-2&0\end{bmatrix}+\begin{bmatrix}2&-3\\1&1\end{bmatrix}$;

(3) $\begin{bmatrix}3\\2\\1\end{bmatrix}(1,2,3)$;

(4) $(1,2,3)\begin{bmatrix}3\\2\\1\end{bmatrix}$;

(5) $(x_1,x_2)\begin{bmatrix}a_{11}&a_{21}\\a_{12}&a_{22}\end{bmatrix}\begin{bmatrix}x_1\\x_2\end{bmatrix}$;

(6) $\begin{bmatrix}4&3&1\\1&-2&3\\5&7&0\end{bmatrix}\begin{bmatrix}7\\2\\1\end{bmatrix}$;

(7) $\begin{bmatrix}1\\2\\3\end{bmatrix}^{\mathrm{T}}\begin{bmatrix}0&1&3\\-1&0&2\\-3&-2&0\end{bmatrix}\begin{bmatrix}1\\2\\3\end{bmatrix}$;

(8) $\begin{bmatrix}1&2&1&-1\\3&6&-1&-3\\5&10&1&-5\end{bmatrix}\begin{bmatrix}-2&1\\1&0\\0&0\\0&0\end{bmatrix}$;

(9) $\begin{bmatrix}1&1&0\\1&-1&0\\\frac{1}{2}&\frac{1}{2}&1\end{bmatrix}\begin{bmatrix}0&-2&1\\-2&0&1\\1&1&0\end{bmatrix}\begin{bmatrix}1&1&\frac{1}{2}\\1&-1&\frac{1}{2}\\0&0&1\end{bmatrix}$;

(10) $\begin{bmatrix}1 & -2 & 4\\0 & 1 & -2\\0 & 0 & 1\end{bmatrix}\begin{bmatrix}1 & 2 & -4\\0 & 2 & 2\\0 & 0 & 3\end{bmatrix}\begin{bmatrix}1 & 2 & 0\\0 & 1 & 2\\0 & 0 & 1\end{bmatrix}$.

2. 设 $\boldsymbol{A},\boldsymbol{B}$ 如下,计算 $\boldsymbol{AB},\boldsymbol{BA}$:

(1) $\boldsymbol{A}=\begin{bmatrix}3 & 4\\5 & 7\end{bmatrix}$, $\boldsymbol{B}=\begin{bmatrix}7 & -4\\-5 & 3\end{bmatrix}$;

(2) $\boldsymbol{A}=\begin{bmatrix}1 & 2 & 2\\2 & 1 & -2\\2 & -2 & 1\end{bmatrix}$, $\boldsymbol{B}=\dfrac{1}{9}\begin{bmatrix}1 & 2 & 2\\2 & 1 & -2\\2 & -2 & 1\end{bmatrix}$.

3. 设

$$\boldsymbol{A}=\begin{bmatrix}2 & 3\\5 & 7\end{bmatrix}\begin{bmatrix}a & 0\\0 & b\end{bmatrix}\begin{bmatrix}-7 & 3\\5 & -2\end{bmatrix},$$

求 $\boldsymbol{A}^{10}$.

4. 设 $\boldsymbol{A}=(1,2,3)^{\mathrm{T}}(1,2,3)$,求 $\boldsymbol{A}^{100}$.

5. 设 $\boldsymbol{A}=\begin{bmatrix}1 & k\\0 & 1\end{bmatrix}$,求 $\boldsymbol{A}^{n}$.

6. 设

$$\boldsymbol{A}=\begin{bmatrix}0 & 1 & 0 & 0\\0 & 0 & 1 & 0\\0 & 0 & 0 & 1\\0 & 0 & 0 & 0\end{bmatrix},$$

求 $\boldsymbol{A}^2,\boldsymbol{A}^3,\boldsymbol{A}^4$.

7. 设

$$\boldsymbol{A}=\begin{bmatrix}1 & 2\\1 & 3\end{bmatrix},\ \boldsymbol{B}=\begin{bmatrix}1 & 0\\1 & 2\end{bmatrix},$$

验证:

(1) $(\boldsymbol{A}+\boldsymbol{B})^2\neq\boldsymbol{A}^2+2\boldsymbol{AB}+\boldsymbol{B}^2$;

(2) $(\boldsymbol{A}+\boldsymbol{B})(\boldsymbol{A}-\boldsymbol{B})\neq\boldsymbol{A}^2-\boldsymbol{B}^2$.

8. 设 $\boldsymbol{A},\boldsymbol{B}$ 为 n 阶方阵,$\boldsymbol{A}^2=\boldsymbol{A},\boldsymbol{B}^2=\boldsymbol{B},(\boldsymbol{A}+\boldsymbol{B})^2=\boldsymbol{A}+\boldsymbol{B}$,求证 $\boldsymbol{AB}=\boldsymbol{0}$.

9. 设 $\boldsymbol{A},\boldsymbol{B}$ 为 n 阶方阵,求证 $\boldsymbol{AB}-\boldsymbol{BA}$ 的主对角线元素之和为 0.

10. 设 $\boldsymbol{A}$ 为实方阵,且 $\boldsymbol{AA}^{\mathrm{T}}=\boldsymbol{0}$,求证 $\boldsymbol{A}=\boldsymbol{0}$. 若 $\boldsymbol{A}$ 为复数矩阵,此结论还成立吗?

11. 设 $\boldsymbol{A},\boldsymbol{B}$ 为 n 阶方阵,且 $\boldsymbol{A}$ 为**对称阵**,即 $\boldsymbol{A}=\boldsymbol{A}^{\mathrm{T}}$. 求证 $\boldsymbol{BAB}^{\mathrm{T}}$ 也为对称阵.

12. 设 n 阶方阵 $\boldsymbol{A}$ 为**反对称阵**,即 $\boldsymbol{A}^{\mathrm{T}}=-\boldsymbol{A}$,再令 $\boldsymbol{X}$ 为 $n\times1$ 矩阵. 计算 $\boldsymbol{X}^{\mathrm{T}}\boldsymbol{AX}$.

13. 设 $\boldsymbol{A},\boldsymbol{B}$ 为同阶方阵,且 $\boldsymbol{AB}=\boldsymbol{BA}$,求证

$$(\boldsymbol{A}+\boldsymbol{B})^{n}=\sum_{k=0}^{n}\mathrm{C}_n^k\boldsymbol{A}^{n-k}\boldsymbol{B}^{k}.$$

14. 设

$$\boldsymbol{A}=\begin{bmatrix}\lambda & 1 & 0\\0 & \lambda & 1\\0 & 0 & \lambda\end{bmatrix},$$

用上题的公式计算 $\boldsymbol{A}^{n}$.

3.2 逆　阵

1. 问题的提出

当 $a\neq 0$ 时,方程 $ax=b$ 的解为 $x=a^{-1}b$. 我们用同样的方式来解方程组

$$\begin{cases}3x+4y=1\\5x+7y=2\end{cases}.$$

首先,将方程组改写成矩阵形式

$$\begin{bmatrix}3&4\\5&7\end{bmatrix}\begin{bmatrix}x\\y\end{bmatrix}=\begin{bmatrix}1\\2\end{bmatrix};$$

由于

$$\begin{bmatrix}7&-4\\-5&3\end{bmatrix}\begin{bmatrix}3&4\\5&7\end{bmatrix}=\begin{bmatrix}1&0\\0&1\end{bmatrix},$$

故在上述矩阵形式的方程组的左边同乘$\begin{bmatrix}7&-4\\-5&3\end{bmatrix}$得到

$$\begin{bmatrix}x\\y\end{bmatrix}=\begin{bmatrix}7&-4\\-5&3\end{bmatrix}\begin{bmatrix}3&4\\5&7\end{bmatrix}\begin{bmatrix}x\\y\end{bmatrix}=\begin{bmatrix}7&-4\\-5&3\end{bmatrix}\begin{bmatrix}1\\2\end{bmatrix}=\begin{bmatrix}-1\\1\end{bmatrix}.$$

此类问题可以一般化,由矩阵乘法知,方程组

$$\begin{cases}a_{11}x_1+\cdots+a_{1n}x_n=b_1\\\vdots\qquad\qquad\quad\vdots\quad\ \ \vdots\\a_{m1}x_1+\cdots+a_{mn}x_n=b_m\end{cases}$$

可写成矩阵形式

$$\begin{bmatrix}a_{11}&\cdots&a_{1n}\\\vdots&\ddots&\vdots\\a_{m1}&\cdots&a_{mn}\end{bmatrix}\begin{bmatrix}x_1\\\vdots\\x_n\end{bmatrix}=\begin{bmatrix}b_1\\\vdots\\b_m\end{bmatrix}.$$

当 $m=n$ 时,系数矩阵 $\boldsymbol{A}$ 为方阵. 若对此方阵 $\boldsymbol{A}$,能找到方阵 $\boldsymbol{B}$ 满足

$$\boldsymbol{BA}=\boldsymbol{E}_n,$$

则我们可以同样得到方程组的解为

$$\begin{bmatrix}x_1\\\vdots\\x_n\end{bmatrix}=\boldsymbol{B}\begin{bmatrix}b_1\\\vdots\\b_n\end{bmatrix}.$$

本节中,我们将回答这个问题:

(1) 方阵 $\boldsymbol{A}$ 在什么条件下,存在上述的方阵 $\boldsymbol{B}$ 满足 $\boldsymbol{BA}=\boldsymbol{E}$?

(2) 在方阵 $\boldsymbol{A}$ 满足这个条件时,如何求这个方阵 $\boldsymbol{B}$?

2. 方阵的伴随阵

定义 1　设 $\boldsymbol{A}=[a_{ij}]_{n\times n}$ 为 n 阶方阵,A_{ij} 为行列式 $|\boldsymbol{A}|$ 中 a_{ij} 对应的代数余子式,则方阵

$$A^* \equiv \begin{bmatrix} A_{11} & A_{21} & \cdots & A_{n1} \\ A_{12} & A_{22} & \cdots & A_{n2} \\ \vdots & \vdots & \ddots & \vdots \\ A_{1n} & A_{2n} & \cdots & A_{nn} \end{bmatrix}$$

称为矩阵 $\boldsymbol{A}$ 的**伴随阵**,其第 i 行元素为行列式 $|a_{ij}|_n$ 中第 i 列元素的代数余子式.

下面的命题 3.3 说明了我们为什么要如此引入一个方阵的伴随阵.

例 1 对矩阵

$$\boldsymbol{A} = \begin{bmatrix} a_{11} & a_{12} \\ a_{21} & a_{22} \end{bmatrix},$$

计算 $\boldsymbol{AA}^*$ 和 $\boldsymbol{A}^*\boldsymbol{A}$.

解

$$\begin{aligned} \boldsymbol{AA}^* &= \begin{bmatrix} a_{11} & a_{12} \\ a_{21} & a_{22} \end{bmatrix}\begin{bmatrix} A_{11} & A_{21} \\ A_{12} & A_{22} \end{bmatrix} = \begin{bmatrix} a_{11}A_{11}+a_{12}A_{12} & a_{11}A_{21}+a_{12}A_{22} \\ a_{21}A_{11}+a_{22}A_{12} & a_{21}A_{21}+a_{22}A_{22} \end{bmatrix} \\ &= \begin{bmatrix} |\boldsymbol{A}| & 0 \\ 0 & |\boldsymbol{A}| \end{bmatrix} = |\boldsymbol{A}|\boldsymbol{E}; \\ \boldsymbol{A}^*\boldsymbol{A} &= \begin{bmatrix} A_{11} & A_{21} \\ A_{12} & A_{22} \end{bmatrix}\begin{bmatrix} a_{11} & a_{12} \\ a_{21} & a_{22} \end{bmatrix} = \begin{bmatrix} a_{11}A_{11}+a_{21}A_{21} & a_{12}A_{11}+a_{22}A_{21} \\ a_{11}A_{12}+a_{21}A_{22} & a_{12}A_{12}+a_{22}A_{22} \end{bmatrix} \\ &= \begin{bmatrix} |\boldsymbol{A}| & 0 \\ 0 & |\boldsymbol{A}| \end{bmatrix} = |\boldsymbol{A}|\boldsymbol{E}. \end{aligned}$$

例 1 具有一般性,其就是行列式按行(列)的展开定理的另一种形式,我们将其写为下面的重要命题.

命题 3.3 设 $\boldsymbol{A}$ 为 n 阶方阵,$\boldsymbol{A}^*$ 为其伴随阵,则

$$\boldsymbol{AA}^* = \boldsymbol{A}^*\boldsymbol{A} = |\boldsymbol{A}|\boldsymbol{E}.$$

推论 若 $\boldsymbol{A}$ 为 n 阶方阵,且 $|\boldsymbol{A}| \neq 0$,则

$$\boldsymbol{A}\left(\frac{1}{|\boldsymbol{A}|}\boldsymbol{A}^*\right) = \left(\frac{1}{|\boldsymbol{A}|}\boldsymbol{A}^*\right)\boldsymbol{A} = \boldsymbol{E}.$$

证明 由于 $|\boldsymbol{A}| \neq 0$,我们可以在 $\boldsymbol{AA}^* = \boldsymbol{A}^*\boldsymbol{A} = |\boldsymbol{A}|\boldsymbol{E}$ 的两边左乘 $\frac{1}{|\boldsymbol{A}|}$ 得到

$$\frac{1}{|\boldsymbol{A}|}(\boldsymbol{AA}^*) = \frac{1}{|\boldsymbol{A}|}(\boldsymbol{A}^*\boldsymbol{A}) = \boldsymbol{E};$$

再由运算法则 $k(\boldsymbol{AB}) = (k\boldsymbol{A})\boldsymbol{B} = \boldsymbol{A}(k\boldsymbol{B})$ 得到

$$\boldsymbol{A}\left(\frac{1}{|\boldsymbol{A}|}\boldsymbol{A}^*\right) = \left(\frac{1}{|\boldsymbol{A}|}\boldsymbol{A}^*\right)\boldsymbol{A} = \boldsymbol{E}.$$

下面的命题显示了方阵乘法与行列式有着内在本质的联系.

命题 3.4 设 $\boldsymbol{A},\boldsymbol{B}$ 为 n 阶方阵,则

$$|\boldsymbol{AB}| = |\boldsymbol{A}|\cdot|\boldsymbol{B}|.$$

证明 为了清晰,我们在 $n=2$ 时给出证明. 由命题 1.4 知,若 $\boldsymbol{A}=[a_{ij}]_{2\times 2}$, $\boldsymbol{B}=[b_{ij}]_{2\times 2}$,则

$$|\boldsymbol{A}|\cdot|\boldsymbol{B}| = \begin{vmatrix} a_{11} & a_{12} \\ a_{21} & a_{22} \end{vmatrix} \cdot \begin{vmatrix} b_{11} & b_{12} \\ b_{21} & b_{22} \end{vmatrix} = \begin{vmatrix} a_{11} & a_{12} & 0 & 0 \\ a_{21} & a_{22} & 0 & 0 \\ -1 & 0 & b_{11} & b_{12} \\ 0 & -1 & b_{21} & b_{22} \end{vmatrix}$$

$$\xlongequal[b_{12}\times c_1\to c_4]{b_{11}\times c_1\to c_3} \begin{vmatrix} a_{11} & a_{12} & a_{11}b_{11} & a_{11}b_{12} \\ a_{21} & a_{22} & a_{21}b_{11} & a_{21}b_{12} \\ -1 & 0 & 0 & 0 \\ 0 & -1 & b_{21} & b_{22} \end{vmatrix}$$

$$\xlongequal[b_{22}\times c_2\to c_4]{b_{21}\times c_2\to c_3} \begin{vmatrix} a_{12} & a_{12} & a_{11}b_{11}+a_{12}b_{21} & a_{11}b_{12}+a_{12}b_{22} \\ a_{21} & a_{22} & a_{21}b_{11}+a_{22}b_{21} & a_{11}b_{12}+a_{22}b_{22} \\ -1 & 0 & 0 & 0 \\ 0 & -1 & 0 & 0 \end{vmatrix}$$

$$\xlongequal[c_2\leftrightarrow c_4]{c_1\leftrightarrow c_3} (-1)^2\cdot \begin{vmatrix} a_{11}b_{11}+a_{12}b_{21} & a_{11}b_{12}+a_{12}b_{22} & a_{11} & a_{12} \\ a_{21}b_{11}+a_{22}b_{21} & a_{11}b_{12}+a_{22}b_{22} & a_{21} & a_{22} \\ 0 & 0 & -1 & 0 \\ 0 & 0 & 0 & -1 \end{vmatrix}$$

$$=(-1)^2\cdot|\boldsymbol{AB}|\cdot|(-1)\boldsymbol{E}| = (-1)^4|\boldsymbol{AB}| = |\boldsymbol{AB}|.$$

3. 逆阵

当 $\boldsymbol{A}$ 为 n 阶方阵,且 $|\boldsymbol{A}|\neq 0$ 时,我们有

$$\boldsymbol{A}\left(\frac{1}{|\boldsymbol{A}|}\boldsymbol{A}^*\right) = \left(\frac{1}{|\boldsymbol{A}|}\boldsymbol{A}^*\right)\boldsymbol{A} = \boldsymbol{E},$$

即矩阵 $\boldsymbol{X}=\frac{1}{|\boldsymbol{A}|}\boldsymbol{A}^*$ 满足等式 $\boldsymbol{AX}=\boldsymbol{XA}=\boldsymbol{E}$.

我们说满足此式的矩阵是唯一的. 事实上,设矩阵 $\boldsymbol{X},\boldsymbol{Y}$ 都满足此式,即

$$\boldsymbol{AX}=\boldsymbol{XA}=\boldsymbol{E},\ \boldsymbol{AY}=\boldsymbol{YA}=\boldsymbol{E},$$

则 $\boldsymbol{X}=\boldsymbol{XE}=\boldsymbol{X}(\boldsymbol{AY})=(\boldsymbol{XA})\boldsymbol{Y}=\boldsymbol{EY}=\boldsymbol{Y}$.

下面我们将引入逆阵的定义.

定义 2 对于 n 阶方阵 $\boldsymbol{A}$,若存在 n 阶方阵 $\boldsymbol{B}$ 满足

$$\boldsymbol{AB}=\boldsymbol{BA}=\boldsymbol{E},$$

则称 A **可逆**,并将这个唯一的 $\boldsymbol{B}$ 称为 $\boldsymbol{A}$ 的**逆阵**,记为 $\boldsymbol{A}^{-1}$.

评注: 前面的叙述说明,当 $|\boldsymbol{A}|\neq 0$ 时,$\boldsymbol{A}$ 可逆,且

$$\boldsymbol{A}^{-1}=\frac{1}{|\boldsymbol{A}|}\boldsymbol{A}^*;$$

另一方面,若 $\boldsymbol{A}$ 可逆,则有方阵 $\boldsymbol{B}$ 满足 $\boldsymbol{AB}=\boldsymbol{E}$;由此式得到

$$|\boldsymbol{A}|\cdot|\boldsymbol{B}|=1,$$

从而 $|\boldsymbol{A}|\neq 0$. 我们将这些重要的结论概括为下面的定理.

定理 3.1 设 $\boldsymbol{A}$ 为方阵,则

(1) $\boldsymbol{A}$ 可逆 $\Leftrightarrow |\boldsymbol{A}|\neq 0$;

(2) 当 $|\boldsymbol{A}|\neq 0$ 时,$\boldsymbol{A}^{-1}=\dfrac{1}{|\boldsymbol{A}|}\boldsymbol{A}^*$.

例 2 求下列方阵的逆阵:

$$\boldsymbol{A}=\begin{bmatrix}2 & 0 & 3\\ 1 & -1 & 1\\ 0 & 1 & -2\end{bmatrix}.$$

解 由于 $|\boldsymbol{A}|=5\neq 0$,故 $\boldsymbol{A}$ 可逆;$|\boldsymbol{A}|$的所有代数余子式为

$$A_{11}=\begin{vmatrix}-1 & 1\\ 1 & -2\end{vmatrix}=1,\quad A_{12}=-\begin{vmatrix}1 & 1\\ 0 & -2\end{vmatrix}=2,\quad A_{13}=\begin{vmatrix}1 & -1\\ 0 & 1\end{vmatrix}=1;$$

$$A_{21}=-\begin{vmatrix}0 & 3\\ 1 & -2\end{vmatrix}=3,\quad A_{22}=\begin{vmatrix}2 & 3\\ 0 & -2\end{vmatrix}=-4,\quad A_{23}=-\begin{vmatrix}2 & 0\\ 0 & 1\end{vmatrix}=-2;$$

$$A_{31}=\begin{vmatrix}0 & 3\\ -1 & 1\end{vmatrix}=3,\quad A_{32}=-\begin{vmatrix}2 & 3\\ 1 & 1\end{vmatrix}=1,\quad A_{33}=\begin{vmatrix}2 & 0\\ 1 & -1\end{vmatrix}=-2.$$

于是

$$\boldsymbol{A}^{-1}=\frac{1}{|\boldsymbol{A}|}\boldsymbol{A}^*=\frac{1}{5}\begin{bmatrix}A_{11} & A_{21} & A_{31}\\ A_{12} & A_{22} & A_{32}\\ A_{13} & A_{23} & A_{33}\end{bmatrix}=\begin{bmatrix}\frac{1}{5} & \frac{3}{5} & \frac{3}{5}\\ \frac{2}{5} & -\frac{4}{5} & \frac{1}{5}\\ \frac{1}{5} & -\frac{2}{5} & -\frac{2}{5}\end{bmatrix}.$$

命题 3.5 若方阵 $\boldsymbol{A}$ 可逆,且 $\boldsymbol{AB}=\boldsymbol{AC}$,则 $\boldsymbol{B}=\boldsymbol{C}$.

证明 在 $\boldsymbol{AB}=\boldsymbol{AC}$ 的两边左乘 $\boldsymbol{A}^{-1}$得到

$$\boldsymbol{A}^{-1}(\boldsymbol{AB})=\boldsymbol{A}^{-1}(\boldsymbol{AC})\Rightarrow(\boldsymbol{A}^{-1}\boldsymbol{A})\boldsymbol{B}=(\boldsymbol{A}^{-1}\boldsymbol{A})\boldsymbol{C}\Rightarrow\boldsymbol{EB}=\boldsymbol{EC}\Rightarrow\boldsymbol{B}=\boldsymbol{C}.$$

命题 3.6 若 $\boldsymbol{A},\boldsymbol{B}$ 为同阶方阵,则 $\boldsymbol{AB}=\boldsymbol{E}\Leftrightarrow\boldsymbol{BA}=\boldsymbol{E}$.

证明 我们只需在 $\boldsymbol{AB}=\boldsymbol{E}$ 时,推出 $\boldsymbol{BA}=\boldsymbol{E}$:

当 $\boldsymbol{AB}=\boldsymbol{E}$ 时,有 $|\boldsymbol{A}|\neq 0$,由定理 3.1 知 $\boldsymbol{A}$ 可逆. 同时,有

$$\boldsymbol{A}(\boldsymbol{BA})=(\boldsymbol{AB})\boldsymbol{A}=\boldsymbol{EA}=\boldsymbol{AE};$$

再由命题 3.5 得到

$$\boldsymbol{BA}=\boldsymbol{E}.$$

评注: 此命题简化了逆阵的定义,即为了说明 $\boldsymbol{B}=\boldsymbol{A}^{-1}$,我们只要说明 $\boldsymbol{AB}=\boldsymbol{E}$ 和 $\boldsymbol{BA}=\boldsymbol{E}$ 之一成立即可.

命题 3.7 **若方阵 $\boldsymbol{A}$ 可逆,则:**

(1) $(\boldsymbol{A}^{\mathrm{T}})^{-1}=(\boldsymbol{A}^{-1})^{\mathrm{T}}$;

(2) $(\boldsymbol{A}^{*})^{-1}=(\boldsymbol{A}^{-1})^{*}$.

证明 (1) 由于 $\boldsymbol{A}$ 可逆,故有 $\boldsymbol{A}^{-1}\boldsymbol{A}=\boldsymbol{E}$. 从而

$$(\boldsymbol{A}^{-1}\boldsymbol{A})^{\mathrm{T}}=\boldsymbol{E}^{\mathrm{T}}\Rightarrow \boldsymbol{A}^{\mathrm{T}}(\boldsymbol{A}^{-1})^{\mathrm{T}}=\boldsymbol{E},$$

这就说明$(\boldsymbol{A}^{\mathrm{T}})^{-1}=(\boldsymbol{A}^{-1})^{\mathrm{T}}$.

(2)(2)的证明与(1)类似,留作习题.

逆阵运算的基本性质:

(1) $(\boldsymbol{A}^{-1})^{-1}=\boldsymbol{A}$;

(2) $(\boldsymbol{AB})^{-1}=\boldsymbol{B}^{-1}\boldsymbol{A}^{-1}$($\boldsymbol{A},\boldsymbol{B}$ 同阶可逆);

(3) $|\boldsymbol{A}^{-1}|=|\boldsymbol{A}|^{-1}$.

4. 求逆阵的另一方法

用公式 $\boldsymbol{A}^{-1}=\dfrac{1}{|\boldsymbol{A}|}\boldsymbol{A}^{*}$ 计算一个具体矩阵的逆阵虽然计算量较大,但在理论推导上,此公式是重要的. 对于具体的矩阵,下面我们给出一个更有效的方法来计算逆阵.

我们从解方程的角度看矩阵求逆. 以求 $\boldsymbol{A}=\begin{bmatrix}2&1\\1&2\end{bmatrix}$的逆为例. 设 $\boldsymbol{A}^{-1}=\begin{bmatrix}x_1&y_1\\x_2&y_2\end{bmatrix}$,则

$\begin{bmatrix}2&1\\1&2\end{bmatrix}\begin{bmatrix}x_1&y_1\\x_2&y_2\end{bmatrix}=\begin{bmatrix}1&0\\0&1\end{bmatrix}$. 此式等同于下述两个方程组:

$$\begin{cases}2x_1+x_2=1\\x_1+2x_2=0\end{cases},\quad\begin{cases}2y_1+y_2=0\\y_1+2y_2=1\end{cases}.$$

由于上述两个方程组的系数阵都是 $\boldsymbol{A}$,用增广阵的初等变换解这两个方程组的过程是同步的,故可融合在下列同一个过程中:

$$[\boldsymbol{A}\ \boldsymbol{E}]=\begin{bmatrix}2&1&1&0\\1&2&0&1\end{bmatrix}\xrightarrow{\mathrm{r}_1\leftrightarrow\mathrm{r}_2}\begin{bmatrix}1&2&0&1\\2&1&1&0\end{bmatrix}$$

$$\xrightarrow{(-2)\times\mathrm{r}_1\to\mathrm{r}_2}\begin{bmatrix}1&2&0&1\\0&-3&1&-2\end{bmatrix}\xrightarrow{\left(-\frac{1}{3}\right)\times\mathrm{r}_2}\begin{bmatrix}1&2&0&1\\0&1&-\dfrac{1}{3}&\dfrac{2}{3}\end{bmatrix}$$

$$\xrightarrow{(-2)\times\mathrm{r}_2\to\mathrm{r}_1}\begin{bmatrix}1&0&\dfrac{2}{3}&-\dfrac{1}{3}\\0&1&-\dfrac{1}{3}&\dfrac{2}{3}\end{bmatrix},$$

从而

$$\boldsymbol{A}^{-1}=\begin{bmatrix}x_1&y_1\\x_2&y_2\end{bmatrix}=\begin{bmatrix}\dfrac{2}{3}&-\dfrac{1}{3}\\-\dfrac{1}{3}&\dfrac{2}{3}\end{bmatrix}.$$

此过程明显具有一般性,因而我们有下述命题.

命题 3.8 设 $\boldsymbol{A}$ 为 n 阶方阵. 若

$$[\boldsymbol{A}\ \boldsymbol{E}]_{n\times 2n}\xrightarrow{\text{行初等变换}}[\boldsymbol{E}\ \boldsymbol{B}]_{n\times 2n},$$

则 $\boldsymbol{A}$ 可逆,且 $\boldsymbol{B}=\boldsymbol{A}^{-1}$.

例 3 求下列方阵的逆阵:

$$\boldsymbol{A}=\begin{bmatrix}0&1&2\\1&1&4\\2&-1&0\end{bmatrix}.$$

解 由于

$$[\boldsymbol{A}\mid\boldsymbol{E}]=\left[\begin{array}{ccc|ccc}0&1&2&1&0&0\\1&1&4&0&1&0\\2&-1&0&0&0&1\end{array}\right]\xrightarrow{\text{行初等变换}}\left[\begin{array}{ccc|ccc}1&1&4&0&1&0\\0&1&2&1&0&0\\2&-1&0&0&0&1\end{array}\right]$$

$$\xrightarrow{\text{行初等变换}}\left[\begin{array}{ccc|ccc}1&1&4&0&1&0\\0&1&2&1&0&0\\2&0&-2&3&-2&1\end{array}\right]\xrightarrow{\text{行初等变换}}\left[\begin{array}{ccc|ccc}1&1&4&0&1&0\\0&1&0&4&-2&1\\0&0&-2&3&-2&1\end{array}\right]$$

$$\xrightarrow{\text{行初等变换}}\left[\begin{array}{ccc|ccc}1&1&0&6&-3&2\\0&1&0&4&-2&1\\0&0&-2&3&-2&1\end{array}\right]\xrightarrow{\text{行初等变换}}\left[\begin{array}{ccc|ccc}1&0&0&2&-1&1\\0&1&0&4&-2&1\\0&0&-2&3&-2&1\end{array}\right]$$

$$\xrightarrow{\text{行初等变换}}\left[\begin{array}{ccc|ccc}1&0&0&2&-1&1\\0&1&0&4&-2&1\\0&0&1&-\frac{3}{2}&1&-\frac{1}{2}\end{array}\right]$$

故

$$\boldsymbol{A}^{-1}=\begin{bmatrix}2&-1&1\\4&-2&1\\-\frac{3}{2}&1&-\frac{1}{2}\end{bmatrix}.$$

习 题 3.2

1. 设有矩阵方程 $\boldsymbol{AX}=\boldsymbol{B}$,且 $\boldsymbol{A}$ 可逆,求解 $\boldsymbol{X}$.
2. 设有矩阵等式 $\boldsymbol{XA}=\boldsymbol{YA}$,且 $\boldsymbol{A}$ 可逆,求证 $\boldsymbol{X}=\boldsymbol{Y}$.
3. 用合适的方法求下列矩阵的逆阵:

(1) $\begin{bmatrix}1&2\\2&5\end{bmatrix}$;　　(2) $\begin{bmatrix}\cos\alpha&-\sin\alpha\\\sin\alpha&\cos\alpha\end{bmatrix}$;

(3) $\begin{bmatrix}1&2&-1\\3&4&-2\\5&-4&1\end{bmatrix}$;　　(4) $\begin{bmatrix}1&2&-3\\0&1&2\\0&0&1\end{bmatrix}$;

(5) $\begin{bmatrix} 1 & 2 & 0 & 0 \\ 0 & 1 & 2 & 0 \\ 0 & 0 & 1 & 2 \\ 0 & 0 & 0 & 1 \end{bmatrix}$；　　(6) $\begin{bmatrix} 3 & -2 & 0 & -1 \\ 0 & 2 & 2 & 1 \\ 1 & -2 & -3 & -2 \\ 0 & 1 & 2 & 1 \end{bmatrix}$.

4. 解下列矩阵方程：

(1) $\begin{bmatrix} 2 & 5 \\ 1 & 3 \end{bmatrix} \boldsymbol{X} = \begin{bmatrix} 7 & 19 \\ 4 & 11 \end{bmatrix}$；

(2) $\boldsymbol{X} \begin{bmatrix} 2 & 1 & -1 \\ 1 & 1 & 1 \\ 3 & 2 & 1 \end{bmatrix} = \begin{bmatrix} 1 & -1 & 3 \\ 4 & 3 & 2 \\ 2 & -2 & 5 \end{bmatrix}$；

(3) $\begin{bmatrix} 1 & 4 \\ -1 & 2 \end{bmatrix} \boldsymbol{X} \begin{bmatrix} 2 & 0 \\ -1 & 1 \end{bmatrix} = \begin{bmatrix} 3 & 1 \\ 0 & -1 \end{bmatrix}$；

(4) $\begin{bmatrix} 0 & 1 & 0 \\ -1 & 0 & 0 \\ 0 & 0 & 1 \end{bmatrix} \boldsymbol{X} \begin{bmatrix} 1 & 0 & 0 \\ 0 & 0 & 1 \\ 0 & -1 & 0 \end{bmatrix} = \begin{bmatrix} 1 & -4 & 3 \\ 2 & 0 & -1 \\ 1 & -2 & 0 \end{bmatrix}$.

5. 设

$$\boldsymbol{A} = \begin{bmatrix} 4 & 2 & 3 \\ 1 & 1 & 0 \\ -1 & 2 & 3 \end{bmatrix}, \quad \boldsymbol{AB} = \boldsymbol{A} + 2\boldsymbol{B},$$

求 $\boldsymbol{B}$.

6. 设

$$\boldsymbol{P}^{-1}\boldsymbol{AP} = \boldsymbol{B}, \quad \boldsymbol{P} = \begin{bmatrix} -1 & -1 \\ 0 & 1 \end{bmatrix}, \quad \boldsymbol{B} = \begin{bmatrix} -1 & 0 \\ 0 & 2 \end{bmatrix},$$

求 $\boldsymbol{A}^{11}$.

7. 若 $\boldsymbol{A}^2 - \boldsymbol{A} - 2\boldsymbol{E} = \boldsymbol{0}$，求证 $\boldsymbol{A}$ 与 $\boldsymbol{A} + 2\boldsymbol{E}$ 都可逆.

8. 若 n 阶方阵 $\boldsymbol{A}$ 满足 $\boldsymbol{A}^k = \boldsymbol{0}$（$k$ 为一个自然数），求证 $\boldsymbol{E} - \boldsymbol{A}$ 可逆，并求出 $(\boldsymbol{E} - \boldsymbol{A})^{-1}$.

9. 设 $\boldsymbol{A} = [a_{ij}]_{n \times n}$（$n = 2k + 1 \geqslant 3$）为非零的实方阵，且 $A_{ij} = a_{ij}$，求矩阵 $\boldsymbol{A}$ 的行列式 $|\boldsymbol{A}|$ 的值.

10. 设 4 阶方阵 $\boldsymbol{A}$ 的行列式 $|\boldsymbol{A}| = 2$，求行列式 $|\boldsymbol{A}^* - \boldsymbol{A}^{-1}|$ 的值.

11. 设 $\boldsymbol{A}$ 为 n 阶方阵，$\boldsymbol{AA}^{\mathrm{T}} = \boldsymbol{E}$，$|\boldsymbol{A}| < 0$，求行列式 $|\boldsymbol{E} + \boldsymbol{A}|$ 的值.

12. 设 $\boldsymbol{A}$ 为 $n(n \geqslant 2)$ 阶方阵，求证 $|\boldsymbol{A}^*| = |\boldsymbol{A}|^{n-1}$.

13. 设 $\boldsymbol{A}, \boldsymbol{B}$ 为 n 阶方阵，$\boldsymbol{AB} = \boldsymbol{A} + \boldsymbol{B}$. 求证：

(1) $\boldsymbol{A} - \boldsymbol{E}$ 和 $\boldsymbol{B} - \boldsymbol{E}$ 都可逆；

(2) $\boldsymbol{AB} = \boldsymbol{BA}$.

14. 设 $\boldsymbol{A}, \boldsymbol{B}, \boldsymbol{A} + \boldsymbol{B}$ 都可逆，求证 $\boldsymbol{A}^{-1} + \boldsymbol{B}^{-1}$ 也可逆.

15. 设 $\boldsymbol{A}, \boldsymbol{B}$ 为 n 阶方阵，$\boldsymbol{B}$ 可逆，且 $(\boldsymbol{A} - \boldsymbol{E})^{-1} = (\boldsymbol{B} - \boldsymbol{E})^{\mathrm{T}}$，求证 $\boldsymbol{A}$ 也可逆.

16. 若矩阵 $\boldsymbol{A} = [a_{ij}]_{n \times n}$ 的对角线下方的元素都为 0，则称 $\boldsymbol{A}$ 为**上三角阵**. 求证可逆上三角阵的逆阵也是上三角阵.

17. 若方阵 $\boldsymbol{A}$ 可逆，求证 $(\boldsymbol{A}^*)^{-1} = (\boldsymbol{A}^{-1})^*$.

18. 设 $\boldsymbol{A}, \boldsymbol{B}$ 为 n 阶方阵，且 $\boldsymbol{E} - \boldsymbol{AB}$ 可逆，求证 $\boldsymbol{E} - \boldsymbol{BA}$ 也可逆. 提示：计算 $(\boldsymbol{E} - \boldsymbol{BA})[\boldsymbol{E} + \boldsymbol{B}(\boldsymbol{E} - \boldsymbol{AB})^{-1}\boldsymbol{A}]$.

3.3 初等矩阵

1. 初等矩阵

例 1　观察下列矩阵的运算：

$$\begin{bmatrix}0&1\\1&0\end{bmatrix}\begin{bmatrix}a&b&c\\x&y&z\end{bmatrix}=\begin{bmatrix}x&y&z\\a&b&c\end{bmatrix},$$

$$\begin{bmatrix}a&b&c\\x&y&z\end{bmatrix}\begin{bmatrix}0&1&0\\1&0&0\\0&0&1\end{bmatrix}=\begin{bmatrix}b&a&c\\y&x&z\end{bmatrix};$$

$$\begin{bmatrix}1&0\\0&k\end{bmatrix}\begin{bmatrix}a&b&c\\x&y&z\end{bmatrix}=\begin{bmatrix}a&b&c\\kx&ky&kz\end{bmatrix},$$

$$\begin{bmatrix}a&b&c\\x&y&z\end{bmatrix}\begin{bmatrix}1&0&0\\0&k&0\\0&0&1\end{bmatrix}=\begin{bmatrix}a&kb&c\\x&ky&z\end{bmatrix};$$

$$\begin{bmatrix}1&k\\0&1\end{bmatrix}\begin{bmatrix}a&b&c\\x&y&z\end{bmatrix}=\begin{bmatrix}a+kx&b+ky&c+kz\\x&y&z\end{bmatrix},$$

$$\begin{bmatrix}a&b&c\\x&y&z\end{bmatrix}\begin{bmatrix}1&k&0\\0&1&0\\0&0&1\end{bmatrix}=\begin{bmatrix}a&b+ka&c\\x&y+kx&z\end{bmatrix}.$$

我们看到对矩阵$\begin{bmatrix}a&b&c\\x&y&z\end{bmatrix}$进行一次初等变换相当于在矩阵的左边或右边乘上一个特殊的矩阵,这个矩阵是由单位阵进行一次同样的初等变换得到的.

定义 1　对 n 阶单位矩阵 $\boldsymbol{E}_n$ 进行一次行或列初等变换得到的矩阵称为 n 阶**初等矩阵**. 初等矩阵有下列三种.

(1) $\boldsymbol{P}_n(i,j)$：对换 $\boldsymbol{E}_n$ 的第 i、第 j 两行(列)得到的矩阵；

(2) $\boldsymbol{P}_n(i(k))$：用非零数 k 乘 $\boldsymbol{E}_n$ 的第 i 行(列)得到的矩阵；

(3) $\boldsymbol{P}_n(j(k),i)$：用数 k 乘 $\boldsymbol{E}_n$ 的第 j 行加到第 i 行上(或用数 k 乘 $\boldsymbol{E}_n$ 的第 i 列加到第 j 列上)得到的矩阵.

评注：初等矩阵与初等变换是一一对应的. 行初等变换相当于在左边乘一个初等矩阵；列初等变换相当于在右边乘一个初等矩阵. 具体为

(1) 对换 $\boldsymbol{A}_{m\times n}$的第 i 行与第 j 行等同于在 $\boldsymbol{A}_{m\times n}$的左边乘以 $\boldsymbol{P}_m(i,j)$；对换 $\boldsymbol{A}_{m\times n}$的第 i 列与第 j 列等同于在 $\boldsymbol{A}_{m\times n}$的右边乘以 $\boldsymbol{P}_n(i,j)$.

(2) 用非零数 k 乘 $\boldsymbol{A}_{m\times n}$的第 i 行等同于在 $\boldsymbol{A}_{m\times n}$的左边乘以 $\boldsymbol{P}_m(i(k))$；用非零数 k 乘 $\boldsymbol{A}_{m\times n}$的第 i 列等同于在 $\boldsymbol{A}_{m\times n}$的右边乘以 $\boldsymbol{P}_n(i(k))$.

(3) 将 $\boldsymbol{A}_{m\times n}$ 的第 j 行乘 k 加到第 i 行上等同于在 $\boldsymbol{A}_{m\times n}$ 的左边乘以 $\boldsymbol{P}_m(j(k),i)$；将 $\boldsymbol{A}_{m\times n}$ 的第 i 列乘 k 加到第 j 列上等同于在 $\boldsymbol{A}_{m\times n}$ 的右边乘以 $\boldsymbol{P}_n(j(k),i)$.

命题 3.9　初等矩阵的逆阵还是初等矩阵.

证明　容易直接验证：

$$\boldsymbol{P}_n(i,j)\cdot\boldsymbol{P}_n(i,j)=\boldsymbol{E}_n;$$
$$\boldsymbol{P}_n(i(k))\cdot\boldsymbol{P}_n(i(k^{-1}))=\boldsymbol{E}_n;$$
$$\boldsymbol{P}_n(j(k),i)\cdot\boldsymbol{P}_n(j(-k),i)=\boldsymbol{E}_n.$$

定理 3.2　若矩阵 $\boldsymbol{A}_{m\times n}$ 的秩为 r，则存在一个 m 阶可逆矩阵 $\boldsymbol{P}$ 和一个 n 阶可逆矩阵 $\boldsymbol{Q}$，使得

$$\boldsymbol{A}=\boldsymbol{P}\begin{bmatrix}\boldsymbol{E}_r & \boldsymbol{0}\\ \boldsymbol{0} & \boldsymbol{0}\end{bmatrix}\boldsymbol{Q}.$$

证明　由定理 2.2 知，矩阵 $\boldsymbol{A}$ 等价于

$$\begin{bmatrix}\boldsymbol{E}_r & \boldsymbol{0}\\ \boldsymbol{0} & \boldsymbol{0}\end{bmatrix},$$

即 $\boldsymbol{A}$ 经过若干次行初等变换和若干次列初等变换变成上述矩阵；再由初等变换与初等阵的关系知，存在两组初等矩阵

$$\boldsymbol{P}_1,\cdots,\boldsymbol{P}_k(m\text{ 阶})\text{和 }\boldsymbol{Q}_1,\cdots,\boldsymbol{Q}_l(n\text{ 阶})$$

使得

$$\boldsymbol{P}_k\cdots\boldsymbol{P}_1\boldsymbol{A}\boldsymbol{Q}_1\cdots\boldsymbol{Q}_l=\begin{bmatrix}\boldsymbol{E}_r & \boldsymbol{0}\\ \boldsymbol{0} & \boldsymbol{0}\end{bmatrix}.$$

于是

$$\boldsymbol{A}=\boldsymbol{P}\begin{bmatrix}\boldsymbol{E}_r & \boldsymbol{0}\\ \boldsymbol{0} & \boldsymbol{0}\end{bmatrix}\boldsymbol{Q},$$

这里 $\boldsymbol{P}=\boldsymbol{P}_1^{-1}\cdots\boldsymbol{P}_k^{-1}$，$\boldsymbol{Q}=\boldsymbol{Q}_l^{-1}\cdots\boldsymbol{Q}_1^{-1}$.

命题 3.10　若 n 阶方阵 $\boldsymbol{A}$ 可逆，则 $\boldsymbol{A}$ 可以分解成若干初等阵的乘积.

证明　（接定理 **3.2** 的证明）当 $\boldsymbol{A}$ 为可逆阵时，$\boldsymbol{A}$ 等价于 $\boldsymbol{E}$，从而

$$\boldsymbol{A}=\boldsymbol{P}_1^{-1}\cdots\boldsymbol{P}_k^{-1}\boldsymbol{E}\boldsymbol{Q}_l^{-1}\cdots\boldsymbol{Q}_1^{-1}=\boldsymbol{P}_1^{-1}\cdots\boldsymbol{P}_k^{-1}\boldsymbol{Q}_l^{-1}\cdots\boldsymbol{Q}_1^{-1};$$

再由初等阵的逆阵仍为初等阵知本命题成立.

推论 1　若 $\boldsymbol{P}$ 为 m 阶可逆阵，$\boldsymbol{Q}$ 为 n 阶可逆阵，$\boldsymbol{A}$ 为 $m\times n$ 矩阵，则 $\mathrm{r}(\boldsymbol{PA})=\mathrm{r}(\boldsymbol{AQ})=\mathrm{r}(\boldsymbol{A})$.

证明　由命题 3.10 知，

$$\boldsymbol{A}\xrightarrow{\text{行初等变换}}\boldsymbol{PA},\ \boldsymbol{A}\xrightarrow{\text{列初等变换}}\boldsymbol{AQ},$$

从而 $\mathrm{r}(\boldsymbol{PA})=\mathrm{r}(\boldsymbol{AQ})=\mathrm{r}(\boldsymbol{A})$.

推论 2　矩阵 $\boldsymbol{A}$ 与 $\boldsymbol{B}$ 等价 $\Leftrightarrow$ 存在可逆阵 $\boldsymbol{P}$ 和 $\boldsymbol{Q}$ 使得

$$\boldsymbol{A}=\boldsymbol{PBQ}.$$

证明(留作习题).

2. 两个矩阵乘积的秩

命题 3.11 设 $\boldsymbol{A}=[a_{ij}]_{m\times s}$,$\boldsymbol{B}=[b_{ij}]_{s\times n}$,则

$$\mathrm{r}(\boldsymbol{AB})\leqslant\mathrm{r}(\boldsymbol{B}),\quad \mathrm{r}(\boldsymbol{AB})\leqslant\mathrm{r}(\boldsymbol{A}).$$

证明 先证 $\mathrm{r}(\boldsymbol{AB})\leqslant\mathrm{r}(\boldsymbol{B})$.

令 $\mathrm{r}(\boldsymbol{B})=r$. 由定理 3.2 知,存在可逆矩阵 $\boldsymbol{P}$,$\boldsymbol{Q}$ 使

$$\boldsymbol{B}=\boldsymbol{P}\begin{bmatrix}\boldsymbol{E}_r & \boldsymbol{0}\\ \boldsymbol{0} & \boldsymbol{0}\end{bmatrix}\boldsymbol{Q}.$$

若我们记

$$\boldsymbol{P}=\begin{bmatrix}p_{11} & \cdots & p_{1s}\\ \vdots & \ddots & \vdots\\ p_{s1} & \cdots & p_{ss}\end{bmatrix},\quad \begin{bmatrix}\boldsymbol{E}_r & \boldsymbol{0}\\ \boldsymbol{0} & \boldsymbol{0}\end{bmatrix}=\begin{bmatrix}e_{11} & \cdots & e_{1r} & 0 & \cdots & 0\\ \vdots & \ddots & \vdots & \vdots & \ddots & \vdots\\ e_{s1} & \cdots & e_{sr} & 0 & \cdots & 0\end{bmatrix},$$

则

$$\boldsymbol{B}=\begin{bmatrix}p_{11} & \cdots & p_{1s}\\ \vdots & \ddots & \vdots\\ p_{s1} & \cdots & p_{ss}\end{bmatrix}\begin{bmatrix}e_{11} & \cdots & e_{1r} & 0 & \cdots & 0\\ \vdots & \ddots & \vdots & \vdots & \ddots & \vdots\\ e_{s1} & \cdots & e_{sr} & 0 & \cdots & 0\end{bmatrix}\boldsymbol{Q}=\begin{bmatrix}k_{11} & \cdots & k_{1r} & 0 & \cdots & 0\\ \vdots & \ddots & \vdots & \vdots & \ddots & \vdots\\ k_{s1} & \cdots & k_{sr} & 0 & \cdots & 0\end{bmatrix}\boldsymbol{Q};$$

从而

$$\boldsymbol{AB}=\begin{bmatrix}a_{11} & \cdots & a_{1s}\\ \vdots & \ddots & \vdots\\ a_{m1} & \cdots & a_{ms}\end{bmatrix}\begin{bmatrix}k_{11} & \cdots & k_{1r} & 0 & \cdots & 0\\ \vdots & \ddots & \vdots & \vdots & \ddots & \vdots\\ k_{s1} & \cdots & k_{sr} & 0 & \cdots & 0\end{bmatrix}\boldsymbol{Q}=\begin{bmatrix}d_{11} & \cdots & d_{1r} & 0 & \cdots & 0\\ \vdots & \ddots & \vdots & \vdots & \ddots & \vdots\\ d_{m1} & \cdots & d_{mr} & 0 & \cdots & 0\end{bmatrix}\boldsymbol{Q}.$$

于是

$$\mathrm{r}(\boldsymbol{AB})=\mathrm{r}\left(\begin{bmatrix}d_{11} & \cdots & d_{1r}\\ \vdots & \ddots & \vdots\\ d_{m1} & \cdots & d_{mr}\end{bmatrix}\right)\leqslant r=\mathrm{r}(\boldsymbol{B}).$$

另一方面,我们还有

$$\mathrm{r}(\boldsymbol{AB})=\mathrm{r}((\boldsymbol{AB})^{\mathrm{T}})=r(\boldsymbol{B}^{\mathrm{T}}\boldsymbol{A}^{\mathrm{T}})\leqslant\mathrm{r}(\boldsymbol{A}^{\mathrm{T}})=\mathrm{r}(\boldsymbol{A}).$$

习 题 3.3

1. 设 n 阶方阵 $\boldsymbol{A}$ 的秩为 1,求证:

(1) $\boldsymbol{A}=(a_1,\cdots,a_n)^{\mathrm{T}}(b_1,\cdots,b_n)$; (2) $\boldsymbol{A}^2=k\boldsymbol{A}$.

2. 求证:矩阵 $\boldsymbol{A}$ 与 $\boldsymbol{B}$ 等价⇔存在可逆阵 $\boldsymbol{P}$ 和 $\boldsymbol{Q}$ 使得 $\boldsymbol{A}=\boldsymbol{PBQ}$.

3. 试用命题 3.11 证明命题 3.10 的推论 1.

4. 给定两个矩阵 $\boldsymbol{K}_{r\times s}$,$\boldsymbol{A}_{s\times n}$,且 $\mathrm{r}(\boldsymbol{A})=s$,求证:$\mathrm{r}(\boldsymbol{KA})=\mathrm{r}(\boldsymbol{K})$.

3.4 分块矩阵的运算

1. 矩阵的分块

矩阵的分块:用贯穿矩阵的纵线和横线将一个矩阵分割成若干个小块矩阵的过程称为此**矩阵的分块**. 例如,以下是矩阵

$$\begin{bmatrix}1&2&3\\4&5&6\\7&8&9\end{bmatrix}$$

的几个分块法:

$$\left[\begin{array}{cc:c}1&2&3\\4&5&6\\ \hdashline 7&8&9\end{array}\right]=\begin{bmatrix}\boldsymbol{A}_{11}&\boldsymbol{A}_{12}\\\boldsymbol{A}_{21}&\boldsymbol{A}_{22}\end{bmatrix}:$$

$$\boldsymbol{A}_{11}=\begin{bmatrix}1&2\\4&5\end{bmatrix},\quad \boldsymbol{A}_{12}=\begin{bmatrix}3\\6\end{bmatrix},\quad \boldsymbol{A}_{21}=(7,8),\quad \boldsymbol{A}_{22}=9;$$

$$\begin{bmatrix}1&2&3\\4&5&6\\7&8&9\end{bmatrix}=(\boldsymbol{\beta}_1,\boldsymbol{\beta}_2,\boldsymbol{\beta}_3):$$

$$\boldsymbol{\beta}_1=\begin{bmatrix}1\\4\\7\end{bmatrix},\quad \boldsymbol{\beta}_2=\begin{bmatrix}2\\5\\8\end{bmatrix},\quad \boldsymbol{\beta}_3=\begin{bmatrix}3\\6\\9\end{bmatrix};$$

$$\left[\begin{array}{ccc}1&2&3\\ \hdashline 4&5&6\\ \hdashline 7&8&9\end{array}\right]=\begin{bmatrix}\boldsymbol{\alpha}_1\\\boldsymbol{\alpha}_2\\\boldsymbol{\alpha}_3\end{bmatrix}:$$

$$\boldsymbol{\alpha}_1=(1,2,3),\quad \boldsymbol{\alpha}_2=(4,5,6),\quad \boldsymbol{\alpha}_3=(7,8,9).$$

2. 分块矩阵的运算

分块矩阵的加法:若 $\boldsymbol{A},\boldsymbol{B}$ 都为 $m\times n$ 矩阵,它们分块相同,即

$$\boldsymbol{A}=\begin{bmatrix}\boldsymbol{A}_{11}&\cdots&\boldsymbol{A}_{1t}\\\vdots&\ddots&\vdots\\\boldsymbol{A}_{s1}&\cdots&\boldsymbol{A}_{st}\end{bmatrix},\quad \boldsymbol{B}=\begin{bmatrix}\boldsymbol{B}_{11}&\cdots&\boldsymbol{B}_{1t}\\\vdots&\ddots&\vdots\\\boldsymbol{B}_{s1}&\cdots&\boldsymbol{B}_{st}\end{bmatrix},$$

且 $\boldsymbol{A}_{ij}$ 与 $\boldsymbol{B}_{ij}$ 为同型矩阵,则有

$$\boldsymbol{A}+\boldsymbol{B}=\begin{bmatrix}\boldsymbol{A}_{11}+\boldsymbol{B}_{11}&\cdots&\boldsymbol{A}_{1t}+\boldsymbol{B}_{1t}\\\vdots&\ddots&\vdots\\\boldsymbol{A}_{s1}+\boldsymbol{B}_{s1}&\cdots&\boldsymbol{A}_{st}+\boldsymbol{B}_{st}\end{bmatrix}.$$

分块矩阵的数乘: 若矩阵 $\boldsymbol{A}$ 分块为

$$A=\begin{bmatrix} A_{11} & \cdots & A_{1n} \\ \vdots & \ddots & \vdots \\ A_{m1} & \cdots & A_{mn} \end{bmatrix},$$

k 为数,则有

$$kA=\begin{bmatrix} kA_{11} & \cdots & kA_{1n} \\ \vdots & \ddots & \vdots \\ kA_{m1} & \cdots & kA_{mn} \end{bmatrix}.$$

分块矩阵的乘法:若 A 为 $m\times n$ 矩阵,B 为 $n\times s$ 矩阵,它们分块为

$$A=\begin{bmatrix} A_{11} & \cdots & A_{1l} \\ \vdots & \ddots & \vdots \\ A_{k1} & \cdots & A_{kl} \end{bmatrix},\quad B=\begin{bmatrix} B_{11} & \cdots & B_{1r} \\ \vdots & \ddots & \vdots \\ B_{l1} & \cdots & B_{lr} \end{bmatrix},$$

且 A_{it}的列数与 B_{tj}的行数相同,则有

$$AB=\begin{bmatrix} C_{11} & \cdots & C_{1r} \\ \vdots & \ddots & \vdots \\ C_{k1} & \cdots & C_{kr} \end{bmatrix},$$

其中 $C_{ij}=\sum\limits_{t=1}^{l}A_{it}B_{tj}(i=1,\cdots,k;j=1,\cdots,r)$,即

$$AB=\begin{bmatrix} A_{11} & \cdots & A_{1l} \\ \vdots & \ddots & \vdots \\ A_{k1} & \cdots & A_{kl} \end{bmatrix}\begin{bmatrix} B_{11} & \cdots & B_{1r} \\ \vdots & \ddots & \vdots \\ B_{l1} & \cdots & B_{lr} \end{bmatrix}$$

在形式上如普通矩阵乘法一样运算,仅仅要求 $A_{it}B_{tj}$有意义. 分块矩阵的乘法能简化矩阵的乘法运算,特别在理论推导中.

例如,

$$\left[\begin{array}{cc:cc} -1 & 2 & -1 & 0 \\ -1 & 0 & 1 & 0 \\ \hdashline 0 & 0 & 0 & 1 \\ 0 & 0 & 0 & 3 \end{array}\right]\left[\begin{array}{cc:cc} 2 & -1 & 0 & 0 \\ -1 & 0 & 0 & 0 \\ \hdashline 0 & 0 & 0 & 1 \\ 0 & 0 & 2 & -1 \end{array}\right]$$

$$=\begin{bmatrix} X & Y \\ 0 & Z \end{bmatrix}\begin{bmatrix} U & 0 \\ 0 & W \end{bmatrix}=\begin{bmatrix} XU+Y0 & X0+YW \\ 0U+Z0 & 00+ZW \end{bmatrix}$$

$$=\begin{bmatrix} XU & YW \\ 0 & ZW \end{bmatrix}=\begin{bmatrix} -4 & 1 & 0 & -1 \\ -2 & 1 & 0 & 1 \\ 0 & 0 & 2 & -1 \\ 0 & 0 & 6 & -3 \end{bmatrix}.$$

分块矩阵的转置:若分块矩阵

$$A=\begin{bmatrix} A_{11} & \cdots & A_{1n} \\ \vdots & \ddots & \vdots \\ A_{m1} & \cdots & A_{mn} \end{bmatrix},$$

则有

$$A^{\mathrm{T}}=\begin{bmatrix} A_{11}^{\mathrm{T}} & \cdots & A_{m1}^{\mathrm{T}} \\ \vdots & \ddots & \vdots \\ A_{1n}^{\mathrm{T}} & \cdots & A_{mn}^{\mathrm{T}} \end{bmatrix}.$$

3．分块对角阵

若 $A_1,\cdots,A_s$ 都为方阵(阶数可以不同)，则我们称分块阵

$$A=\begin{bmatrix} A_1 & & 0 \\ & \ddots & \\ 0 & & A_s \end{bmatrix},$$

为**对角分块阵**. 此时

$$|A|=|A_1|\cdots|A_s|.$$

当 $A_1,\cdots,A_s$ 都可逆时，A 也可逆，且

$$A^{-1}=\begin{bmatrix} A_1^{-1} & & 0 \\ & \ddots & \\ 0 & & A_s^{-1} \end{bmatrix}.$$

例 1　求矩阵

$$A=\begin{bmatrix} 2 & 1 & 0 & 0 & 0 \\ 1 & 1 & 0 & 0 & 0 \\ 0 & 0 & 1 & 0 & 2 \\ 0 & 0 & 1 & 1 & 4 \\ 0 & 0 & 2 & -1 & 0 \end{bmatrix}$$

的逆阵.

解　将矩阵 A 如下分块：

$$A=\begin{bmatrix} X & 0 \\ 0 & Y \end{bmatrix},\quad X=\begin{bmatrix} 2 & 1 \\ 1 & 1 \end{bmatrix},\quad Y=\begin{bmatrix} 1 & 0 & 2 \\ 1 & 1 & 4 \\ 2 & -1 & 0 \end{bmatrix},$$

则 $|A|=|X|\cdot|Y|=1\times(-2)\neq 0$；$A,X,Y$ 都可逆. 由于

$$\begin{bmatrix} X & 0 \\ 0 & Y \end{bmatrix}\begin{bmatrix} X^{-1} & 0 \\ 0 & Y^{-1} \end{bmatrix}=\begin{bmatrix} XX^{-1} & 0 \\ 0 & YY^{-1} \end{bmatrix}=E,$$

故

$$A^{-1}=\begin{bmatrix} X^{-1} & 0 \\ 0 & Y^{-1} \end{bmatrix}=\begin{bmatrix} 1 & -1 & 0 & 0 & 0 \\ -1 & 2 & 0 & 0 & 0 \\ 0 & 0 & -2 & 1 & 1 \\ 0 & 0 & -4 & 2 & 1 \\ 0 & 0 & \frac{3}{2} & -\frac{1}{2} & -\frac{1}{2} \end{bmatrix}.$$

例 2　设 A 为 k 阶可逆阵，B 为 l 阶可逆阵，C 为 $l\times k$ 矩阵，

$$D=\begin{bmatrix}A & 0\\ C & B\end{bmatrix},$$

求证 D 可逆,并求 D^{-1}.

解 由于 $|D|=|A|\cdot|B|\neq0$,故 D 可逆.

令 $D^{-1}=\begin{bmatrix}X & Y\\ Z & W\end{bmatrix}$,$X$ 为 k 阶方阵,W 为 l 阶方阵,则

$$DD^{-1}=\begin{bmatrix}A & 0\\ C & B\end{bmatrix}\begin{bmatrix}X & Y\\ Z & W\end{bmatrix}=\begin{bmatrix}AX & AY\\ CX+BZ & CY+BW\end{bmatrix}=\begin{bmatrix}E_k & 0\\ 0 & E_l\end{bmatrix}.$$

于是 $AX=E$,$AY=0$,$CX+BZ=0$,$CY+BW=E$. 由此解出

$$X=A^{-1},\ Y=0,\ Z=-B^{-1}CA^{-1},\ W=B^{-1}.$$

从而

$$D^{-1}=\begin{bmatrix}A^{-1} & 0\\ -B^{-1}CA^{-1} & B^{-1}\end{bmatrix}.$$

4. 分块矩阵的初等变换

如同对普通矩阵那样,我们可以对分块矩阵进行类似的初等变换,即:

(1) 交换分块矩阵的两行(列);

(2) 用一个可逆矩阵从左(右)边乘分块矩阵的一行(列)(只要可乘);

(3) 用任何一个矩阵从左(右)边乘分块矩阵的某一行(列),再加到另一行(列)上(只要可乘,可加).

评注: 一般情况下,虽然分块矩阵的初等变换不是普通矩阵初等变换,但仍然属于等价变换. 事实上,每个分块矩阵的初等变换为几个普通初等变换的叠加. 下面,我们以 2×2 分块阵来说明这一点. 我们完全可以仿照普通矩阵的初等变换与初等矩阵的关系将分块矩阵的初等变换转化为矩阵等式.

给定分块阵

$$M=\begin{bmatrix}A_{m\times k} & B_{m\times l}\\ C_{n\times k} & D_{n\times l}\end{bmatrix}$$

(1) 交换 M 的两行相当于

$$\begin{bmatrix}0 & E_n\\ E_m & 0\end{bmatrix}\begin{bmatrix}A_{m\times k} & B_{m\times l}\\ C_{n\times k} & D_{n\times l}\end{bmatrix}=\begin{bmatrix}C & D\\ A & B\end{bmatrix};$$

(2) 交换 M 的两列相当于

$$\begin{bmatrix}A_{m\times k} & B_{m\times l}\\ C_{n\times k} & D_{n\times l}\end{bmatrix}\begin{bmatrix}0 & E_k\\ E_l & 0\end{bmatrix}=\begin{bmatrix}B & A\\ D & C\end{bmatrix};$$

(3) M 的第 1 行左乘可逆阵 $P_{m\times m}$ 相当于

$$\begin{bmatrix}P_{m\times m} & 0\\ 0 & E_n\end{bmatrix}\begin{bmatrix}A_{m\times k} & B_{m\times l}\\ C_{n\times k} & D_{n\times l}\end{bmatrix}=\begin{bmatrix}PA & PB\\ C & D\end{bmatrix};$$

(4) M 的第 1 列右乘可逆阵 $Q_{k\times k}$ 相当于

$$\begin{bmatrix} A_{m\times k} & B_{m\times l} \\ C_{n\times k} & D_{n\times l} \end{bmatrix}\begin{bmatrix} Q_{k\times k} & 0 \\ 0 & E_l \end{bmatrix}=\begin{bmatrix} AQ & B \\ CQ & D \end{bmatrix};$$

（5）M 的第 1 行左乘矩阵 $P_{n\times m}$再加到第 2 行上相当于

$$\begin{bmatrix} E_m & 0 \\ P_{n\times m} & E_n \end{bmatrix}\begin{bmatrix} A_{m\times k} & B_{m\times l} \\ C_{n\times k} & D_{n\times l} \end{bmatrix}=\begin{bmatrix} A & B \\ PA+C & PB+D \end{bmatrix};$$

（6）M 的第 1 列右乘矩阵 $Q_{k\times l}$再加到第 2 列上相当于

$$\begin{bmatrix} A_{m\times k} & B_{m\times l} \\ C_{n\times k} & D_{n\times l} \end{bmatrix}\begin{bmatrix} E_k & Q_{k\times l} \\ 0 & E_l \end{bmatrix}=\begin{bmatrix} A & AQ+B \\ C & CQ+D \end{bmatrix}.$$

由于以上 6 种情况下，在 M 的左边或右边所乘的都是可逆方阵，而可逆阵为若干个初等阵的乘积，所以这些变换都是等价变换. 下面我们通过例题来展示分块阵初等变换的应用. 这些问题，若用普通矩阵的运算来处理是困难的.

命题 3.12　若 A,B 为 $m\times n$ 矩阵，则 $\mathrm{r}(A+B)\leqslant \mathrm{r}(A)+\mathrm{r}(B)$.

证明　由于

$$\begin{bmatrix} A & 0 \\ 0 & B \end{bmatrix}\to\begin{bmatrix} A & 0 \\ A & B \end{bmatrix}\to\begin{bmatrix} A & 0 \\ A+B & B \end{bmatrix},$$

故

$$\mathrm{r}(A+B)\leqslant \mathrm{r}\left(\begin{bmatrix} A & 0 \\ A+B & B \end{bmatrix}\right)=\mathrm{r}\left(\begin{bmatrix} A & 0 \\ 0 & B \end{bmatrix}\right)=\mathrm{r}(A+B).$$

例 3　若 A,B 为 n 阶方阵，求证 $|E-AB|=|E-BA|$.

证明　我们考虑分块阵$\begin{bmatrix} E & A \\ B & E \end{bmatrix}$的初等变换：

$$\begin{bmatrix} E & A \\ B & E \end{bmatrix}\to\begin{bmatrix} E & A \\ 0 & E-BA \end{bmatrix},\quad \begin{bmatrix} E & A \\ B & E \end{bmatrix}\to\begin{bmatrix} E-AB & 0 \\ B & E \end{bmatrix}.$$

将这两个分块阵的初等变换转化为等式：

$$\begin{bmatrix} E & 0 \\ -B & E \end{bmatrix}\begin{bmatrix} E & A \\ B & E \end{bmatrix}=\begin{bmatrix} E & A \\ 0 & E-BA \end{bmatrix},$$

$$\begin{bmatrix} E & -A \\ 0 & E \end{bmatrix}\begin{bmatrix} E & A \\ B & E \end{bmatrix}=\begin{bmatrix} E-AB & 0 \\ B & E \end{bmatrix};$$

在这两个等式的两边取行列式得到 $|E-AB|=|E-BA|$.

习　题　3.4

1. 计算：

(1) $\begin{bmatrix} 1 & 2 & 0 & 0 \\ -1 & 1 & 0 & 0 \\ 0 & 0 & 3 & 1 \\ 0 & 0 & 2 & -1 \end{bmatrix}\begin{bmatrix} -1 & 3 & 0 & 0 \\ 1 & 2 & 0 & 0 \\ 0 & 0 & 2 & 2 \\ 0 & 0 & -1 & 1 \end{bmatrix}$;

(2) $\begin{bmatrix} 1 & 2 & 1 & 0 \\ 0 & 1 & 0 & 1 \\ 0 & 0 & 2 & 1 \\ 0 & 0 & 0 & 3 \end{bmatrix}\begin{bmatrix} 1 & 0 & 3 & 1 \\ 0 & 1 & 2 & -1 \\ 0 & 0 & -2 & 3 \\ 0 & 0 & 0 & -3 \end{bmatrix}$.

2. 求下列矩阵的逆阵：

(1) $\begin{bmatrix} 5 & 2 & 0 & 0 \\ 2 & 1 & 0 & 0 \\ 0 & 0 & 8 & 3 \\ 0 & 0 & 5 & 2 \end{bmatrix}$；　　(2) $\begin{bmatrix} 0 & 0 & 5 & 2 \\ 0 & 0 & 2 & 1 \\ 8 & 3 & 0 & 0 \\ 5 & 2 & 0 & 0 \end{bmatrix}$.

3. 设矩阵 $\boldsymbol{A}$,$\boldsymbol{B}$ 都可逆,求$\begin{bmatrix} \boldsymbol{0} & \boldsymbol{A} \\ \boldsymbol{B} & \boldsymbol{0} \end{bmatrix}$的逆阵.

4. 设 $\boldsymbol{A}$ 为 m 阶方阵,$\boldsymbol{B}$ 为 n 阶方阵,$|\boldsymbol{A}|=a$,$|\boldsymbol{B}|=b$,求$\begin{vmatrix} \boldsymbol{0} & \boldsymbol{A} \\ \boldsymbol{B} & \boldsymbol{0} \end{vmatrix}$的值.

5. 设 $\boldsymbol{A}$,$\boldsymbol{B}$ 是 n 阶方阵,求证

$$\begin{vmatrix} \boldsymbol{A} & \boldsymbol{B} \\ \boldsymbol{B} & \boldsymbol{A} \end{vmatrix} = |\boldsymbol{A}+\boldsymbol{B}|\cdot|\boldsymbol{A}-\boldsymbol{B}|.$$

6. 设 $\boldsymbol{A}$,$\boldsymbol{B}$,$\boldsymbol{C}$,$\boldsymbol{D}$ 是 n 阶方阵,$\boldsymbol{A}$ 可逆,且 $\boldsymbol{AC}=\boldsymbol{CA}$,求证

$$\begin{vmatrix} \boldsymbol{A} & \boldsymbol{B} \\ \boldsymbol{C} & \boldsymbol{D} \end{vmatrix} = |\boldsymbol{AD}-\boldsymbol{CB}|.$$

7. 设 $\boldsymbol{A}$ 为 $m\times n$ 矩阵,$\boldsymbol{B}$ 为 $n\times s$ 矩阵：

(1) 求证 $\mathrm{r}(\boldsymbol{AB})\geqslant \mathrm{r}(\boldsymbol{A})+\mathrm{r}(\boldsymbol{B})-n$；

(2) 当 $\boldsymbol{AB}=\boldsymbol{0}$ 时,求证 $\mathrm{r}(\boldsymbol{A})+\mathrm{r}(\boldsymbol{B})\leqslant n$.

提示：讨论分块阵$\begin{bmatrix} -\boldsymbol{E}_n & \boldsymbol{B} \\ \boldsymbol{A} & \boldsymbol{0} \end{bmatrix}$的初等变换.

第 4 章　向量组的线性相关性

前三章,我们以讨论线性方程组为主线;作为工具,我们引入了矩阵及矩阵的秩. 事实上,矩阵也是线性代数中重要的主题. 本章中,我们将从向量组的角度进一步讨论矩阵与线性方程组. 为了从更高的角度讨论,我们引入了向量空间,并将其作为我们讨论的范畴.

本章的主要内容:

(1) 向量组的线性相关性;

(2) 向量组的秩及其与矩阵的秩的关系;

(3) 线性方程组解的结构;

(4) 向量空间及线性变换.

4.1　向量及其线性运算

1. 向量及其线性运算

在空间直角坐标系 $Oxyz$ 中,我们将起点为 $O(0,0,0)$,终点为 $A(a_1,a_2,a_3)$ 的有向线段 $\overrightarrow{OA}$ 称为(**几何**)**向量**,并将其与三元有序数组

$$(a_1,a_2,a_3)$$

等同. 这样,向量的加减和数乘运算转化为这些数组的运算. 若 $\vec{a}=(a_1,a_2,a_3)$,$\vec{b}=(b_1,b_2,b_3)$,$k\in\mathbb{R}$,则

$$\vec{a}+\vec{b}=(a_1+b_1,a_2+b_2,a_3+b_3),\quad k\vec{a}=(ka_1,ka_2,ka_3).$$

这样的数组就是一个 1×3 实矩阵,向量的加法就是两个矩阵的加法,数乘向量就是数乘矩阵.

我们称 $n\times1$ 实数矩阵 $(a_1,\cdots,a_n)^{\mathrm{T}}$ 为 n **维**(**实**)**列向量**,称 a_i 为此向量的第 i 个**坐标**;坐标全为零的向量 $(0,\cdots,0)^{\mathrm{T}}$ 称为**零向量**;一切 n 维列向量的集合记为 $\mathbb{R}^n$,称其为 n **维向量空间**. 同样,我们也称 $1\times n$ 实数矩阵为 n **维**(**实**)**行向量**. 由于在理论的表述上列向量更自然、更方便,**以后若没有特别声明,向量为列向量;有关列向量的理论都有对应的行向量理论**.

由于向量就是矩阵,故维数相同的向量可以相加,数与向量之间也有数乘运算;这两种运算称为向量的**线性运算**,即若 $\boldsymbol{\alpha},\boldsymbol{\beta}\in\mathbb{R}^n$,$k,l\in\mathbb{R}$,则 $k\boldsymbol{\alpha}+l\boldsymbol{\beta}\in\mathbb{R}^n$. 例如,在 $\mathbb{R}^3$ 中,我们有

$$\begin{bmatrix}a\\b\\c\end{bmatrix}=\begin{bmatrix}a\\0\\0\end{bmatrix}+\begin{bmatrix}0\\b\\0\end{bmatrix}+\begin{bmatrix}0\\0\\c\end{bmatrix}=a\begin{bmatrix}1\\0\\0\end{bmatrix}+b\begin{bmatrix}0\\1\\0\end{bmatrix}+c\begin{bmatrix}0\\0\\1\end{bmatrix}.$$

定义 1 令 $\boldsymbol{\beta},\boldsymbol{\alpha}_1,\cdots,\boldsymbol{\alpha}_m$ 为 n 维向量. 若存在常数 $k_1,\cdots,k_m$ 使得

$$\boldsymbol{\beta}=k_1\boldsymbol{\alpha}_1+\cdots+k_m\boldsymbol{\alpha}_m,$$

则称 $\boldsymbol{\beta}$ 可由 $\boldsymbol{\alpha}_1,\cdots,\boldsymbol{\alpha}_m$ **线性表示**或称 $\boldsymbol{\beta}$ 是 $\boldsymbol{\alpha}_1,\cdots,\boldsymbol{\alpha}_m$ 的**线性组合**.

注意：由矩阵运算知

$$k_1\boldsymbol{\alpha}_1+\cdots+k_m\boldsymbol{\alpha}_m=[\boldsymbol{\alpha}_1,\cdots,\boldsymbol{\alpha}_m]\begin{bmatrix}k_1\\ \vdots\\ k_m\end{bmatrix}.$$

例 1 向量空间 $\mathbb{R}^n$ 中的任何一个向量 $\boldsymbol{\alpha}=(a_1,a_2,\cdots,a_n)^{\mathrm{T}}$ 都可表示为向量组

$$\boldsymbol{e}_1=\begin{bmatrix}1\\0\\ \vdots\\0\end{bmatrix},\quad \boldsymbol{e}_2=\begin{bmatrix}0\\1\\ \vdots\\0\end{bmatrix},\quad \cdots,\quad \boldsymbol{e}_n=\begin{bmatrix}0\\0\\ \vdots\\1\end{bmatrix}$$

的线性组合，这是因为 $\boldsymbol{\alpha}=a_1\boldsymbol{e}_1+a_2\boldsymbol{e}_2+\cdots+a_n\boldsymbol{e}_n$.

注：以后，$\boldsymbol{e}_1,\boldsymbol{e}_2,\cdots,\boldsymbol{e}_n$ 作为专用符号使用.

例 2 求证任意 3 维向量 $\boldsymbol{\beta}=(a,b,c)^{\mathrm{T}}$ 都可表示为向量组

$$\boldsymbol{\alpha}_1=(1,0,0)^{\mathrm{T}},\quad \boldsymbol{\alpha}_2=(1,1,0)^{\mathrm{T}},\quad \boldsymbol{\alpha}_3=(1,1,1)^{\mathrm{T}}$$

的线性组合，并写出表示关系.

解 令 $\boldsymbol{\beta}=x_1\boldsymbol{\alpha}_1+x_2\boldsymbol{\alpha}_2+x_3\boldsymbol{\alpha}_3$，即

$$\begin{bmatrix}1&1&1\\0&1&1\\0&0&1\end{bmatrix}\begin{bmatrix}x_1\\x_2\\x_3\end{bmatrix}=\begin{bmatrix}a\\b\\c\end{bmatrix}.$$

此方程组的系数矩阵可逆，因而方程组有唯一一组解. 解为

$$x_1=a-b,\ x_2=b-c,\ x_3=c;$$

从而

$$\boldsymbol{\beta}=(a-b)\boldsymbol{\alpha}_1+(b-c)\boldsymbol{\alpha}_2+c\boldsymbol{\alpha}_3.$$

评注：对于线性方程组

$$\begin{cases}a_{11}x_1+a_{12}x_2+\cdots+a_{1n}x_n=b_1\\ a_{21}x_1+a_{22}x_2+\cdots+a_{2n}x_n=b_2\\ \qquad\cdots\cdots\\ a_{m1}x_1+a_{m2}x_2+\cdots+a_{mn}x_n=b_m\end{cases},$$

若写其系数阵 $\boldsymbol{A}=[\boldsymbol{\alpha}_1,\cdots,\boldsymbol{\alpha}_n]$，$\boldsymbol{\beta}=(b_1,\cdots,b_m)^{\mathrm{T}}$，则此方程组就是

$$x_1\boldsymbol{\alpha}_1+\cdots+x_n\boldsymbol{\alpha}_n=\boldsymbol{\beta};$$

从而，此方程组有解等价于 $\boldsymbol{\beta}$ 可由向量组 $\boldsymbol{\alpha}_1,\cdots,\boldsymbol{\alpha}_n$ 线性表示.

命题 4.1 **对于矩阵 $\boldsymbol{A}=[\boldsymbol{\alpha}_1,\cdots,\boldsymbol{\alpha}_n]\in\mathbb{R}^{m\times n}$，则存在不全为 0 的数 $k_1,\cdots,k_n$ 使得 $k_1\boldsymbol{\alpha}_1+\cdots+k_n\boldsymbol{\alpha}_n=\boldsymbol{0}\Leftrightarrow \mathrm{r}(\boldsymbol{A})<n$.**

证明 由于 $x_1\boldsymbol{\alpha}_1+\cdots+x_n\boldsymbol{\alpha}_n=\boldsymbol{0}$就是齐次线性方程组

$$[\boldsymbol{\alpha}_1,\cdots,\boldsymbol{\alpha}_n]\begin{bmatrix}x_1\\ \vdots\\ x_n\end{bmatrix}=\boldsymbol{0},$$

而此方程有非零解的充要条件就是 $\mathrm{r}(\boldsymbol{A})<n$.

例 3 给定向量组 $\mathcal{A}$: $\boldsymbol{\alpha}_1,\cdots,\boldsymbol{\alpha}_m(m\geqslant 2)$. 求证：$\mathcal{A}$ 中至少有一个向量可以由其余的 $m-1$个向量线性表示 $\Leftrightarrow$ 存在一组不全为 0 的数 $k_1,\cdots,k_m$ 使得 $k_1\boldsymbol{\alpha}_1+\cdots+k_m\boldsymbol{\alpha}_m=\boldsymbol{0}$.

证明 ($\Rightarrow$) 不妨设

$$\boldsymbol{\alpha}_1=k_2\boldsymbol{\alpha}_2+\cdots+k_m\boldsymbol{\alpha}_m,$$

则有

$$k_1\boldsymbol{\alpha}_1+k_2\boldsymbol{\alpha}_2+\cdots+k_n\boldsymbol{\alpha}_n=\boldsymbol{0},\quad k_1=-1\neq 0.$$

($\Leftarrow$) 设不全为 0 的数 $k_1,\cdots,k_m$ 满足

$$k_1\boldsymbol{\alpha}_1+k_2\boldsymbol{\alpha}_2+\cdots+k_m\boldsymbol{\alpha}_m=0.$$

若 $k_1\neq 0$，则

$$\boldsymbol{\alpha}_1=(-k_1^{-1}k_2)\boldsymbol{\alpha}_2+\cdots+(-k_1^{-1}k_m)\boldsymbol{\alpha}_m,$$

即 $\boldsymbol{\alpha}_1$ 可由其余的向量线性表示；同理，若 $k_i\neq 0$，有 $\boldsymbol{\alpha}_i$ 可由其余的向量线性表示.

2. 向量组的等价

定义 2 对两个给定的向量组

$$\mathcal{A}:\boldsymbol{\alpha}_1,\cdots,\boldsymbol{\alpha}_r;\quad \mathcal{B}:\boldsymbol{\beta}_1,\cdots,\boldsymbol{\beta}_s.$$

若$\mathcal{A}$中的每个向量都可由$\mathcal{B}$中的向量线性表示，则称**$\mathcal{A}$可由$\mathcal{B}$线性表示**. 若两个向量组能相互线性表示，则称它们**等价**.

命题 4.2 **向量组$\mathcal{A}$: $\boldsymbol{\alpha}_1,\cdots,\boldsymbol{\alpha}_r$ 可由向量组$\mathcal{B}$: $\boldsymbol{\beta}_1,\cdots,\boldsymbol{\beta}_s$ 线性表示等同于存在一个 $s\times r$ 矩阵 $\boldsymbol{K}$ 使得**

$$[\boldsymbol{\alpha}_1,\cdots,\boldsymbol{\alpha}_r]=[\boldsymbol{\beta}_1,\cdots,\boldsymbol{\beta}_s]\boldsymbol{K}.$$

证明 若$\mathcal{A}$可由$\mathcal{B}$线性表示，则存在 $s\times r$ 个数 k_{ij}使得

$$\boldsymbol{\alpha}_1=[\boldsymbol{\beta}_1,\cdots,\boldsymbol{\beta}_s]\begin{bmatrix}k_{11}\\ \vdots\\ k_{s1}\end{bmatrix},\quad\cdots,\quad \boldsymbol{\alpha}_r=[\boldsymbol{\beta}_1,\cdots,\boldsymbol{\beta}_s]\begin{bmatrix}k_{1r}\\ \vdots\\ k_{sr}\end{bmatrix}.$$

令 $\boldsymbol{K}=[k_{ij}]_{s\times r}$，则上述 r 个等式等同于

$$[\boldsymbol{\alpha}_1,\cdots,\boldsymbol{\alpha}_r]=[\boldsymbol{\beta}_1,\cdots,\boldsymbol{\beta}_s]\boldsymbol{K}.$$

反之是明显的.

推论 **若向量组 $\boldsymbol{\alpha}_1,\cdots,\boldsymbol{\alpha}_r$ 可由向量组 $\boldsymbol{\beta}_1,\cdots,\boldsymbol{\beta}_s$ 线性表示，则**

$$\mathrm{r}([\boldsymbol{\alpha}_1,\cdots,\boldsymbol{\alpha}_r])\leqslant \mathrm{r}([\boldsymbol{\beta}_1,\cdots,\boldsymbol{\beta}_s]);$$

特别是,当这两个向量组等价时,有

$$\mathrm{r}([\boldsymbol{\alpha}_1,\cdots,\boldsymbol{\alpha}_r])=\mathrm{r}([\boldsymbol{\beta}_1,\cdots,\boldsymbol{\beta}_s]).$$

证明 由上述命题和命题3.11知

$$\mathrm{r}([\boldsymbol{\alpha}_1,\cdots,\boldsymbol{\alpha}_r])=\mathrm{r}([\boldsymbol{\beta}_1,\cdots,\boldsymbol{\beta}_s]\boldsymbol{K})\leqslant \mathrm{r}([\boldsymbol{\beta}_1,\cdots,\boldsymbol{\beta}_s]).$$

习 题 4.1

1. 将向量$\boldsymbol{\beta}$表示成$\boldsymbol{\alpha}_1,\boldsymbol{\alpha}_2,\boldsymbol{\alpha}_3,\boldsymbol{\alpha}_4$的线性组合:

(1) $\begin{cases}\boldsymbol{\alpha}_1=(1,\ 1,\ 1,\ 1)^{\mathrm{T}}\\ \boldsymbol{\alpha}_2=(1,\ 1,-1,-1)^{\mathrm{T}}\\ \boldsymbol{\alpha}_3=(1,-1,\ 1,-1)^{\mathrm{T}}\\ \boldsymbol{\alpha}_4=(1,-1,-1,\ 1)^{\mathrm{T}}\\ \boldsymbol{\beta}=(1,\ 2,\ 1,\ 1)^{\mathrm{T}}\end{cases}$;　　(2) $\begin{cases}\boldsymbol{\alpha}_1=(1,1,\ 0,\ 1)\\ \boldsymbol{\alpha}_2=(2,1,\ 3,\ 1)\\ \boldsymbol{\alpha}_3=(1,1,\ 0,\ 0)\\ \boldsymbol{\alpha}_4=(0,1,-1,-1)\\ \boldsymbol{\beta}=(1,1,\ 1,\ 1)\end{cases}$.

2. 下列向量组中$\boldsymbol{\beta}$可由$\boldsymbol{\alpha}_1,\boldsymbol{\alpha}_2,\boldsymbol{\alpha}_3$线性表示,求$\lambda$:

(1) $\begin{cases}\boldsymbol{\alpha}_1=(2,\ 3,5)^{\mathrm{T}}\\ \boldsymbol{\alpha}_2=(3,\ 7,8)^{\mathrm{T}}\\ \boldsymbol{\alpha}_3=(1,-6,1)^{\mathrm{T}}\\ \boldsymbol{\beta}=(7,-2,\lambda)^{\mathrm{T}}\end{cases}$;　　(2) $\begin{cases}\boldsymbol{\alpha}_1=(4,4,3)\\ \boldsymbol{\alpha}_2=(7,2,1)\\ \boldsymbol{\alpha}_3=(4,1,6)\\ \boldsymbol{\beta}=(5,9,\lambda)\end{cases}$.

3. 已知

$$\begin{cases}\boldsymbol{\alpha}_1=(1,\ 0,\ 2,\ 3)^{\mathrm{T}}\\ \boldsymbol{\alpha}_2=(1,\ 1,\ 3,\ 5)^{\mathrm{T}}\\ \boldsymbol{\alpha}_3=(1,-1,a+2,\ 1)^{\mathrm{T}},\\ \boldsymbol{\alpha}_4=(1,\ 2,\ 4,\ a+8)^{\mathrm{T}}\\ \boldsymbol{\beta}=(1,\ 1,b+3,\ 5)^{\mathrm{T}}\end{cases}$$

求$\boldsymbol{\beta}$可由$\boldsymbol{\alpha}_1,\boldsymbol{\alpha}_2,\boldsymbol{\alpha}_3,\boldsymbol{\alpha}_4$线性表示的条件,且写出表示关系.

4. 在空间直角坐标系$Oxyz$中,求证3个向量

$$\boldsymbol{\alpha}_1=\begin{bmatrix}a_{11}\\a_{21}\\a_{31}\end{bmatrix},\quad \boldsymbol{\alpha}_2=\begin{bmatrix}a_{12}\\a_{22}\\a_{32}\end{bmatrix},\quad \boldsymbol{\alpha}_3=\begin{bmatrix}a_{13}\\a_{23}\\a_{33}\end{bmatrix}$$

共面$\Leftrightarrow$行列式$|a_{ij}|_3=0$.

5. 给定向量组$\mathcal{A}$,$\mathcal{B}$和$\mathcal{C}$. 若$\mathcal{A}$可由$\mathcal{B}$线性表示,$\mathcal{B}$可由$\mathcal{B}$线表性示,求证$\mathcal{C}$可由$\mathcal{C}$线性表示.

6. 设$\boldsymbol{\alpha}_1,\cdots,\boldsymbol{\alpha}_n\in\mathbb{R}^n$,且向量组$\boldsymbol{e}_1,\cdots,\boldsymbol{e}_n$可由$\boldsymbol{\alpha}_1,\cdots,\boldsymbol{\alpha}_n$线性表示,求证矩阵$[\boldsymbol{\alpha}_1,\cdots,\boldsymbol{\alpha}_n]$可逆.

7. 设$\boldsymbol{\alpha}_1,\cdots,\boldsymbol{\alpha}_n\in\mathbb{R}^n$,求证:矩阵$[\boldsymbol{\alpha}_1,\cdots,\boldsymbol{\alpha}_n]$可逆$\Leftrightarrow\mathbb{R}^n$中任何一个向量都可由$\boldsymbol{\alpha}_1,\cdots,\boldsymbol{\alpha}_n$线性表示.

4.2 向量组的线性相关性

1. 向量组的线性相关性

在上一节中,我们看到,当 $n\geqslant 2$ 时,向量组 $\boldsymbol{\alpha}_1,\cdots,\boldsymbol{\alpha}_n$ 中有一个向量可由其余的向量线性表示等同于齐次线性方程组

$$x_1\boldsymbol{\alpha}_1+\cdots+x_n\boldsymbol{\alpha}_n=\mathbf{0}$$

有非零解,而这又等同于矩阵 $\boldsymbol{A}=[\boldsymbol{\alpha}_1,\cdots,\boldsymbol{\alpha}_n]$ 的秩 $\mathrm{r}(\boldsymbol{A})<n$. 下面我们将更全面(包括 $n=1$ 的情况)地讨论此问题.

定义 1 给定一个向量组 $\mathcal{A}$: $\boldsymbol{\alpha}_1,\cdots,\boldsymbol{\alpha}_m\in\mathbb{R}^n$. 若存在一组不全为 0 的数 $k_1,\cdots,k_m$ 使

$$k_1\boldsymbol{\alpha}_1+\cdots+k_m\boldsymbol{\alpha}_m=\mathbf{0},$$

则称向量组 $\mathcal{A}$ **线性相关**;否则,称此向量组**线性无关**,即此向量组线性无关等同于以 $x_1,\cdots,x_m$ 为未知数的方程

$$x_1\boldsymbol{\alpha}_1+\cdots+x_m\boldsymbol{\alpha}_m=\mathbf{0}$$

仅有零解.

例 1 若 $\boldsymbol{\alpha}_1=(1,1)^{\mathrm{T}},\boldsymbol{\alpha}_2=(1,-2)^{\mathrm{T}},\boldsymbol{\alpha}_3=(3,0)^{\mathrm{T}}$,则向量组 $\boldsymbol{\alpha}_1,\boldsymbol{\alpha}_2,\boldsymbol{\alpha}_3$ 线性相关. 这是因为 $2\boldsymbol{\alpha}_1+\boldsymbol{\alpha}_2+(-1)\boldsymbol{\alpha}_3=\mathbf{0}$.

例 2 由 n 个 n 维向量

$$\boldsymbol{e}_1=(1,0,\cdots,0)^{\mathrm{T}},\quad \boldsymbol{e}_2=(0,1,\cdots,0)^{\mathrm{T}},\ \cdots,\ \boldsymbol{e}_n=(0,0,\cdots,1)^{\mathrm{T}}$$

构成的向量组线性无关. 事实上,由

$$k_1\boldsymbol{e}_1+k_2\boldsymbol{e}_2+\cdots+k_n\boldsymbol{e}_n=\mathbf{0}$$

可推出 $k_1=k_2=\cdots=k_n=0$.

命题 4.3 向量 $\boldsymbol{\alpha}$ 线性无关 $\Leftrightarrow$ $\boldsymbol{\alpha}\neq\mathbf{0}$.

证明 由于 $\boldsymbol{\alpha}=(a_1,\cdots,a_n)^{\mathrm{T}}$ 线性无关等同于齐次线性方程组

$$(a_1,\cdots,a_n)^{\mathrm{T}}x_1=\mathbf{0}$$

仅有零解,这等同于矩阵$(a_1,\cdots,a_n)^{\mathrm{T}}$ 的秩为 1,即 $a_1,\cdots,a_n$ 中至少有一个不为 0,即 $\boldsymbol{\alpha}\neq\mathbf{0}$.

命题 4.4 向量组 $\boldsymbol{\alpha}_1,\cdots,\boldsymbol{\alpha}_m$($m\geqslant 2$)线性相关 $\Leftrightarrow$ $\boldsymbol{\alpha}_1,\cdots,\boldsymbol{\alpha}_m$ 中至少有一个向量可由其余的 $m-1$ 个向量线性表示.

证明 这就是上一节的例 3.

推论 两个向量

$$\boldsymbol{\alpha}=(a_1,\cdots,a_n)^{\mathrm{T}},\quad \boldsymbol{\beta}=(b_1,\cdots,b_n)^{\mathrm{T}}$$

线性相关 $\Leftrightarrow$ 这两个向量的坐标对应成比例.

证明 由命题4.4知，$\boldsymbol{\alpha},\boldsymbol{\beta}$ 线性相关 $\Leftrightarrow \boldsymbol{\alpha}=k\boldsymbol{\beta}$ 或 $\boldsymbol{\beta}=k\boldsymbol{\alpha}$，而这就是 $a_i=kb_i(i=1,\cdots,n)$ 或 $b_i=ka_i(i=1,\cdots,n)$.

2. 向量组线性相关性的判定

如何有效地判定一组向量的线性相关性，即这组向量是线性相关的，还是线性无关的. 用线性相关性的语言写出上一节命题4.1的逆否命题，我们就得到有关向量组线性相关性的基本定理.

定理4.1 **矩阵 $\boldsymbol{A}=[\boldsymbol{\alpha}_1,\cdots,\boldsymbol{\alpha}_n]$ 的列向量组 $\boldsymbol{\alpha}_1,\cdots,\boldsymbol{\alpha}_n$ 线性无关 $\Leftrightarrow \mathrm{r}(\boldsymbol{A})=n$.**

评注：(1) 定理4.1说明，要判定一组列向量 $\boldsymbol{\alpha}_1,\cdots,\boldsymbol{\alpha}_n$ 的线性相关性，只需考察矩阵 $\boldsymbol{A}=[\boldsymbol{\alpha}_1,\cdots,\boldsymbol{\alpha}_n]$ 的秩 $\mathrm{r}(\boldsymbol{A})$ 与这组向量个数之间的关系. 若 $\mathrm{r}(\boldsymbol{A})=n$，这组向量就是线性无关；若 $\mathrm{r}(\boldsymbol{A})<n$，这组向量就是线性相关. 这样，我们就可以很方便地应用矩阵的理论来讨论向量组的线性相关性.

(2) 将定理4.1写为行向量的形式为"**矩阵 $\boldsymbol{A}=[a_{ij}]_{m\times n}$ 的行向量组 $\boldsymbol{\beta}_1,\cdots,\boldsymbol{\beta}_m$ 线性无关 $\Leftrightarrow \mathrm{r}(\boldsymbol{A})=m$**".

推论1 **方阵 $\boldsymbol{A}$ 的列向量组线性无关 $\Leftrightarrow |\boldsymbol{A}|\neq 0$.**

证明 由上述定理，向量组 $\boldsymbol{\alpha}_1,\cdots,\boldsymbol{\alpha}_n\in\mathbb{R}^n$ 线性无关的充要条件为矩阵 $\boldsymbol{A}=[\boldsymbol{\alpha}_1,\cdots,\boldsymbol{\alpha}_n]$ 的秩 $\mathrm{r}(\boldsymbol{A})=n$，而这等同于 $|\boldsymbol{A}|\neq 0$.

推论2 **$n+1$ 个 n 维向量一定线性相关.**

证明 由于 $n+1$ 个 n 维列向量构成的矩阵 $\boldsymbol{A}$ 为 $n\times(n+1)$ 的，从而有

$$\mathrm{r}(\boldsymbol{A})\leqslant n<n+1,$$

即 $\boldsymbol{A}$ 的秩小于列数；再由上述定理知这组向量线性相关.

例3 讨论向量组

$$\boldsymbol{\alpha}_1=(3,1,0,2)^{\mathrm{T}},\ \boldsymbol{\alpha}_2=(1,-1,2,-1)^{\mathrm{T}},\ \boldsymbol{\alpha}_3=(1,3,-4,4)^{\mathrm{T}}$$

的线性相关性.

解 讨论矩阵 $\boldsymbol{A}=[\boldsymbol{\alpha}_1,\boldsymbol{\alpha}_2,\boldsymbol{\alpha}_3]$ 的秩. 但由于 $\mathrm{r}(\boldsymbol{A})=\mathrm{r}(\boldsymbol{A}^{\mathrm{T}})$，而我们更习惯对矩阵进行行初等变换，故我们对 $\boldsymbol{A}^{\mathrm{T}}$ 进行行初等变换：

$$\boldsymbol{A}^{\mathrm{T}}\to\begin{bmatrix}1&-1&2&-1\\1&3&-4&4\\3&1&0&2\end{bmatrix}\to\begin{bmatrix}1&-1&2&-1\\0&4&-6&5\\0&4&-6&5\end{bmatrix}\to\begin{bmatrix}1&-1&2&-1\\0&4&-6&5\\0&0&0&0\end{bmatrix};$$

由此知 $\mathrm{r}(\boldsymbol{A})=2<3$，从而向量组线性相关. 事实上，$\boldsymbol{\alpha}_1=2\boldsymbol{\alpha}_2+\boldsymbol{\alpha}_3$.

例4 设向量组 $\boldsymbol{\alpha}_1,\boldsymbol{\alpha}_2,\boldsymbol{\alpha}_3$ 线性无关. 令

$$\boldsymbol{\beta}_1=\boldsymbol{\alpha}_1+\boldsymbol{\alpha}_2,\ \boldsymbol{\beta}_2=\boldsymbol{\alpha}_2+\boldsymbol{\alpha}_3,\ \boldsymbol{\beta}_3=\boldsymbol{\alpha}_3+\boldsymbol{\alpha}_1,$$

求证向量组 $\boldsymbol{\beta}_1,\boldsymbol{\beta}_2,\boldsymbol{\beta}_3$ 也线性无关.

证明 1 由于

$$[\boldsymbol{\beta}_1,\boldsymbol{\beta}_2,\boldsymbol{\beta}_3]=[\boldsymbol{\alpha}_1,\boldsymbol{\alpha}_2,\boldsymbol{\alpha}_3]\begin{bmatrix}1&0&1\\1&1&0\\0&1&1\end{bmatrix},\quad\begin{vmatrix}1&0&1\\1&1&0\\0&1&1\end{vmatrix}\neq 0,$$

故

$$\mathrm{r}([\boldsymbol{\beta}_1,\boldsymbol{\beta}_2,\boldsymbol{\beta}_3])=\mathrm{r}([\boldsymbol{\alpha}_1,\boldsymbol{\alpha}_2,\boldsymbol{\alpha}_3])=3,$$

因而向量组 $\boldsymbol{\beta}_1,\boldsymbol{\beta}_2,\boldsymbol{\beta}_3$ 线性无关.

证明 2 令 $k_1\boldsymbol{\beta}_1+k_2\boldsymbol{\beta}_2+k_3\boldsymbol{\beta}_3=\mathbf{0}$,则得到

$$(k_1+k_3)\boldsymbol{\alpha}_1+(k_1+k_2)\boldsymbol{\alpha}_2+(k_2+k_3)\boldsymbol{\alpha}_3=\mathbf{0};$$

而由于 $\boldsymbol{\alpha}_1,\boldsymbol{\alpha}_2,\boldsymbol{\alpha}_3$ 线性无关,故

$$\begin{cases}k_1+k_3=0\\k_1+k_2=0;\\k_2+k_3=0\end{cases}$$

由此解出 $k_1=k_2=k_3=0$. 由定义知向量组 $\boldsymbol{\beta}_1,\boldsymbol{\beta}_2,\boldsymbol{\beta}_3$ 线性无关.

例 5 给定两个向量组:

$$\mathcal{A}:\boldsymbol{\alpha}_1,\cdots,\boldsymbol{\alpha}_r;\quad \mathcal{B}:\boldsymbol{\beta}_1,\cdots,\boldsymbol{\beta}_r,$$

而且 $\mathcal{A}$ 可由 $\mathcal{B}$ 线性表示. 若 $\mathcal{A}$ 线性无关,求证 $\mathcal{B}$ 也线性无关,且 $\mathcal{A}$ 与 $\mathcal{B}$ 等价.

证明 由于 $\mathcal{A}$ 可由 $\mathcal{B}$ 线性表示,故存在一个 $r\times r$ 方阵 $\boldsymbol{K}$ 使

$$[\boldsymbol{\alpha}_1,\cdots,\boldsymbol{\alpha}_r]=[\boldsymbol{\beta}_1,\cdots,\boldsymbol{\beta}_r]\boldsymbol{K},$$

这里的 $\boldsymbol{K}$ 必是可逆的;否则记上式为 $\boldsymbol{A}=\boldsymbol{BK}$,则

$$\mathrm{r}(\boldsymbol{A})=\mathrm{r}(\boldsymbol{BK})\leqslant\mathrm{r}(\boldsymbol{K})<r;$$

但由定理 4.1 知 $\mathrm{r}(\boldsymbol{A})=r$. 由 $\boldsymbol{K}$ 可逆得到

$$[\boldsymbol{\beta}_1,\cdots,\boldsymbol{\beta}_r]=[\boldsymbol{\alpha}_1,\cdots,\boldsymbol{\alpha}_r]\boldsymbol{K}^{-1}.$$

于是 $\mathrm{r}(\boldsymbol{B})=\mathrm{r}(\boldsymbol{AK}^{-1})=\mathrm{r}(\boldsymbol{A})=r$,从而向量组 $\mathcal{B}$ 线性无关. 上式也说明 $\mathcal{B}$ 也可由 $\mathcal{A}$ 线性表示,因而 $\mathcal{A}$ 与 $\mathcal{B}$ 等价.

命题 4.5 若向量组 $\boldsymbol{\alpha}_1,\cdots,\boldsymbol{\alpha}_r$ 可由向量组 $\boldsymbol{\beta}_1,\cdots,\boldsymbol{\beta}_s$ 线性表示,且 $\boldsymbol{\alpha}_1,\cdots,\boldsymbol{\alpha}_r$ 线性无关,则 $r\leqslant s$.

证明 由条件知,存在一个矩阵 $\boldsymbol{K}$ 使得

$$[\boldsymbol{\alpha}_1,\cdots,\boldsymbol{\alpha}_r]=[\boldsymbol{\beta}_1,\cdots,\boldsymbol{\beta}_s]\boldsymbol{K}.$$

记上式为 $\boldsymbol{A}=\boldsymbol{BK}$,则

$$r=\mathrm{r}(\boldsymbol{A})=\mathrm{r}(\boldsymbol{BK})\leqslant\mathrm{r}(\boldsymbol{B})\leqslant s.$$

推论 若两个线性无关的向量组等价,则它们所含向量的个数必相同.

证明 若向量组 $\boldsymbol{\alpha}_1,\cdots,\boldsymbol{\alpha}_r$ 和 $\boldsymbol{\beta}_1,\cdots,\boldsymbol{\beta}_s$ 等价,且都线性无关,则由命题 4.5,有 $r\leqslant s$ 和 $r\geqslant s$,从而 $r=s$.

习 题 4.2

1. 判别下列命题的真假,举反例或证明:

(1) 若向量组 $\boldsymbol{\alpha}_1,\cdots,\boldsymbol{\alpha}_m$ 中含有零向量,则此向量组线性相关.

(2) 在一个线性相关的向量组中再加入一个同维数的向量后,这个新的向量组还是线性相关的.

(3) 在一个线性无关的向量组(向量多余 1 个)中去掉一个向量后,这个新的向量组还是线性无关的.

(4) 一个向量组是否线性相关与向量组中的向量次序无关.

(5) 若向量组 $\boldsymbol{\alpha}_1,\boldsymbol{\alpha}_2,\cdots,\boldsymbol{\alpha}_m$ 线性无关,则 $k\boldsymbol{\alpha}_1,\boldsymbol{\alpha}_2,\cdots,\boldsymbol{\alpha}_m$ 也是线性无关的向量组.

(6) 若向量组 $\boldsymbol{\alpha}_1,\boldsymbol{\alpha}_2,\cdots,\boldsymbol{\alpha}_m$ 线性相关,则 $\boldsymbol{\alpha}_1+k\boldsymbol{\alpha}_2,\boldsymbol{\alpha}_2,\cdots,\boldsymbol{\alpha}_m$ 也是线性相关的向量组.

(7) 同时对换一组向量的第 1 个与第 2 个坐标不会改变此向量组的线性相关性.

(8) 若 m 个 n 维向量 $\boldsymbol{\alpha}_1,\boldsymbol{\alpha}_2,\cdots,\boldsymbol{\alpha}_m$ 是线性无关的,同时给它们加上第 $n+1$ 个坐标得到 m 个 $n+1$ 维向量 $\boldsymbol{\beta}_1,\boldsymbol{\beta}_2,\cdots,\boldsymbol{\beta}_m$,则这组新的向量还是线性无关的.

2. 判别下列向量组的线性相关性:

(1) $\begin{cases}\boldsymbol{\alpha}_1=(1,-2,3,-4)^{\mathrm{T}}\\ \boldsymbol{\alpha}_2=(0,1,-1,-1)^{\mathrm{T}}\\ \boldsymbol{\alpha}_3=(1,3,0,1)^{\mathrm{T}}\\ \boldsymbol{\alpha}_4=(0,-7,3,1)^{\mathrm{T}}\end{cases}$;

(2) $\begin{cases}\boldsymbol{\alpha}_1=(1,3,5,-4,0)\\ \boldsymbol{\alpha}_2=(1,3,2,-2,1)\\ \boldsymbol{\alpha}_3=(1,-2,1,-1,-1)\\ \boldsymbol{\alpha}_4=(1,-4,1,1,-1)\end{cases}$;

(3) $\begin{cases}\boldsymbol{\alpha}_1=(1,2,3,-1)^{\mathrm{T}}\\ \boldsymbol{\alpha}_2=(3,2,1,-1)^{\mathrm{T}}\\ \boldsymbol{\alpha}_3=(2,3,1,1)^{\mathrm{T}}\\ \boldsymbol{\alpha}_4=(2,2,2,-1)^{\mathrm{T}}\\ \boldsymbol{\alpha}_5=(2,2,2,-1)^{\mathrm{T}}\end{cases}$

(4) $\begin{cases}\boldsymbol{\alpha}_1=(1,-1,0,0,0)\\ \boldsymbol{\alpha}_2=(0,1,-1,0,0)\\ \boldsymbol{\alpha}_3=(0,0,1,-1,0)\\ \boldsymbol{\alpha}_4=(-1,0,0,0,1)\end{cases}$;

3. 设 m 个 n 维向量 $\boldsymbol{\alpha}_1,\boldsymbol{\alpha}_2,\cdots,\boldsymbol{\alpha}_m$ 是线性无关的,求证向量组

$$\boldsymbol{\beta}_1=\boldsymbol{\alpha}_1,\ \boldsymbol{\beta}_2=\boldsymbol{\alpha}_1+\boldsymbol{\alpha}_2,\ \cdots,\ \boldsymbol{\beta}_m=\boldsymbol{\alpha}_1+\boldsymbol{\alpha}_2+\cdots+\boldsymbol{\alpha}_m$$

也线性无关.

4. 设 $\boldsymbol{\alpha}_1,\boldsymbol{\alpha}_2,\boldsymbol{\alpha}_3,\boldsymbol{\alpha}_4$ 为任意 4 个 n 维向量,求证向量组

$$\boldsymbol{\beta}_1=\boldsymbol{\alpha}_1+\boldsymbol{\alpha}_2,\ \boldsymbol{\beta}_2=\boldsymbol{\alpha}_2+\boldsymbol{\alpha}_3,\ \boldsymbol{\beta}_3=\boldsymbol{\alpha}_3+\boldsymbol{\alpha}_4,\ \boldsymbol{\beta}_4=\boldsymbol{\alpha}_4+\boldsymbol{\alpha}_1$$

线性相关.

5. 设 $\boldsymbol{\alpha}_1,\boldsymbol{\alpha}_2,\boldsymbol{\alpha}_3,\boldsymbol{\alpha}_4$ 为 4 个线性无关的 n 维向量,且有

$$\begin{cases}\boldsymbol{\alpha}_1=\boldsymbol{\beta}_1-\boldsymbol{\beta}_2-\boldsymbol{\beta}_3-\boldsymbol{\beta}_4\\ \boldsymbol{\alpha}_2=-\boldsymbol{\beta}_1+\boldsymbol{\beta}_2-\boldsymbol{\beta}_3-\boldsymbol{\beta}_4\\ \boldsymbol{\alpha}_3=-\boldsymbol{\beta}_1-\boldsymbol{\beta}_2+\boldsymbol{\beta}_3-\boldsymbol{\beta}_4\\ \boldsymbol{\alpha}_4=-\boldsymbol{\beta}_1-\boldsymbol{\beta}_2-\boldsymbol{\beta}_3+\boldsymbol{\beta}_4\end{cases},$$

求证向量组 $\boldsymbol{\beta}_1,\boldsymbol{\beta}_2,\boldsymbol{\beta}_3,\boldsymbol{\beta}_4$ 也线性无关.

6. 设 $\boldsymbol{\beta}_1,\cdots,\boldsymbol{\beta}_m$ 是 m 个线性无关的 n 维向量，且 $\boldsymbol{P}$ 是 n 阶可逆方阵. 求证向量组 $\boldsymbol{P\beta}_1,\cdots,\boldsymbol{P\beta}_m$ 也线性无关.

7. 设 $\boldsymbol{A}\in\mathbb{R}^{n\times n}$，$\boldsymbol{0}\neq\boldsymbol{\beta}\in\mathbb{R}^n$，且 $\boldsymbol{A}^k\boldsymbol{\beta}\neq\boldsymbol{0}$，$\boldsymbol{A}^{k+1}\boldsymbol{\beta}=\boldsymbol{0}$（$k$ 是自然数），求证向量组 $\boldsymbol{\beta},\boldsymbol{A\beta},\boldsymbol{A}^2\boldsymbol{\beta},\cdots,\boldsymbol{A}^k\boldsymbol{\beta}$ 线性无关.

8. 设向量组 $\boldsymbol{\alpha}_1,\cdots,\boldsymbol{\alpha}_m$ 线性无关，而向量组 $\boldsymbol{\beta},\boldsymbol{\alpha}_1,\cdots,\boldsymbol{\alpha}_m$ 线性相关，求证 $\boldsymbol{\beta}$ 可由向量组 $\boldsymbol{\alpha}_1,\cdots,\boldsymbol{\alpha}_m$ 唯一地线性表示.

9. 给定一个 n 维向量组 $\boldsymbol{\alpha}_1,\cdots,\boldsymbol{\alpha}_m$，其中后一个向量不能由前面的向量线性表示，且 $\boldsymbol{\alpha}_1\neq\boldsymbol{0}$，求证此向量组线性无关.

4.3 向量组的秩

1. 向量组的秩

定义 1 （1）若向量组 $\mathcal{A}$ 中有 $r(r\geqslant 1)$ 个向量线性无关，而 $\mathcal{A}$ 中任何 $r+1$ 个向量（若存在）都线性相关，则称数 r 为向量组 $\mathcal{A}$ 的**秩**，记为 $r(\mathcal{A})$；仅含有零向量的向量组的秩约定为 0.

（2）若向量组 $\mathcal{A}$ 的秩为 $r(r\geqslant 1)$，则 $\mathcal{A}$ 中任何 r 个线性无关的向量构成的向量组称为 $\mathcal{A}$ 的一个**极大无关组**.

例如，向量组 $\boldsymbol{\alpha}_1=(1,\ 0)^{\mathrm{T}}$，$\boldsymbol{\alpha}_2=(0,\ 1)^{\mathrm{T}}$，$\boldsymbol{\alpha}_3=(1,\ 1)^{\mathrm{T}}$ 的秩为 2；向量组 $\boldsymbol{\alpha}_1,\boldsymbol{\alpha}_2$；$\boldsymbol{\alpha}_1,\boldsymbol{\alpha}_3$；$\boldsymbol{\alpha}_2,\boldsymbol{\alpha}_3$ 都是此向量组的极大无关组.

由此定义，我们明显有下面的命题.

命题 4.6 **向量组** $\mathcal{A}:\boldsymbol{\alpha}_1,\cdots,\boldsymbol{\alpha}_r$ **线性无关** $\Leftrightarrow \mathrm{r}(\mathcal{A})=r$.

命题 4.7 **设线性无关的向量组 $\mathcal{B}$ 是向量组 $\mathcal{A}$ 的一部分，则 $\mathcal{B}$ 是 $\mathcal{A}$ 的极大无关组 $\Leftrightarrow$ $\mathcal{B}$ 可以线性表示 $\mathcal{A}$.**

证明 （$\Rightarrow$）设向量组 $\mathcal{A}$ 的秩为 r，$\mathcal{B}:\boldsymbol{\beta}_1,\cdots,\boldsymbol{\beta}_r$ 是 $\mathcal{A}$ 的极大无关组. 令 $\boldsymbol{\alpha}$ 为 $\mathcal{A}$ 中任何一个向量，则向量组 $\boldsymbol{\alpha},\boldsymbol{\beta}_1,\cdots,\boldsymbol{\beta}_r$ 必是线性相关的. 于是存在一组不全为 0 的常数 $k,k_1,\cdots,k_r$ 使得

$$k\boldsymbol{\alpha}+k_1\boldsymbol{\beta}_1+\cdots+k_r\boldsymbol{\beta}_r=\boldsymbol{0}.$$

此时，一定有 $k\neq 0$；否则将有 $k_1\boldsymbol{\beta}_1+\cdots+k_r\boldsymbol{\beta}_r=\boldsymbol{0}$，再由 $\mathcal{B}$ 线性无关得到 $k_1=\cdots=k_r=0$. 这与 $k,k_1,\cdots,k_r$ 不全为 0 矛盾. 当 $k\neq 0$ 时，

$$\boldsymbol{\alpha}=(-k^{-1}k_1)\boldsymbol{\beta}_1+\cdots+(-k^{-1}k_r)\boldsymbol{\beta}_r,$$

即 $\boldsymbol{\alpha}$ 是 $\boldsymbol{\beta}_1,\cdots,\boldsymbol{\beta}_r$ 的线性组合. 于是 $\mathcal{B}$ 可以线性表示 $\mathcal{A}$.

（$\Leftarrow$）反之，设向量组 $\mathcal{B}:\boldsymbol{\beta}_1,\cdots,\boldsymbol{\beta}_r$ 线性无关，且可线性表示向量组 $\mathcal{A}$. 为了说明 $\mathcal{B}$ 是极大无关组，我们只要说明 $\mathrm{r}(\mathcal{A})=r$. 此时，在 $\mathcal{A}$ 中任取 $r+1$ 个向量 $\boldsymbol{\alpha}_1,\cdots,\boldsymbol{\alpha}_{r+1}$. 由于这组向量可由线性无关的 $\boldsymbol{\beta}_1,\cdots,\boldsymbol{\beta}_r$ 线性表示，则由命题 4.5 知，这 $r+1$ 个向量一定线性相关的，

否则会有 $r+1\leqslant r$. 由定义知向量组$\mathcal{A}$的秩为 r.

评注：命题 4.7 说明，极大无关组的特征是，其本身线性无关且能够线性表示整个向量组. 此命题也说明，一个向量组与它的任何一个极大无关组等价.

命题 4.8　若向量组$\mathcal{A}$可由$\mathcal{B}$线性表示，则 $\mathrm{r}(\mathcal{A})\leqslant\mathrm{r}(\mathcal{B})$；特别是，等价的向量组有相同的秩.

证明　令 $\bar{\mathcal{A}}:\boldsymbol{\alpha}_1,\cdots,\boldsymbol{\alpha}_r$ 是$\mathcal{A}$的极大无关组；$\bar{\mathcal{B}}:\boldsymbol{\beta}_1,\cdots,\boldsymbol{\beta}_s$ 是$\mathcal{B}$的极大无关组，则$\bar{\mathcal{A}}$与$\mathcal{A}$等价，$\bar{\mathcal{B}}$与$\mathcal{B}$等价. 由题设，$\bar{\mathcal{A}}$可由$\bar{\mathcal{B}}$线性表示，再由命题 4.5 知

$$r(\mathcal{A})=r(\bar{\mathcal{A}})=r\leqslant s=\mathrm{r}(\bar{\mathcal{B}})=\mathrm{r}(\mathcal{B}).$$

2. 向量组的秩与矩阵的秩的关系

矩阵有秩，矩阵的行向量组有一个秩，列向量组也有一个秩，下面的定理揭示这三个秩的关系：它们相等. 此关系是矩阵的最本质的性质.

定理 4.2　设矩阵

$$\boldsymbol{A}=[a_{ij}]_{m\times n}=\begin{bmatrix}\boldsymbol{\alpha}_1\\ \vdots\\ \boldsymbol{\alpha}_m\end{bmatrix}=[\boldsymbol{\gamma}_1,\cdots,\boldsymbol{\gamma}_n]$$

的行向量组$\mathcal{R}$：$\boldsymbol{\alpha}_1,\cdots,\boldsymbol{\alpha}_m$ 的秩为 s，列向量组$\mathcal{C}$：$\boldsymbol{\gamma}_1,\cdots,\boldsymbol{\gamma}_n$ 的秩为 t，则 $\mathrm{r}(\boldsymbol{A})=s=t$.

证明　先证 $\mathrm{r}(\boldsymbol{A})=t$.

不妨设 $\boldsymbol{\gamma}_1,\cdots,\boldsymbol{\gamma}_t$ 就是 $\boldsymbol{\gamma}_1,\cdots,\boldsymbol{\gamma}_n$ 的极大无关组，否则只需重排 $\boldsymbol{\gamma}_1,\cdots,\boldsymbol{\gamma}_n$ 的顺序. 因为 $\boldsymbol{\gamma}_1,\cdots,\boldsymbol{\gamma}_n$ 可由 $\boldsymbol{\gamma}_1,\cdots,\boldsymbol{\gamma}_t$ 线性表示，从而

$$\boldsymbol{A}=[\boldsymbol{\gamma}_1,\cdots,\boldsymbol{\gamma}_t,\boldsymbol{\gamma}_{t+1},\cdots,\boldsymbol{\gamma}_n]\xrightarrow{\text{(iii)型列初等变换}}[\boldsymbol{\gamma}_1,\cdots,\boldsymbol{\gamma}_t,\mathbf{0},\cdots,\mathbf{0}];$$

事实上，若 $\boldsymbol{\gamma}_n=k_1\boldsymbol{\gamma}_1+\cdots+k_t\boldsymbol{\gamma}_t$，则 t 个列初等变换 $(-k_i)\times\mathrm{c}_i\to\mathrm{c}_n\ (i=1,\cdots,t)$ 可将 $\boldsymbol{A}$ 的最后一列变为 $\mathbf{0}$. 由于初等变换不改变矩阵的秩，且删除几列全为$\mathbf{0}$的列向量不影响矩阵的秩，从而有

$$\mathrm{r}(\boldsymbol{A})=\mathrm{r}([\boldsymbol{\gamma}_1,\cdots,\boldsymbol{\gamma}_t])=t.$$

另一方面，$\mathrm{r}(\boldsymbol{A})=\mathrm{r}(\boldsymbol{A}^{\mathrm{T}})$；再由前面的结论知，$\mathrm{r}(\boldsymbol{A}^{\mathrm{T}})$就是矩阵 $\boldsymbol{A}$ 的行向量组$\mathcal{R}$：$\boldsymbol{\alpha}_1,\cdots,\boldsymbol{\alpha}_m$ 的秩.

评注：定理 4.2 将向量组的秩转化为矩阵的秩，而我们可以用矩阵的初等变换来求矩阵的秩. 可如何有效地去找一个向量组的极大无关组呢？对此，下面的命题是有用的；当然其本身也是向量组的一个重要性质.

命题 4.9　若

$$\boldsymbol{A}=[\boldsymbol{\alpha}_1,\cdots,\boldsymbol{\alpha}_n]_{m\times n}\xrightarrow{\text{行初等变换}}\boldsymbol{B}=[\boldsymbol{\beta}_1,\cdots,\boldsymbol{\beta}_n]_{m\times n},$$

则向量组 $\boldsymbol{\alpha}_1,\cdots,\boldsymbol{\alpha}_n$ 与 $\boldsymbol{\beta}_1,\cdots,\boldsymbol{\beta}_n$ 有相同的线性结构，即

$$k_1\boldsymbol{\alpha}_1+\cdots+k_n\boldsymbol{\alpha}_n=\mathbf{0}\Leftrightarrow k_1\boldsymbol{\beta}_1+\cdots+k_n\boldsymbol{\beta}_n=\mathbf{0};$$

进而向量组 $\boldsymbol{\alpha}_1,\cdots,\boldsymbol{\alpha}_n$ 与 $\boldsymbol{\beta}_1,\cdots,\boldsymbol{\beta}_n$ 有相同的线性相关性.

证明 方程 $x_1\boldsymbol{\alpha}_1+\cdots+x_n\boldsymbol{\alpha}_n=\boldsymbol{0}$ 为齐次线性方程组

$$[\boldsymbol{\alpha}_1,\cdots,\boldsymbol{\alpha}_n]\begin{bmatrix}x_1\\ \vdots\\ x_n\end{bmatrix}=\boldsymbol{0};$$

又对矩阵 $\boldsymbol{A}=[\boldsymbol{\alpha}_1,\cdots,\boldsymbol{\alpha}_n]$ 进行行初等变换相当于对上述齐次线性方程组的系数阵进行行初等变换,而这是此方程组的同解变换. 于是本命题成立.

下面我们看上述命题的一个应用.

例 1 求下列向量组的秩和一个极大无关组,并将其他向量表示成这个极大无关组的线性组合:

$$\begin{cases}\boldsymbol{\alpha}_1=(1,1,0,1,0)^{\mathrm{T}}\\ \boldsymbol{\alpha}_2=(0,1,1,1,1)^{\mathrm{T}}\\ \boldsymbol{\alpha}_3=(1,0,1,2,1)^{\mathrm{T}}.\\ \boldsymbol{\alpha}_4=(2,2,2,4,2)^{\mathrm{T}}\\ \boldsymbol{\alpha}_5=(1,1,2,3,2)^{\mathrm{T}}\end{cases}$$

解 我们的方法是对矩阵 $\boldsymbol{A}=[\boldsymbol{\alpha}_1,\cdots,\boldsymbol{\alpha}_5]$ 进行行初等变换,将其化简至行最简形式:

$$A=\underset{\boldsymbol{\alpha}_1\ \ \boldsymbol{\alpha}_2\ \ \boldsymbol{\alpha}_3\ \ \boldsymbol{\alpha}_4\ \ \boldsymbol{\alpha}_5}{\begin{bmatrix}1&0&1&2&1\\1&1&0&2&1\\0&1&1&2&2\\1&1&2&4&3\\0&1&1&2&2\end{bmatrix}}\xrightarrow{\text{行初等变换}}\underset{\boldsymbol{\beta}_1\ \ \boldsymbol{\beta}_2\ \ \boldsymbol{\beta}_3\ \ \boldsymbol{\beta}_4\ \ \boldsymbol{\beta}_5}{\begin{bmatrix}1&0&0&1&0\\0&1&0&1&1\\0&0&1&1&1\\0&0&0&0&0\\0&0&0&0&0\end{bmatrix}}=B.$$

由定理 4.2 知,向量组的秩为 $\mathrm{r}(\boldsymbol{A})=\mathrm{r}(\boldsymbol{B})=3$;又由于 $\boldsymbol{\beta}_1,\boldsymbol{\beta}_2,\boldsymbol{\beta}_3$ 为向量组 $\boldsymbol{\beta}_1,\cdots,\boldsymbol{\beta}_5$ 的个极大无关组,且

$$\boldsymbol{\beta}_4=\boldsymbol{\beta}_1+\boldsymbol{\beta}_2+\boldsymbol{\beta}_3,\quad \boldsymbol{\beta}_5=\boldsymbol{\beta}_2+\boldsymbol{\beta}_3,$$

故由命题 4.9 知,$\boldsymbol{\alpha}_1,\boldsymbol{\alpha}_2,\boldsymbol{\alpha}_3$ 为 $\boldsymbol{\alpha}_1,\cdots,\boldsymbol{\alpha}_5$ 的一个极大无关组(不唯一),且

$$\boldsymbol{\alpha}_4=\boldsymbol{\alpha}_1+\boldsymbol{\alpha}_2+\boldsymbol{\alpha}_3,\quad \boldsymbol{\alpha}_5=\boldsymbol{\alpha}_2+\boldsymbol{\alpha}_3.$$

例 2 证明下列两个向量组等价:

$\mathcal{A}$: $\boldsymbol{\alpha}_1=(2,0,-1,3)^{\mathrm{T}}$, $\boldsymbol{\alpha}_2=(3,-2,1,-1)^{\mathrm{T}}$;

$\mathcal{B}$: $\boldsymbol{\beta}_1=(-5,6,-5,9)^{\mathrm{T}}$, $\boldsymbol{\beta}_2=(4,-4,3,-5)^{\mathrm{T}}$.

证明 由于这两个向量组的秩都是 2,若有

$$\mathrm{r}(\boldsymbol{\alpha}_1,\boldsymbol{\alpha}_2,\boldsymbol{\beta}_1,\boldsymbol{\beta}_2)=2,$$

则 $\mathcal{A}$,$\mathcal{B}$ 都是向量组 $\boldsymbol{\alpha}_1,\boldsymbol{\alpha}_2,\boldsymbol{\beta}_1,\boldsymbol{\beta}_2$ 的极大无关组,从而它们等价. 事实上,由下面的运算,我们看到 $\mathrm{r}(\boldsymbol{\alpha}_1,\boldsymbol{\alpha}_2,\boldsymbol{\beta}_1,\boldsymbol{\beta}_2)=2$:

$$[\boldsymbol{\alpha}_1,\boldsymbol{\alpha}_2,\boldsymbol{\beta}_1,\boldsymbol{\beta}_2]=\begin{bmatrix}2&3&-5&4\\0&-2&6&-4\\-1&1&-5&3\\3&-1&9&-5\end{bmatrix}\xrightarrow{\text{行初等变换}}\begin{bmatrix}1&-1&5&-3\\0&1&-3&2\\2&3&-5&4\\3&-1&9&-5\end{bmatrix}$$

$$\xrightarrow{\text{行初等变换}}\begin{bmatrix}1&-1&5&-3\\0&1&-3&2\\0&5&-15&10\\0&2&-6&4\end{bmatrix}\xrightarrow{\text{行初等变换}}\begin{bmatrix}1&-1&5&-3\\0&1&-3&2\\0&0&0&0\\0&0&0&0\end{bmatrix}.$$

例 3　设 $\boldsymbol{A},\boldsymbol{B}$ 为 $m\times n$ 矩阵,求证 $\mathrm{r}(\boldsymbol{A}+\boldsymbol{B})\leqslant\mathrm{r}(\boldsymbol{A})+\mathrm{r}(\boldsymbol{B})$.

证明　在命题3.12中,我们用分块阵的初等变换证实过此结论,现在我们用向量组的秩来证实它. 令

$$\boldsymbol{A}=[\boldsymbol{\alpha}_1,\cdots,\boldsymbol{\alpha}_n],$$
$$\boldsymbol{B}=[\boldsymbol{\beta}_1,\cdots,\boldsymbol{\beta}_n],$$
$$\boldsymbol{A}+\boldsymbol{B}=[\boldsymbol{\alpha}_1+\boldsymbol{\beta}_1,\cdots,\boldsymbol{\alpha}_n+\boldsymbol{\beta}_n].$$

向量组 $\boldsymbol{\alpha}_1+\boldsymbol{\beta}_1,\cdots,\boldsymbol{\alpha}_n+\boldsymbol{\beta}_n$ 可由 $\boldsymbol{\alpha}_1,\cdots,\boldsymbol{\alpha}_n,\boldsymbol{\beta}_1,\cdots,\boldsymbol{\beta}_n$ 线性表示. 而 $\boldsymbol{\alpha}_1,\cdots,\boldsymbol{\alpha}_n$ 可由 $\mathrm{r}(\boldsymbol{A})$ 个向量线性表示;$\boldsymbol{\beta}_1,\cdots,\boldsymbol{\beta}_n$ 可由 $\mathrm{r}(\boldsymbol{B})$ 个向量线性表示,从而 $\boldsymbol{\alpha}_1+\boldsymbol{\beta}_1,\cdots,\boldsymbol{\alpha}_n+\boldsymbol{\beta}_n$ 可由 $\mathrm{r}(\boldsymbol{A})+\mathrm{r}(\boldsymbol{B})$ 个向量线性表示. 于是,由命题4.8知

$$\mathrm{r}(\boldsymbol{A}+\boldsymbol{B})=\mathrm{r}(\boldsymbol{\alpha}_1+\boldsymbol{\beta}_1,\cdots,\boldsymbol{\alpha}_n+\boldsymbol{\beta}_n)\leqslant\mathrm{r}(\boldsymbol{A})+\mathrm{r}(\boldsymbol{B}).$$

习　题　4.3

1. 回答下列问题,并说明理由:

(1) 由 n 维向量构成的向量组的秩最大是多少?

(2) 若一个向量组中任何 r 个向量都线性相关,那么这个向量组的秩最大是多少?

(3) 若一个向量组中有 r 个向量线性无关,那么这个向量组的秩最小是多少?

(4) 对于一个行向量组,如何求它的秩和一个极大无关组?

2. 求下列向量组的秩及一个极大无关组:

(1) $\begin{cases}\boldsymbol{\alpha}_1=(1,\ 2,\ -1,4)^{\mathrm{T}}\\\boldsymbol{\alpha}_2=(9,10,\ 10,4)^{\mathrm{T}};\\\boldsymbol{\alpha}_3=(2,\ 4,\ -2,8)^{\mathrm{T}}\end{cases}$　(2) $\begin{cases}\boldsymbol{\alpha}_1=(1,1,0)^{\mathrm{T}}\\\boldsymbol{\alpha}_2=(0,2,0)^{\mathrm{T}};\\\boldsymbol{\alpha}_3=(0,0,3)^{\mathrm{T}}\end{cases}$

(3) $\begin{cases}\boldsymbol{\alpha}_1=(\ \ 1,\ \ 2,\ \ 1,\ \ 3)\\\boldsymbol{\alpha}_2=(\ \ 4,-1,-5,-6).\\\boldsymbol{\alpha}_3=(-1,\ \ 3,\ \ 4,\ \ 7)\end{cases}$

3. 向量组 $\mathcal{A}$ 如下:

$$\begin{cases}\boldsymbol{\alpha}_1=(5,2,-3,\ \ 1)^{\mathrm{T}}\\ \boldsymbol{\alpha}_2=(4,1,-2,\ \ 3)^{\mathrm{T}}\\ \boldsymbol{\alpha}_3=(1,1,-1,-2)^{\mathrm{T}}\\ \boldsymbol{\alpha}_4=(3,4,-1,\ \ 2)^{\mathrm{T}}\end{cases},$$

求向量组$\mathcal{A}$的秩及一个极大无关组,并将其他向量表示成这个极大无关组的线性组合.

4. 设有三个 n 维向量组

$$\mathcal{A}:\boldsymbol{\alpha}_1,\cdots,\boldsymbol{\alpha}_s;\quad \mathcal{B}:\boldsymbol{\beta}_1,\cdots,\boldsymbol{\beta}_t;\quad \mathcal{C}:\boldsymbol{\alpha}_1,\cdots,\boldsymbol{\alpha}_s,\boldsymbol{\beta}_1,\cdots,\boldsymbol{\beta}_t,$$

它们的秩分别为 r_1,r_2,r_3,求证: $r_1,r_2\leqslant r_3\leqslant r_1+r_2$.

5. 用向量组的秩来证明 $\mathrm{r}(\boldsymbol{AB})\leqslant\mathrm{r}(\boldsymbol{A})$. 提示:观察 $\boldsymbol{AB}$ 的列向量组与 $\boldsymbol{A}$ 的列向量组的关系.

6. 给定两个矩阵 $\boldsymbol{A}_{l\times n},\boldsymbol{B}_{m\times n}$,且 $\mathrm{r}(\boldsymbol{A})+\mathrm{r}(\boldsymbol{B})<n$,求证齐次线性方程组 $\boldsymbol{AX}=\boldsymbol{0},\boldsymbol{BX}=\boldsymbol{0}$ 至少有一组共同的非零解.

7. 利用行初等变换求下列矩阵列向量组的一个极大无关组,并将其他向量表示成这个极大无关组的线性组合:

$$(1)\begin{bmatrix}25&31&17&43\\75&94&53&132\\75&94&54&134\\25&32&20&48\end{bmatrix};\qquad (2)\begin{bmatrix}1&1&2&2&1\\0&2&1&5&-1\\2&0&3&-1&3\\1&1&0&4&-1\end{bmatrix}.$$

4.4 线性方程组解的结构

1. 齐次线性方程组的基础解系

例 1 写出下列四元齐次线性方程组通解的向量形式:

$$\begin{cases}x_1\qquad -2x_3-\ x_4=0\\ \qquad x_2-\ x_3-2x_4=0\end{cases}.$$

解 原方程组化简为$\begin{cases}x_1=2x_3+\ x_4\\ x_2=\ x_3+2x_4\end{cases}$,其通解为

$$\begin{cases}x_1=2c_1+\ c_2\\ x_2=c_1+\ 2c_2\\ x_3=c_1\\ x_4=\qquad\ c_2\end{cases}\quad(c_1,c_2\text{ 为任意常数}),$$

其向量形式为

$$\begin{bmatrix}x_1\\x_2\\x_3\\x_4\end{bmatrix}=c_1\begin{bmatrix}2\\1\\1\\0\end{bmatrix}+c_2\begin{bmatrix}1\\2\\0\\1\end{bmatrix}.$$

评注：在上式中我们注意到

$$X_1=(2,1,1,0)^{\mathrm T},\quad X_2=(1,2,0,1)^{\mathrm T}$$

是原齐次线性方程组的两个线性无关的解向量，而且任何一个其他解向量都是它们的线性组合. 再注意到这样解向量的个数等于自由未知数的个数，即未知数的个数减系数矩阵的秩. 这种现象具有一般性，因而我们有如下的定义和结论.

定义 1 若 n 元齐次线性方程组 $\boldsymbol{AX}=\boldsymbol{0}$ 有非零解，则满足下列条件的一组解向量 $\boldsymbol{X}_1,\cdots,\boldsymbol{X}_s$ 称为此方程组的一个**基础解系**：

(1) $\boldsymbol{X}_1,\cdots,\boldsymbol{X}_s$ 线性无关；

(2) 方程组的任何一个解向量都是 $\boldsymbol{X}_1,\cdots,\boldsymbol{X}_s$ 的线性组合.

命题 4.10 若 n 元齐次线性方程组 $\boldsymbol{AX}=\boldsymbol{0}$ 有非零解，则此方程组必有一个基础解系，且含有 $n-\mathrm{r}(\boldsymbol{A})$ 个线性无关的解向量.

证明 由定理 2.4 的证明知，若 $\mathrm{r}(\boldsymbol{A}_{m\times n})=r\geqslant 1$，则齐次线性方程组 $\boldsymbol{AX}=\boldsymbol{0}$ 与如下的方程组同解：

$$\begin{cases} y_1=d_{1,r+1}y_{r+1}+\cdots+d_{1n}y_n \\ y_2=d_{2,r+1}y_{r+1}+\cdots+d_{2n}y_n \\ \vdots \qquad \vdots \qquad\qquad \vdots \\ y_r=d_{r,r+1}y_{r+1}+\cdots+d_{rn}y_n \end{cases}, \tag{1}$$

这里的 $y_1,\cdots,y_n$ 为 $x_1,\cdots,x_n$ 的一个排列；此方程组的向量形式为

$$\begin{bmatrix} y_1 \\ \vdots \\ y_r \\ y_{r+1} \\ y_{r+2} \\ \vdots \\ y_n \end{bmatrix}=y_{r+1}\begin{bmatrix} d_{1,r+1} \\ \vdots \\ d_{r,r+1} \\ 1 \\ 0 \\ \vdots \\ 0 \end{bmatrix}+y_{r+2}\begin{bmatrix} d_{1,r+2} \\ \vdots \\ d_{r,r+2} \\ 0 \\ 1 \\ \vdots \\ 0 \end{bmatrix}+\cdots+y_n\begin{bmatrix} d_{1,n} \\ \vdots \\ d_{r,n} \\ 0 \\ 0 \\ \vdots \\ 1 \end{bmatrix}.$$

上式右边的 $n-r$ 个向量为方程组(1)的解向量，且线性无关(因为它们截去前 r 个坐标后是线性无关的). 上式也表明方程组(1)的任何一个解向量都是这组线性无关向量组的线性组合. 由于 $y_1,\cdots,y_n$ 为 $x_1,\cdots,x_n$ 的一个排列，故此命题成立.

命题 4.11 设两个矩阵 $\boldsymbol{A}_{m\times n},\boldsymbol{B}_{n\times s}$ 的乘积 $\boldsymbol{AB}=\boldsymbol{0}$，则

$$\mathrm{r}(\boldsymbol{A})+\mathrm{r}(\boldsymbol{B})\leqslant n.$$

证明 若令 $\boldsymbol{B}=[\boldsymbol{\beta}_1,\cdots,\boldsymbol{\beta}_s]$，则 $\boldsymbol{AB}=\boldsymbol{0}$ 等同于

$$\boldsymbol{A\beta}_1=\boldsymbol{0},\ \cdots,\ \boldsymbol{A\beta}_s=\boldsymbol{0},$$

即矩阵 $\boldsymbol{B}$ 的 s 个列向量 $\boldsymbol{\beta}_1,\cdots,\boldsymbol{\beta}_s$ 都是方程组 $\boldsymbol{AX}=\boldsymbol{0}$ 的解向量. 于是矩阵 $\boldsymbol{B}$ 的列向量组可由方程组 $\boldsymbol{AX}=\boldsymbol{0}$ 的基础解系线性表示. 而方程 $\boldsymbol{AX}=\boldsymbol{0}$ 的基础解系中向量的个数为 $n-\mathrm{r}(\boldsymbol{A})$，再由命题 4.8 知 $\mathrm{r}(\boldsymbol{B})\leqslant n-\mathrm{r}(\boldsymbol{A})$，即

$$r(\boldsymbol{A})+r(\boldsymbol{B})\leqslant n.$$

2. 线性方程组解的结构

命题4.12 若 $\boldsymbol{X}_1,\boldsymbol{X}_2$ 是齐次线性方程组 $\boldsymbol{AX}=\boldsymbol{0}$ 的解，则它们的线性组合 $c_1\boldsymbol{X}_1+c_2\boldsymbol{X}_2$ 也是此方程组的解.

证明 $\boldsymbol{A}(c_1\boldsymbol{X}_1+c_2\boldsymbol{X}_2)=c_1\boldsymbol{AX}_1+c_2\boldsymbol{AX}_2=\boldsymbol{0}+\boldsymbol{0}=\boldsymbol{0}$.

定理4.3 设 n 元线性方程组 $\boldsymbol{AX}=\boldsymbol{b}$ 有无穷多组解，即有 $r(\boldsymbol{A})=r(\widetilde{\boldsymbol{A}})=r<n$. 若 $\boldsymbol{X}_0$ 是 $\boldsymbol{AX}=\boldsymbol{b}$ 的一个解向量，$\boldsymbol{X}_1,\cdots,\boldsymbol{X}_{n-r}$ 是 $\boldsymbol{AX}=\boldsymbol{0}$ 的基础解系，则

$$\boldsymbol{X}=\boldsymbol{X}_0+c_1\boldsymbol{X}_1+\cdots+c_{n-r}\boldsymbol{X}_{n-r}$$

是 $\boldsymbol{AX}=\boldsymbol{b}$ 的通解.

证明 设 $\widetilde{\boldsymbol{X}}$ 为方程组 $\boldsymbol{AX}=\boldsymbol{b}$ 的任何一个解向量，即 $\boldsymbol{A}\widetilde{\boldsymbol{X}}=\boldsymbol{b}$. 由条件还有 $\boldsymbol{AX}_0=\boldsymbol{b}$，从而 $\boldsymbol{A}(\widetilde{\boldsymbol{X}}-\boldsymbol{X}_0)=\boldsymbol{0}$，即 $\widetilde{\boldsymbol{X}}-\boldsymbol{X}_0$ 为 $\boldsymbol{AX}=\boldsymbol{0}$ 的解. 于是 $\widetilde{\boldsymbol{X}}-\boldsymbol{X}_0$ 为 $\boldsymbol{X}_1,\cdots,\boldsymbol{X}_{n-r}$ 的线性组合，即存在一组常数 $c_1,\cdots,c_{n-r}$ 使得 $\widetilde{\boldsymbol{X}}-\boldsymbol{X}_0=c_1\boldsymbol{X}_1+\cdots+c_{n-r}\boldsymbol{X}_{n-r}$，从而

$$\widetilde{\boldsymbol{X}}=\boldsymbol{X}_0+c_1\boldsymbol{X}_1+\cdots+c_{n-r}\boldsymbol{X}_{n-r}.$$

评注： 定理4.3说明，线性方程组 $\boldsymbol{AX}=\boldsymbol{b}$ 的通解由两部分构成，一部分是方程组 $\boldsymbol{AX}=\boldsymbol{b}$ 的任何一个解向量，另一部分为齐次线性方程组 $\boldsymbol{AX}=\boldsymbol{0}$ 的通解.

例2 求方程组

$$\begin{cases}x_1-x_2-x_3+x_4=0\\x_1-x_2+x_3-3x_4=1\\2x_1-2x_2-2x_4=1\end{cases}$$

通解的向量形式，并求其对应的齐次线性方程的一个基础解系.

解 由于此方程组的增广阵

$$\begin{bmatrix}1&-1&-1&1&0\\1&-1&1&-3&1\\2&-2&0&-2&1\end{bmatrix}\xrightarrow{\text{行初等变换}}\begin{bmatrix}1&-1&-1&1&0\\0&0&2&-4&1\\0&0&2&-4&1\end{bmatrix}$$

$$\xrightarrow{\text{行初等变换}}\begin{bmatrix}1&-1&0&-1&\frac{1}{2}\\0&0&1&-2&\frac{1}{2}\\0&0&0&0&0\end{bmatrix},$$

故原方程组化简为 $\begin{cases}x_1-x_2-x_4=\frac{1}{2}\\x_3-2x_4=\frac{1}{2}\end{cases}$，其通解的向量形式为

$$\begin{bmatrix} x_1 \\ x_2 \\ x_3 \\ x_4 \end{bmatrix} = \begin{bmatrix} \frac{1}{2} \\ 0 \\ \frac{1}{2} \\ 0 \end{bmatrix} + c_1 \begin{bmatrix} 1 \\ 1 \\ 0 \\ 0 \end{bmatrix} + c_2 \begin{bmatrix} 1 \\ 0 \\ 2 \\ 1 \end{bmatrix} (c_1, c_2 \text{ 为任意常数});$$

由上式看出

$$\boldsymbol{X}_1 = (1,\ 1,\ 0,\ 0)^{\mathrm{T}},\quad \boldsymbol{X}_2 = (1,\ 0,\ 2,\ 1)^{\mathrm{T}}$$

为方程组所对应的齐次线性方程组的一个基础解系.

例 3 设 $\boldsymbol{A} = [a_{ij}]_{m\times n}$为实数矩阵,求证 $\mathrm{r}(\boldsymbol{A}) = \mathrm{r}(\boldsymbol{A}^{\mathrm{T}}\boldsymbol{A})$.

证明 我们将证明齐次线性方程组 $\boldsymbol{AX}=\boldsymbol{0}$与 $\boldsymbol{A}^{\mathrm{T}}\boldsymbol{AX}=\boldsymbol{0}$在实数范围内同解:

若 $\boldsymbol{AX}=\boldsymbol{0}$,在此式的左边同乘 $\boldsymbol{A}^{\mathrm{T}}$,得到 $\boldsymbol{A}^{\mathrm{T}}\boldsymbol{AX}=\boldsymbol{0}$.

反之,若先有 $\boldsymbol{A}^{\mathrm{T}}\boldsymbol{AX}=\boldsymbol{0}, \boldsymbol{X}\in\mathbb{R}^n$,在此式的左边同乘 $\boldsymbol{X}^{\mathrm{T}}$,得到

$$(\boldsymbol{AX})^{\mathrm{T}}(\boldsymbol{AX}) = \boldsymbol{X}^{\mathrm{T}}(\boldsymbol{A}^{\mathrm{T}}\boldsymbol{AX}) = \boldsymbol{0};$$

若令 $\boldsymbol{AX} = (b_1,\cdots,b_m)^{\mathrm{T}} \in \mathbb{R}^{m\times 1}$,则上式为

$$b_1^2 + \cdots + b_m^2 = 0.$$

于是 $\boldsymbol{AX} = (b_1,\cdots,b_m)^{\mathrm{T}} = \boldsymbol{0}$.

由于齐次线性方程组 $\boldsymbol{AX}=\boldsymbol{0}$与 $\boldsymbol{A}^{\mathrm{T}}\boldsymbol{AX}=\boldsymbol{0}$同解,从而它们有相同的基础解系. 于是 $n-\mathrm{r}(\boldsymbol{A}) = n-\mathrm{r}(\boldsymbol{A}^{\mathrm{T}}\boldsymbol{A})$,从而 $\mathrm{r}(\boldsymbol{A}) = \mathrm{r}(\boldsymbol{A}^{\mathrm{T}}\boldsymbol{A})$.

注意:若矩阵 $\boldsymbol{A}$ 为复数矩阵,$\mathrm{r}(\boldsymbol{A}) = \mathrm{r}(\boldsymbol{A}^{\mathrm{T}}\boldsymbol{A})$ 可能不成立. 例如,当 $\boldsymbol{A} = (1,\mathrm{i})^{\mathrm{T}}$ 时,$\boldsymbol{A}^{\mathrm{T}}\boldsymbol{A}=\boldsymbol{0}$,但 $\mathrm{r}(\boldsymbol{A})=1$.

习 题 4.4

1. 回答下列问题:

(1) 一个齐次线性方程组何时存在基础解系?

(2) 若一个齐次线性方程组有基础解系,那么两个不同的基础解系之间有什么关系?

2. 求下列齐次线性方程组的基础解系:

(1) $\begin{cases} x_2 - x_3 + x_4 = 0 \\ -7x_2 + 3x_3 + x_4 = 0 \\ x_1 + 3x_2 \qquad - 3x_4 = 0 \\ x_1 - 2x_2 + 3x_3 - 4x_4 = 0 \end{cases}$; (2) $\begin{cases} x_1 + x_2 + x_3 + 4x_4 - 3x_5 = 0 \\ 2x_1 + x_2 + 3x_3 + 5x_4 - 5x_5 = 0 \\ x_1 - x_2 + 3x_3 - 2x_4 - x_5 = 0 \\ 3x_1 + x_2 + 5x_3 + 6x_4 - 7x_5 = 0 \end{cases}$.

3. 用向量形式写出下列线性方程组的通解:

(1) $\begin{cases} 2x + 3y + z = 4 \\ x - 2y + 4z = -5 \\ 3x + 8y - 2z = 13 \\ 4x - y + 9z = -6 \end{cases}$; (2) $\begin{cases} 2x + y - z + w = 1 \\ 4x + 2y - 2z + w = 2. \\ 2x + y - z - w = 1 \end{cases}$

4. 已知 n 阶方阵 $\boldsymbol{A}$ 的每行元素的和为 0,且 $\mathrm{r}(\boldsymbol{A}) = n-1$,求方程组 $\boldsymbol{AX}=\boldsymbol{0}$的通解.

5. 设四元非齐次线性方程组 $\boldsymbol{AX}=\boldsymbol{b}$ 的系数阵的秩为 3. 已知 $\boldsymbol{X}_1,\boldsymbol{X}_2,\boldsymbol{X}_3$ 是它的三个解向量,且

$$\boldsymbol{X}_1=(2,\ 3,\ 4,\ 5)^{\mathrm{T}},\quad \boldsymbol{X}_2+\boldsymbol{X}_3=(1,\ 2,\ 3,\ 4)^{\mathrm{T}},$$

求此方程组的通解.

6. 已知 $\boldsymbol{X}_1=(0,\ 1,\ 0)^{\mathrm{T}},\boldsymbol{X}_2=(-3,\ 2,\ 2)^{\mathrm{T}}$ 为方程组

$$\begin{cases} x_1-x_2+2x_3=-1 \\ 3x_1+x_2+4x_3=1 \\ ax_1+bx_2+cx_3=d \end{cases}$$

的两个解向量,求此方程组的通解.

7. 设 $\boldsymbol{X}_0$ 是 n 元非齐次线性方程组 $\boldsymbol{AX}=\boldsymbol{b}$ 的解向量;$\boldsymbol{X}_1,\cdots,\boldsymbol{X}_{n-r}$是 $\boldsymbol{AX}=\boldsymbol{0}$ 的基础解系,求证 $\boldsymbol{X}_0,\boldsymbol{X}_1,\cdots,\boldsymbol{X}_{n-r}$线性无关.

8. 设 $\boldsymbol{X}_0$ 是 n 元非齐次线性方程组 $\boldsymbol{AX}=\boldsymbol{b}$ 的解向量;$\boldsymbol{X}_1,\cdots,\boldsymbol{X}_{n-r}$是 $\boldsymbol{AX}=\boldsymbol{0}$ 的基础解系,求证 $\boldsymbol{X}_0,\boldsymbol{X}_0+\boldsymbol{X}_1,\cdots,\boldsymbol{X}_0+\boldsymbol{X}_{n-r}$是 $\boldsymbol{AX}=\boldsymbol{b}$ 的线性无关的解向量.

9. 设 $\boldsymbol{A}$ 是 n 阶方阵,$n\geqslant 2$,求证

$$\mathrm{r}(\boldsymbol{A}^*)=\begin{cases} n & (\mathrm{r}(\boldsymbol{A})=n); \\ 1 & (\mathrm{r}(\boldsymbol{A})=n-1); \\ 0 & (\mathrm{r}(\boldsymbol{A})<n-1). \end{cases}$$

10. 设 $\boldsymbol{A}$ 为 n 阶方阵,$\mathrm{r}(\boldsymbol{A})=r<n$. 若 $\boldsymbol{X}_1,\cdots,\boldsymbol{X}_s(s>r)$为任意一组 n 维列向量,求证向量组 $\boldsymbol{AX}_1,\cdots,\boldsymbol{AX}_s$ 必线性相关.

11. 试用齐次线性方程组解的理论证明 $\mathrm{r}(\boldsymbol{AB})\leqslant\mathrm{r}(\boldsymbol{B})$.

12. 设 $\boldsymbol{A}$ 为 n 阶方阵,求证 $\mathrm{r}(\boldsymbol{A}^n)=\mathrm{r}(\boldsymbol{A}^{n+1})$. 提示:证明齐次线性方程组 $\boldsymbol{A}^n\boldsymbol{X}=\boldsymbol{0}$与 $\boldsymbol{A}^{n+1}\boldsymbol{X}=\boldsymbol{0}$ 同解.

4.5 向量空间与线性变换

1. 向量空间

定义 1 设 V 是 $\mathbb{R}^n$的一个非空子集. 若 V 满足如下两项,则称 V 为**向量空间**:

(1) (**加法封闭**)对任意 $\boldsymbol{\alpha},\boldsymbol{\beta}\in V$,有 $\boldsymbol{\alpha}+\boldsymbol{\beta}\in V$;

(2) (**数乘封闭**)对任意 $\boldsymbol{\alpha}\in V,k\in\mathbb{R}$,有 $k\boldsymbol{\alpha}\in V$.

评注:(1) 此定义中的加法、数乘封闭可合并成**线性运算封闭**:对任意 $\boldsymbol{\alpha},\boldsymbol{\beta}\in V,k,l\in\mathbb{R}$,有 $k\boldsymbol{\alpha}+l\boldsymbol{\beta}\in V$.

(2) 由于 $\mathbb{R}^n$本身为向量空间,当 $V\subseteq\mathbb{R}^n$为向量空间时,我们也说 V 为 $\mathbb{R}^n$的子空间.

例 1 仅有一个零向量构成的集合 $V=\{(0,\cdots,0)^{\mathrm{T}}\}\subseteq\mathbb{R}^n$是一个向量空间. 容易看到这是唯一一个仅有有限个向量构成的线性空间. 事实上,若 V 是线性空间,且$\boldsymbol{0}\neq\boldsymbol{\alpha}\in V$,则向量

$$\pm\boldsymbol{\alpha},\ \pm 2\boldsymbol{\alpha},\ \pm 3\boldsymbol{\alpha},\ \cdots$$

为 V 中无限个不同的向量.

例 2 $\mathbb{R}^n$本身明显为一个向量空间.

例 3 $V=\{(0,a,b)^{\mathrm{T}}\mid a,b\in\mathbb{R}\}$ 是一个向量空间. V 对线性运算是封闭的:若 $k,l\in\mathbb{R}$, $\boldsymbol{\alpha}=(0,a,b)^{\mathrm{T}}$,$\boldsymbol{\beta}=(0,c,d)^{\mathrm{T}}\in V$,有

$$k\boldsymbol{\alpha}+l\boldsymbol{\beta}=(0,ka+lc,kb+ld)^{\mathrm{T}}\in V.$$

例 4 $V=\left\{(1,a)^{\mathrm{T}}\,\middle|\, a\in\mathbb{R}\right\}\subseteq\mathbb{R}^2$不是向量空间. 例如,$\boldsymbol{\alpha}=(1,1)^{\mathrm{T}}$,$\boldsymbol{\beta}=(1,-1)^{\mathrm{T}}\in V$,但 $\boldsymbol{\alpha}+\boldsymbol{\beta}=(2,0)^{\mathrm{T}}\notin V$.

2. 向量空间的基与维数

定义 2 (1) 设 V 是向量空间. 若 V 中有 r 个向量 $\boldsymbol{\alpha}_1,\cdots,\boldsymbol{\alpha}_r$满足下列条件:

① $\boldsymbol{\alpha}_1,\cdots,\boldsymbol{\alpha}_r$ 线性无关;

② V 中任何一个向量都是 $\boldsymbol{\alpha}_1,\cdots,\boldsymbol{\alpha}_r$ 的线性组合,则称 $\boldsymbol{\alpha}_1,\cdots,\boldsymbol{\alpha}_r$ 为向量空间 V 的一个基;此时,对于 V 中任何一个向量 $\boldsymbol{\alpha}$,都存在唯一的一组数 $k_1,\cdots,k_r$ 使得

$$\boldsymbol{\alpha}=k_1\boldsymbol{\alpha}_1+\cdots+k_r\boldsymbol{\alpha}_r,$$

我们称$(k_1,\cdots,k_r)^{\mathrm{T}}$ 为向量 $\boldsymbol{\alpha}$ 在基 $\boldsymbol{\alpha}_1,\cdots,\boldsymbol{\alpha}_r$ 下的**坐标**.

(2) 若 $\boldsymbol{\alpha}_1,\cdots,\boldsymbol{\alpha}_r$ 为向量空间 V 的基,则称数 r 为 V 的**维数**,记为 $r=\dim V$.

注意: V 的任何两个基中向量的个数必相同.

(3) **零空间** $V=\{\mathbf{0}\}$ 没有基,约定它的维数为 0.

例 5 由于线性无关的向量组

$$\boldsymbol{e}_1=(1,0,\cdots,0)^{\mathrm{T}},\ \boldsymbol{e}_2=(0,1,\cdots,0)^{\mathrm{T}},\ \cdots,\ \boldsymbol{e}_n=(0,0,\cdots,1)^{\mathrm{T}},$$

为 $\mathbb{R}^n$的基,故 $\dim\mathbb{R}^n=n$.

例 6 向量空间 $V=\left\{(0,a,b)^{\mathrm{T}}\,\middle|\, a,b\in\mathbb{R}\right\}$的维数为 2,向量组

$$\boldsymbol{e}_2=(0,1,0)^{\mathrm{T}},\ \boldsymbol{e}_3=(0,0,1)^{\mathrm{T}}$$

为 V 的一个基.

例 7 求证向量组

$$\boldsymbol{\alpha}_1=(-1,1,1)^{\mathrm{T}},\ \boldsymbol{\alpha}_2=(1,-1,1)^{\mathrm{T}},\ \boldsymbol{\alpha}_3=(1,1,-1)^{\mathrm{T}}$$

为向量空间 $\mathbb{R}^3$一个基,并求向量 $\boldsymbol{\alpha}=(a,b,c)^{\mathrm{T}}$ 在此基下的坐标.

证明 由于矩阵 $\boldsymbol{A}=[\boldsymbol{\alpha}_1,\boldsymbol{\alpha}_2,\boldsymbol{\alpha}_3]$的行列式

$$|\boldsymbol{A}|=\begin{vmatrix}-1&1&1\\1&-1&1\\1&1&-1\end{vmatrix}=4,$$

故向量组 $\boldsymbol{\alpha}_1,\boldsymbol{\alpha}_2,\boldsymbol{\alpha}_3$ 线性无关,从而 $\boldsymbol{\alpha}_1,\boldsymbol{\alpha}_2,\boldsymbol{\alpha}_3$ 可以线性表示 $\mathbb{R}^3$ 中的任何一个向量. 于是 $\boldsymbol{\alpha}_1$,$\boldsymbol{\alpha}_2,\boldsymbol{\alpha}_3$ 为 $\mathbb{R}^3$ 一个基.

方程 $x_1\boldsymbol{\alpha}_1+x_2\boldsymbol{\alpha}_2+x_3\boldsymbol{\alpha}_3=\boldsymbol{\alpha}$ 为

$$\begin{bmatrix}-1 & 1 & 1\\ 1 & -1 & 1\\ 1 & 1 & -1\end{bmatrix}\begin{bmatrix}x_1\\ x_2\\ x_3\end{bmatrix}=\begin{bmatrix}a\\ b\\ c\end{bmatrix},$$

解此方程得到 $x_1=\dfrac{1}{2}(b+c),x_2=\dfrac{1}{2}(a+c),x_3=\dfrac{1}{2}(a+b)$,即向量 $\boldsymbol{\alpha}$ 在此基下的坐标为 $\left(\dfrac{1}{2}(b+c),\dfrac{1}{2}(a+c),\dfrac{1}{2}(a+b)\right)^{\mathrm{T}}$.

3. $\mathbb{R}^n$ 的生成子空间

例 8 若 $\boldsymbol{\alpha}_1,\cdots,\boldsymbol{\alpha}_m\in\mathbb{R}^n$,则 $\boldsymbol{\alpha}_1,\cdots,\boldsymbol{\alpha}_m$ 的一切线性组合的集合

$$L(\boldsymbol{\alpha}_1,\cdots,\boldsymbol{\alpha}_m)\equiv\{k_1\boldsymbol{\alpha}_1+\cdots+k_m\boldsymbol{\alpha}_m\mid k_1,\cdots,k_m\in\mathbb{R}\}$$

在线性运算下明显是封闭的,从而为向量空间. 例如,我们有

$$\mathbb{R}^n=L(\boldsymbol{e}_1,\cdots,\boldsymbol{e}_n).$$

定义 3 若 $\boldsymbol{\alpha}_1,\cdots,\boldsymbol{\alpha}_m\in\mathbb{R}^n$,我们称 $L(\boldsymbol{\alpha}_1,\cdots,\boldsymbol{\alpha}_m)$ 为 $\boldsymbol{\alpha}_1,\cdots,\boldsymbol{\alpha}_m$ 的**生成向量空间**.

注意: 每个向量空间都由它的基生成.

命题 4.13 向量组 $\boldsymbol{\alpha}_1,\cdots,\boldsymbol{\alpha}_m$ 的极大无关组为 $L(\boldsymbol{\alpha}_1,\cdots,\boldsymbol{\alpha}_m)$ 的基,从而

$$\dim L(\boldsymbol{\alpha}_1,\cdots,\boldsymbol{\alpha}_m)=\mathrm{r}(\boldsymbol{\alpha}_1,\cdots,\boldsymbol{\alpha}_m).$$

证明 由极大无关组的性质和基的定义知这是明显的.

4. 矩阵的值域与核

若 $\boldsymbol{A}\in\mathbb{R}^{m\times n}$,则称映射 $\sigma:\mathbb{R}^n\to\mathbb{R}^m,\boldsymbol{X}\mapsto\boldsymbol{AX}$ 为由向量空间 $\mathbb{R}^n$ 到 $\mathbb{R}^m$ 的**线性映射**,即 σ 为 $\mathbb{R}^n$ 到 $\mathbb{R}^m$ 的映射,且保持线性运算:

$$\sigma(k_1\boldsymbol{X}_1+k_2\boldsymbol{X}_2)=\boldsymbol{A}(k_1\boldsymbol{X}_1+k_2\boldsymbol{X}_2)=k_1(\boldsymbol{AX}_1)+k_2(\boldsymbol{AX}_2)=k_1\sigma(\boldsymbol{X}_1)+k_2\sigma(\boldsymbol{X}_2).$$

以后,我们就用关系式 $\boldsymbol{Y}=\boldsymbol{AX}$ 来表示这个线性映射,其类似于线性函数 $y=ax$.

矩阵的值域: 若 $\boldsymbol{A}\in\mathbb{R}^{m\times n}$,则容易验证集合

$$\mathcal{R}(\boldsymbol{A})\equiv\{\boldsymbol{AX}\mid\boldsymbol{X}\in\mathbb{R}^n\}\subseteq\mathbb{R}^m$$

为向量空间($\mathbb{R}^m$ 的子空间),$\mathcal{R}(\boldsymbol{A})$ 就是线性映射 $\boldsymbol{Y}=\boldsymbol{AX}$ 的值域,故我们称其为矩阵 $\boldsymbol{A}$ 的**值域**.

矩阵的核: 若 $\boldsymbol{A}\in\mathbb{R}^{m\times n}$,也容易验证集合

$$\mathcal{N}(\boldsymbol{A})\equiv\{\boldsymbol{X}\in\mathbb{R}^n\mid\boldsymbol{AX}=\boldsymbol{0}\}\subseteq\mathbb{R}^n$$

为向量空间($\mathbb{R}^n$ 的子空间),其就是齐次线性方程组 $\boldsymbol{AX}=\boldsymbol{0}$ 的一切解向量构成的向量空间,故称其为矩阵 $\boldsymbol{A}$ 的**核**(**零空间**),也称其为齐次线性方程组 $\boldsymbol{AX}=\boldsymbol{0}$ 的**解空间**.

定理 4.4 设 $\boldsymbol{A}\in\mathbb{R}^{m\times n}$,则:

(1) $\dim\mathcal{R}(\boldsymbol{A})=\mathrm{r}(\boldsymbol{A})$;

(2) $n=\dim\mathcal{R}(\boldsymbol{A})+\dim\mathcal{N}(\boldsymbol{A})$.

证明 (1) 由定义,$\mathcal{R}(\boldsymbol{A})$中的一般向量

$$\boldsymbol{A}\boldsymbol{X}=[\boldsymbol{\alpha}_1,\cdots,\boldsymbol{\alpha}_n]\begin{bmatrix}x_1\\ \vdots\\ x_n\end{bmatrix}=x_1\boldsymbol{\alpha}_1+\cdots+x_n\boldsymbol{\alpha}_n,$$

即$\mathcal{R}(\boldsymbol{A})=L(\boldsymbol{\alpha}_1,\cdots,\boldsymbol{\alpha}_n)$,从而 $\dim\mathcal{R}(\boldsymbol{A})=\mathrm{r}(\boldsymbol{A})$.

(2) 由于$\mathcal{N}(\boldsymbol{A})$就是方程组 $\boldsymbol{A}\boldsymbol{X}=\boldsymbol{0}$的解空间,从而此方程组的一个基础解系就是$\mathcal{N}(\boldsymbol{A})$的基. 于是 $\dim\mathcal{N}(\boldsymbol{A})=n-\mathrm{r}(\boldsymbol{A})$,从而

$$n=\dim\mathcal{R}(\boldsymbol{A})+\dim\mathcal{N}(\boldsymbol{A}).$$

5. 线性空间 $\mathbb{R}^n$的线性变换

定义 4 (1) 若 $\boldsymbol{A}\in\mathbb{R}^{n\times n}$,则关系式

$$\boldsymbol{Y}=\boldsymbol{A}\boldsymbol{X}\ (\boldsymbol{X}\in\mathbb{R}^n)$$

称为向量空间 $\mathbb{R}^n$的**线性变换**.

(2) 若 $\boldsymbol{\beta}_1,\cdots,\boldsymbol{\beta}_n$ 是 $\mathbb{R}^n$的一个基,则我们有

$$\begin{cases}\boldsymbol{A}\boldsymbol{\beta}_1=b_{11}\boldsymbol{\beta}_1+\cdots+b_{n1}\boldsymbol{\beta}_n\\ \vdots\qquad\quad\vdots\qquad\qquad\quad\vdots\\ \boldsymbol{A}\boldsymbol{\beta}_n=b_{1n}\boldsymbol{\beta}_1+\cdots+b_{nn}\boldsymbol{\beta}_n\end{cases},$$

即

$$\boldsymbol{A}[\boldsymbol{\beta}_1,\cdots,\boldsymbol{\beta}_n]=[\boldsymbol{\beta}_1,\cdots,\boldsymbol{\beta}_n]\boldsymbol{B},$$

这里称 $\boldsymbol{B}=[b_{ij}]_{n\times n}$为**线性变换 $\boldsymbol{Y}=\boldsymbol{A}\boldsymbol{X}$ 在基 $\boldsymbol{\beta}_1,\cdots,\boldsymbol{\beta}_n$ 下的矩阵**.

例 9 令 $\boldsymbol{A}=\begin{bmatrix}2&1\\1&2\end{bmatrix}$,求线性变换 $\boldsymbol{Y}=\boldsymbol{A}\boldsymbol{X}$ 在 $\mathbb{R}^2$的基

$$\boldsymbol{\beta}_1=\begin{bmatrix}1\\-1\end{bmatrix},\quad \boldsymbol{\beta}_2=\begin{bmatrix}1\\1\end{bmatrix}$$

下的矩阵 $\boldsymbol{B}$.

解 令 $\boldsymbol{P}=[\boldsymbol{\beta}_1,\boldsymbol{\beta}_2]$,则

$$\boldsymbol{A}[\boldsymbol{\beta}_1,\boldsymbol{\beta}_2]=[\boldsymbol{\beta}_1,\boldsymbol{\beta}_2](\boldsymbol{P}^{-1}\boldsymbol{A}\boldsymbol{P})=\boldsymbol{P}\begin{bmatrix}1&1\\-1&1\end{bmatrix}^{-1}\begin{bmatrix}2&1\\1&2\end{bmatrix}\begin{bmatrix}1&1\\-1&1\end{bmatrix}=[\boldsymbol{\beta}_1,\boldsymbol{\beta}_2]\begin{bmatrix}1&0\\0&3\end{bmatrix},$$

因而 $\boldsymbol{B}=\begin{bmatrix}1&0\\0&3\end{bmatrix}$.

6. 向量空间中两个基的联系

评注: 若 $\dim V=r>0$,则 V 的基不是唯一的. 若 $\boldsymbol{\alpha}_1,\cdots,\boldsymbol{\alpha}_r$ 和 $\boldsymbol{\beta}_1,\cdots,\boldsymbol{\beta}_r$ 都是 V 的基,则由基的性质知$\boldsymbol{\beta}_1,\cdots,\boldsymbol{\beta}_r$ 可由 $\boldsymbol{\alpha}_1,\cdots,\boldsymbol{\alpha}_r$ 线性表示,从而存在一个 r 阶方阵 $\boldsymbol{K}=[k_{ij}]_{r\times r}$使得

$$[\boldsymbol{\beta}_1,\cdots,\boldsymbol{\beta}_r]=[\boldsymbol{\alpha}_1,\cdots,\boldsymbol{\alpha}_r]\begin{bmatrix}k_{11}&\cdots&k_{1r}\\\vdots&\ddots&\vdots\\k_{r1}&\cdots&k_{rr}\end{bmatrix},$$

这里的方阵 $\boldsymbol{K}$ 称为基 $\boldsymbol{\alpha}_1,\cdots,\boldsymbol{\alpha}_r$ 到基 $\boldsymbol{\beta}_1,\cdots,\boldsymbol{\beta}_r$ 的**过渡阵**,它是沟通这两个基的媒介.

命题 4.14　设 $\boldsymbol{\alpha}_1,\cdots,\boldsymbol{\alpha}_r$ 和 $\boldsymbol{\beta}_1,\cdots,\boldsymbol{\beta}_r$ 为向量空间 V 的两个基,基 $\boldsymbol{\alpha}_1,\cdots,\boldsymbol{\alpha}_r$ 到基 $\boldsymbol{\beta}_1,\cdots,\boldsymbol{\beta}_r$ 的过渡阵为 $\boldsymbol{K}$. 若向量 $\boldsymbol{v}$ 在基 $\boldsymbol{\alpha}_1,\cdots,\boldsymbol{\alpha}_r$ 下的坐标为 $(x_1,\cdots,x_r)^{\mathrm{T}}$,在基 $\boldsymbol{\beta}_1,\cdots,\boldsymbol{\beta}_r$ 下的坐标为 $(y_1,\cdots,y_r)^{\mathrm{T}}$,则

$$\begin{bmatrix}y_1\\\vdots\\y_r\end{bmatrix}=\boldsymbol{K}^{-1}\begin{bmatrix}x_1\\\vdots\\x_r\end{bmatrix}.$$

注:上式称为**坐标变换公式**.

证明　由条件,我们有

$$\boldsymbol{v}=[\boldsymbol{\alpha}_1,\cdots,\boldsymbol{\alpha}_r]\begin{bmatrix}x_1\\\vdots\\x_r\end{bmatrix}=[\boldsymbol{\beta}_1,\cdots,\boldsymbol{\beta}_r]\begin{bmatrix}y_1\\\vdots\\y_r\end{bmatrix}=[\boldsymbol{\alpha}_1,\cdots,\boldsymbol{\alpha}_r](\boldsymbol{K}\begin{bmatrix}y_1\\\vdots\\y_r\end{bmatrix}).$$

由于一个向量在一个基下的坐标是唯一的,从而有

$$\begin{bmatrix}x_1\\\vdots\\x_r\end{bmatrix}=\boldsymbol{K}\begin{bmatrix}y_1\\\vdots\\y_r\end{bmatrix},\quad\begin{bmatrix}y_1\\\vdots\\y_r\end{bmatrix}=\boldsymbol{K}^{-1}\begin{bmatrix}x_1\\\vdots\\x_r\end{bmatrix}.$$

例 10　给定 $\mathbb{R}^2$ 的两个基

$$[\boldsymbol{\alpha}_1,\boldsymbol{\alpha}_2]=\begin{bmatrix}1&1\\1&2\end{bmatrix},\quad[\boldsymbol{\beta}_1,\boldsymbol{\beta}_2]=\begin{bmatrix}2&1\\1&1\end{bmatrix}.$$

求基 $\boldsymbol{\alpha}_1,\boldsymbol{\alpha}_2$ 到基 $\boldsymbol{\beta}_1,\boldsymbol{\beta}_2$ 的过渡阵 $\boldsymbol{K}$,并求向量 $\boldsymbol{v}=\begin{bmatrix}1\\1\end{bmatrix}+\begin{bmatrix}1\\2\end{bmatrix}$ 在基 $\boldsymbol{\beta}_1,\boldsymbol{\beta}_2$ 下的坐标.

解　由于基 $\boldsymbol{\alpha}_1,\boldsymbol{\alpha}_2$ 到基 $\boldsymbol{\beta}_1,\boldsymbol{\beta}_2$ 的过渡阵 $\boldsymbol{K}$ 满足

$$[\boldsymbol{\beta}_1,\boldsymbol{\beta}_2]=[\boldsymbol{\alpha}_1,\boldsymbol{\alpha}_2]\boldsymbol{K},$$

故

$$\boldsymbol{K}=[\boldsymbol{\alpha}_1,\boldsymbol{\alpha}_2]^{-1}[\boldsymbol{\beta}_1,\boldsymbol{\beta}_2]=\begin{bmatrix}1&1\\1&2\end{bmatrix}^{-1}\begin{bmatrix}2&1\\1&1\end{bmatrix}=\begin{bmatrix}3&1\\-1&0\end{bmatrix}.$$

向量 $\boldsymbol{v}$ 在基 $\boldsymbol{\alpha}_1,\boldsymbol{\alpha}_2$ 下的坐标为 $\begin{bmatrix}1\\1\end{bmatrix}$,从而 $\boldsymbol{v}$ 在基 $\boldsymbol{\beta}_1,\boldsymbol{\beta}_2$ 下的坐标为

$$\begin{bmatrix}y_1\\y_2\end{bmatrix}=\boldsymbol{K}^{-1}\begin{bmatrix}1\\1\end{bmatrix}=\begin{bmatrix}0&-1\\1&3\end{bmatrix}\begin{bmatrix}1\\1\end{bmatrix}=\begin{bmatrix}-1\\4\end{bmatrix}.$$

习　题　4.5

1. 回答下列问题,并说明理由:

(1) 一个向量空间必含有什么向量?

(2) 维数不是0的向量空间中向量的个数有限吗?

(3) 一个向量空间包含维数更小的向量空间吗?

(4) 一个向量空间的两个基之间有什么关系?

(5) 向量组 $\boldsymbol{\alpha}_1,\boldsymbol{\alpha}_2,\cdots,\boldsymbol{\alpha}_m$ 的秩和极大无关组与向量空间 $L(\boldsymbol{\alpha}_1,\boldsymbol{\alpha}_2,\cdots,\boldsymbol{\alpha}_m)$ 是什么关系?

2. 判别下列集合是否为向量空间,若是求出维数和一个基:

(1) $V_1=\{(x_1,x_2,x_3)^{\mathrm{T}}\in\mathbb{R}^3\mid x_1+x_2+x_3=0\}$;

(2) $V_2=\{(x_1,x_2,x_3)^{\mathrm{T}}\in\mathbb{R}^3\mid x_1+x_2+x_3=1\}$;

(3) $V_3=\{(x_1,x_2,x_3)^{\mathrm{T}}\in\mathbb{R}^3\mid x_1+x_3=0,2x_1+2x_2+x_3=0\}$;

(4) $V_4=\left\{\begin{bmatrix}2&-1&1\\1&1&0\end{bmatrix}\begin{bmatrix}x_1\\x_2\\x_3\end{bmatrix}\in\mathbb{R}^2\mid x_1,x_2,x_3\in\mathbb{R}\right\}$.

3. 求向量空间 $\mathcal{R}(\boldsymbol{A})$ 和 $\mathcal{N}(\boldsymbol{A})$ 的维数和一个基,这里

$$\boldsymbol{A}=\begin{bmatrix}1&1&2&2&1\\0&2&1&5&-1\\2&0&3&-1&3\\1&1&0&4&-1\end{bmatrix}.$$

4. 令

$$\boldsymbol{\alpha}_1=\begin{bmatrix}-2\\1\\0\\3\end{bmatrix},\ \boldsymbol{\alpha}_2=\begin{bmatrix}1\\-3\\2\\4\end{bmatrix},\ \boldsymbol{\beta}_1=\begin{bmatrix}-1\\-2\\2\\7\end{bmatrix},\ \boldsymbol{\beta}_2=\begin{bmatrix}3\\-2\\2\\1\end{bmatrix};$$

求证:$L(\boldsymbol{\alpha}_1,\boldsymbol{\alpha}_2)=L(\boldsymbol{\beta}_1,\boldsymbol{\beta}_2)$.

5. 设 V_1,V_2 是 $\mathbb{R}^n$ 中的两个向量空间,求证 $V_1\cap V_2$ 也是向量空间.

6. 设 V_1,V_2 是 $\mathbb{R}^n$ 中的两个向量空间,定义 V_1 和 V_2 的**和**

$$V_1+V_2\equiv\{\boldsymbol{v}_1+\boldsymbol{v}_2\mid\boldsymbol{v}_1\in V_1,\boldsymbol{v}_2\in V_2\},$$

求证:V_1+V_2 也是一个向量空间.

7. 设 V_1,V_2 是 $\mathbb{R}^3$ 中的两个不同的二维向量空间,求证:

(1) $\dim(V_1\cap V_2)=1$;

(2) $V_1\cup V_2\neq\mathbb{R}^3$. (提示:用反证法.)

8. 设 $\boldsymbol{A}=\begin{bmatrix}2&1&1\\1&2&1\\1&1&2\end{bmatrix}$,求线性变换 $\boldsymbol{Y}=\boldsymbol{A}\boldsymbol{X}$ 在 $\mathbb{R}^3$ 的基

$$\boldsymbol{\beta}_1=(1,0,-1)^{\mathrm{T}},\ \boldsymbol{\beta}_2=(0,1,-1)^{\mathrm{T}},\ \boldsymbol{\beta}_3=(1,1,1)^{\mathrm{T}}$$

下的矩阵 $\boldsymbol{B}$.

9. 给定 $\mathbb{R}^3$ 的两个基

$$\begin{cases}\boldsymbol{\alpha}_1=(1,1,1)^{\mathrm{T}}\\ \boldsymbol{\alpha}_2=(0,1,1)^{\mathrm{T}},\\ \boldsymbol{\alpha}_3=(0,0,1)^{\mathrm{T}}\end{cases}\quad \begin{cases}\boldsymbol{\beta}_1=(3,1,4)^{\mathrm{T}}\\ \boldsymbol{\beta}_2=(5,2,1)^{\mathrm{T}},\\ \boldsymbol{\beta}_3=(1,1,0)^{\mathrm{T}}\end{cases}$$

求基 $\boldsymbol{\alpha}_1,\boldsymbol{\alpha}_2,\boldsymbol{\alpha}_3$ 到基 $\boldsymbol{\beta}_1,\boldsymbol{\beta}_2,\boldsymbol{\beta}_3$ 的过渡阵 $\boldsymbol{K}$.

10. 设 $\boldsymbol{A}$ 为 n 阶方阵,且 $\mathrm{r}(\boldsymbol{A})=\mathrm{r}(\boldsymbol{A}^2)$,求证:

(1) 齐次线性方程组 $\boldsymbol{AX}=\mathbf{0}$ 与 $\boldsymbol{A}^2\boldsymbol{X}=\mathbf{0}$ 同解;

(2) $\mathcal{R}(\boldsymbol{A})\cap\mathcal{N}(\boldsymbol{A})=\{\mathbf{0}\}$.

第 5 章　方阵的对角化

前四章为线性代数的第一部分，以线性方程组为中心，并讨论了矩阵的初等变换、线性运算与方阵求逆运算. 本章为线性代数的第二部分，主题是方阵的对角化问题，为此我们需要引入方阵的特征值与特征向量及特征多项式.

本章的主要内容：

（1）方阵的特征值、特征向量与特征多项式；

（2）方阵的相似与可对角化；

（3）相似类与约当标准形简介.

注意：本章中，若没有特别声明，我们的运算在复数范围内，矩阵是复数矩阵，向量的坐标也是复数，数也是复数.

5.1　方阵的特征值与特征向量

1. 基本概念

我们看到，若 $\boldsymbol{A}\in\mathbb{R}^{n\times n}$，则线性变换 $\boldsymbol{y}=\boldsymbol{Ax}$ 将 $\mathbb{R}^n$ 中的向量变为向量 $\boldsymbol{Ax}$；一般情况下新的向量 $\boldsymbol{Ax}$ 与原来的向量 $\boldsymbol{x}$ 没什么特殊的关系. 但我们非常希望线性变换 $\boldsymbol{y}=\boldsymbol{Ax}$ 仅仅缩放 $\boldsymbol{x}$，即

$$\boldsymbol{Ax}=\lambda\boldsymbol{x}(\lambda\in\mathbb{R}).$$

再若视线性变换 $\boldsymbol{y}=\boldsymbol{Ax}$ 整体地作用在向量空间 $\mathbb{R}^n$ 上，我们更加希望 $\mathbb{R}^n$ 中有一个基 $\boldsymbol{p}_1,\boldsymbol{p}_2,\cdots,\boldsymbol{p}_n$ 使得线性变换 $\boldsymbol{y}=\boldsymbol{Ax}$ 在每个基向量 $\boldsymbol{p}_i$ 上的作用都是缩放，即

$$\begin{cases}\boldsymbol{Ap}_1=\lambda_1\boldsymbol{p}_1\\ \boldsymbol{Ap}_2=\lambda_2\boldsymbol{p}_2\\ \quad\vdots\qquad\vdots\\ \boldsymbol{Ap}_n=\lambda_n\boldsymbol{p}_n\end{cases}. \tag{1}$$

这相当于线性变换 $\boldsymbol{y}=\boldsymbol{Ax}$ 在整个向量空间 $\mathbb{R}^n$ 上的作用是在缩放坐标向量（轴）.

现在我们从另一个角度看(1)式的含义：(1)式等同于

$$\boldsymbol{A}[\boldsymbol{p}_1,\cdots,\boldsymbol{p}_n]=[\boldsymbol{p}_1,\cdots,\boldsymbol{p}_n]\begin{bmatrix}\lambda_1&&\\&\ddots&\\&&\lambda_n\end{bmatrix},$$

即线性变换 $\boldsymbol{y}=\boldsymbol{Ax}$ 在基 $\boldsymbol{p}_1,\boldsymbol{p}_2,\cdots,\boldsymbol{p}_n$ 下的矩阵为对角阵. 此时矩阵 $\boldsymbol{P}=[\boldsymbol{p}_1,\cdots,\boldsymbol{p}_n]$ 可逆，从而上式为

$$\boldsymbol{A}=\boldsymbol{P}\begin{bmatrix}\lambda_1&&\\&\ddots&\\&&\lambda_n\end{bmatrix}\boldsymbol{P}^{-1}. \tag{2}$$

在数学和工程数学中,将一个方阵 $\boldsymbol{A}$ 分解成(2)式的形式是非常有意义的,而这等同于向量空间 $\mathbb{R}^n$ 中有一个基 $\boldsymbol{p}_1,\boldsymbol{p}_2,\cdots,\boldsymbol{p}_n$ 满足(1)式. 一个给定的方阵 $\boldsymbol{A}$ 能否分解成(2)式,又如何得到这样的分解式就是本章的主题,而其基本过程是找满足

$$\boldsymbol{Ap}=\lambda\boldsymbol{p}$$

的数 λ 和非零向量 $\boldsymbol{p}$.

定义 1 设 $\boldsymbol{A}=[a_{ij}]_{n\times n}$ 为 n 阶方阵:

(1) 若非零向量 $\boldsymbol{x}\in\mathbb{C}^n$ 和数 $\lambda_0\in\mathbb{C}$ 满足

$$\boldsymbol{Ax}=\lambda_0\boldsymbol{x},$$

则称数 λ_0 为矩阵 $\boldsymbol{A}$ 的(一个)**特征值**,同时称这个非零向量 $\boldsymbol{x}$ 为 $\boldsymbol{A}$ 的对应特征值 λ_0 的**特征向量**.

(2) 未定元 λ 的多项式

$$|\lambda\boldsymbol{E}-\boldsymbol{A}|=\begin{vmatrix}\lambda-a_{11} & -a_{12} & \cdots & -a_{1n}\\ -a_{21} & \lambda-a_{22} & \cdots & -a_{2n}\\ \vdots & \vdots & \ddots & \vdots\\ -a_{n1} & -a_{n2} & \cdots & \lambda-a_{nn}\end{vmatrix}$$

称为矩阵 $\boldsymbol{A}$ 的**特征多项式**.

例 1 若

$$\boldsymbol{A}=\begin{bmatrix}2 & 1\\ 1 & 2\end{bmatrix},\quad \boldsymbol{x}_1=\begin{bmatrix}1\\ -1\end{bmatrix},\quad \boldsymbol{x}_2=\begin{bmatrix}1\\ 1\end{bmatrix}$$

则

$$\boldsymbol{Ax}_1=\boldsymbol{x}_1,\quad \boldsymbol{Ax}_2=3\boldsymbol{x}_2;$$

因而 1 和 3 为矩阵 $\boldsymbol{A}$ 的两个特征值,$\boldsymbol{x}_1$ 和 $\boldsymbol{x}_2$ 为分别对应特征值 1 和 3 的特征向量;$\boldsymbol{A}$ 的特征多项式

$$|\lambda\boldsymbol{E}-\boldsymbol{A}|=\begin{vmatrix}\lambda-2 & -1\\ -1 & \lambda-2\end{vmatrix}=(\lambda-1)(\lambda-3).$$

命题 5.1 **λ_0 是方阵 $\boldsymbol{A}$ 的特征值 $\Leftrightarrow$ λ_0 是方阵 $\boldsymbol{A}$ 的特征多项式 $|\lambda\boldsymbol{E}-\boldsymbol{A}|$ 的根,即行列式 $|\lambda_0\boldsymbol{E}-\boldsymbol{A}|=0$.**

证明 若 λ_0 是方阵 $\boldsymbol{A}$ 的特征值,则存在一个非零向量 $\boldsymbol{x}$ 使得

$$\boldsymbol{Ax}=\lambda_0\boldsymbol{x},$$

即 $\boldsymbol{x}$ 是齐次线性方程组 $(\lambda_0\boldsymbol{E}-\boldsymbol{A})\boldsymbol{x}=\boldsymbol{0}$ 的非零解,因而

$$|\lambda_0\boldsymbol{E}-\boldsymbol{A}|=0.$$

反之,若 $|\lambda_0\boldsymbol{E}-\boldsymbol{A}|=\boldsymbol{0}$,则方程组 $(\lambda_0\boldsymbol{E}-\boldsymbol{A})\boldsymbol{x}=\boldsymbol{0}$ 的非零解 $\boldsymbol{x}$ 就是对应特征值 λ_0 的特征向量.

求方阵 $\boldsymbol{A}$ 的特征值和特征向量的步骤:

(1) 先解出方程 $|\lambda\boldsymbol{E}-\boldsymbol{A}|=0$ 的一切不同的根,即 $\boldsymbol{A}$ 的一切不同的特征值 $\lambda_1,\cdots,\lambda_m$;

（2）对每个特征值 λ_i，求齐次线性方程组 $(\lambda_i \boldsymbol{E}-\boldsymbol{A})\boldsymbol{x}=\boldsymbol{0}$ 的一个基础解系：$\boldsymbol{x}_1,\cdots,\boldsymbol{x}_k$，则

$$l_1\boldsymbol{x}_1+\cdots+l_k\boldsymbol{x}_k\ (l_1,\cdots,l_k \text{ 不全为 } 0)$$

为对应特征值 λ_i 的一切特征向量的通式.

例 2 求矩阵

$$\boldsymbol{A}=\begin{bmatrix}0 & -1\\ 1 & 0\end{bmatrix}$$

的特征值和特征向量.

解 矩阵 $\boldsymbol{A}$ 的特征多项式

$$|\lambda \boldsymbol{E}-\boldsymbol{A}|=\begin{vmatrix}\lambda & 1\\ -1 & \lambda\end{vmatrix}=\lambda^2+1;$$

特征值为 $\lambda_1=\mathrm{i},\lambda_2=-\mathrm{i}$.

解方程组 $(\lambda_1\boldsymbol{E}-\boldsymbol{A})\boldsymbol{x}=\boldsymbol{0}$：

$$\mathrm{i}\boldsymbol{E}-\boldsymbol{A}=\begin{bmatrix}\mathrm{i} & 1\\ -1 & \mathrm{i}\end{bmatrix}\to\begin{bmatrix}1 & -\mathrm{i}\\ 0 & 0\end{bmatrix},$$

基础解系为 $\boldsymbol{x}_1=\begin{bmatrix}\mathrm{i}\\ 1\end{bmatrix}$；对应特征值 $\lambda_1=\mathrm{i}$ 的特征向量为

$$k_1\boldsymbol{x}_1\ \ (k_1\neq 0);$$

解方程组 $(\lambda_2\boldsymbol{E}-\boldsymbol{A})\boldsymbol{x}=\boldsymbol{0}$：

$$(-\mathrm{i})\boldsymbol{E}-\boldsymbol{A}=\begin{bmatrix}-\mathrm{i} & 1\\ -1 & -\mathrm{i}\end{bmatrix}\to\begin{bmatrix}1 & \mathrm{i}\\ 0 & 0\end{bmatrix},$$

基础解系为 $\boldsymbol{x}_2=\begin{bmatrix}-\mathrm{i}\\ 1\end{bmatrix}$；对应特征值 $\lambda_2=-\mathrm{i}$ 的特征向量为

$$k_2\boldsymbol{x}_2\ \ (k_2\neq 0).$$

例 3 求矩阵

$$\boldsymbol{A}=\begin{bmatrix}2 & 1\\ 0 & 2\end{bmatrix}$$

的特征值和特征向量.

解 矩阵 $\boldsymbol{A}$ 的特征多项式

$$|\lambda \boldsymbol{E}-\boldsymbol{A}|=\begin{vmatrix}\lambda-2 & -1\\ 0 & \lambda-2\end{vmatrix}=(\lambda-2)^2;$$

特征值为 $\lambda_1=\lambda_2=2$.

解方程组 $(2\boldsymbol{E}-\boldsymbol{A})\boldsymbol{x}=\boldsymbol{0}$：

$$2\boldsymbol{E}-\boldsymbol{A}=\begin{bmatrix}0 & -1\\ 0 & 0\end{bmatrix},$$

基础解系为 $\boldsymbol{x}=(1,0)^{\mathrm{T}}$；对应特征值 λ_1 的特征向量为

$$k\boldsymbol{x}=(k,0)^{\mathrm{T}}\ \ (k\neq 0).$$

例 4 试将矩阵

$$A=\begin{bmatrix}1&-1&1\\1&3&-1\\1&1&1\end{bmatrix},$$

分解成 $\boldsymbol{A}=\boldsymbol{P}\mathrm{diag}(\lambda_1,\lambda_2,\lambda_3)\boldsymbol{P}^{-1}$，并求 $\boldsymbol{A}^n$.

解 矩阵 $\boldsymbol{A}$ 的特征多项式

$$|\lambda\boldsymbol{E}-\boldsymbol{A}|=\begin{vmatrix}\lambda-1&1&-1\\-1&\lambda-3&1\\-1&-1&\lambda-1\end{vmatrix}=(\lambda-1)(\lambda-2)^2;$$

特征值 $\lambda_1=1,\lambda_2=\lambda_3=2$.

解方程组 $(\lambda_1\boldsymbol{E}-\boldsymbol{A})\boldsymbol{x}=\boldsymbol{0}$：

$$(\lambda_1\boldsymbol{E}-\boldsymbol{A})=\begin{bmatrix}0&1&-1\\-1&-2&1\\-1&-1&0\end{bmatrix}\xrightarrow{\text{行初等变换}}\begin{bmatrix}1&0&1\\0&1&-1\\0&0&0\end{bmatrix},$$

基础解系为

$$\boldsymbol{p}_1=\begin{bmatrix}-1\\1\\1\end{bmatrix};$$

解方程组 $(\lambda_2\boldsymbol{E}-\boldsymbol{A})\boldsymbol{x}=\boldsymbol{0}$：

$$(\lambda_2\boldsymbol{E}-\boldsymbol{A})=\begin{bmatrix}1&1&-1\\-1&-1&1\\-1&-1&1\end{bmatrix}\xrightarrow{\text{行初等变换}}\begin{bmatrix}1&1&-1\\0&0&0\\0&0&0\end{bmatrix},$$

基础解系为

$$\boldsymbol{p}_2=\begin{bmatrix}-1\\1\\0\end{bmatrix},\quad \boldsymbol{p}_3=\begin{bmatrix}1\\0\\1\end{bmatrix}.$$

令 $\boldsymbol{P}=[\boldsymbol{p}_1,\boldsymbol{p}_2,\boldsymbol{p}_3]$，则 $\boldsymbol{P}$ 可逆（$|\boldsymbol{P}|=-1$），且有

$$[\boldsymbol{A}\boldsymbol{p}_1,\boldsymbol{A}\boldsymbol{p}_2,\boldsymbol{A}\boldsymbol{p}_3]=[\lambda_1\boldsymbol{p}_1,\lambda_2\boldsymbol{p}_2,\lambda_3\boldsymbol{p}_3],$$

即

$$\boldsymbol{A}\boldsymbol{P}=\boldsymbol{P}\begin{bmatrix}1&&\\&2&\\&&2\end{bmatrix},\quad \boldsymbol{A}=\boldsymbol{P}\begin{bmatrix}1&&\\&2&\\&&2\end{bmatrix}\boldsymbol{P}^{-1}.$$

从而

$$\begin{aligned}\boldsymbol{A}^n&=\begin{bmatrix}-1&-1&1\\1&1&0\\1&0&1\end{bmatrix}\begin{bmatrix}1&&\\&2^n&\\&&2^n\end{bmatrix}\begin{bmatrix}-1&-1&1\\1&1&0\\1&0&1\end{bmatrix}^{-1}\\&=\begin{bmatrix}-1&-1&1\\1&1&0\\1&0&1\end{bmatrix}\begin{bmatrix}1&&\\&2^n&\\&&2^n\end{bmatrix}\begin{bmatrix}-1&-1&1\\1&2&-1\\1&1&0\end{bmatrix}\end{aligned}$$

$$=\begin{bmatrix}1 & 1-2^n & -1+2^n\\ -1+2^n & -1+2^{n+1} & 1-2^n\\ -1+2^n & -1+2^n & 1\end{bmatrix}.$$

例 5 若 λ_0 为 $\boldsymbol{A}$ 的特征值,求证 λ_0^2 是 $\boldsymbol{A}^2$ 的特征值.

证明 设非零向量 $\boldsymbol{x}$ 是对应特征值 λ_0 的特征向量,则

$$\boldsymbol{A}\boldsymbol{x}=\lambda_0\boldsymbol{x}.$$

于是

$$\boldsymbol{A}^2\boldsymbol{x}=\boldsymbol{A}(\boldsymbol{A}\boldsymbol{x})=\boldsymbol{A}(\lambda_0\boldsymbol{x})=\lambda_0\boldsymbol{A}\boldsymbol{x}=\lambda_0(\lambda_0\boldsymbol{x})=\lambda_0^2\boldsymbol{x},$$

这说明 λ_0^2 是 $\boldsymbol{A}^2$ 的特征值.

2. 特征值与特征向量的性质

命题 5.2 **对于 n 阶方阵 $\boldsymbol{A}=[a_{ij}]_{n\times n}$,我们有以下两个结论:**

(1) $|\lambda\boldsymbol{E}-\boldsymbol{A}|=\lambda^n-(a_{11}+\cdots+a_{nn})\lambda^{n-1}+\cdots+(-1)^n\cdot|\boldsymbol{A}|$;

(2) 若 $|\lambda\boldsymbol{E}-\boldsymbol{A}|=(\lambda-\lambda_1)\cdots(\lambda-\lambda_n)$,则

$$\lambda_1+\cdots+\lambda_n=a_{11}+\cdots+a_{nn},\quad \lambda_1\cdots\lambda_n=|\boldsymbol{A}|.$$

证明 (1) 由于行列式

$$|\lambda\boldsymbol{E}-\boldsymbol{A}|=\begin{vmatrix}\lambda-a_{11} & -a_{12} & \cdots & -a_{1n}\\ -a_{21} & \lambda-a_{22} & \cdots & -a_{2n}\\ \vdots & \vdots & \ddots & \vdots\\ -a_{n1} & -a_{n2} & \cdots & \lambda-a_{nn}\end{vmatrix}$$

的展开式中有加项 $(\lambda-a_{11})(\lambda-a_{22})\cdots(\lambda-a_{nn})$,而其他每个加项的因子中最多含有

$$\lambda-a_{11},\ \lambda-a_{22},\ \cdots,\ \lambda-a_{nn}$$

中的 $n-2$ 项,因而 $|\lambda\boldsymbol{E}-\boldsymbol{A}|$ 是 λ 的 n 次多项式,其中 λ^n, λ^{n-1} 的系数分别是

$$(\lambda-a_{11})(\lambda-a_{22})\cdots(\lambda-a_{nn})=\lambda^n-(a_{11}+\cdots+a_{nn})\lambda^{n-1}+\cdots+(-1)^n a_{11}\cdots a_{nn}$$

中 λ^n, λ^{n-1} 的系数. 又因为 $|0\boldsymbol{E}-\boldsymbol{A}|=(-1)^n\cdot|\boldsymbol{A}|$,所以 $|\lambda\boldsymbol{E}-\boldsymbol{A}|$ 的常数项为 $(-1)^n\cdot|\boldsymbol{A}|$.

(2) 由于

$$|\lambda\boldsymbol{E}-\boldsymbol{A}|=(\lambda-\lambda_1)\cdots(\lambda-\lambda_n)=\lambda^n-(\lambda_1+\cdots+\lambda_n)\lambda^{n-1}+\cdots+(-1)^n\lambda_1\cdots\lambda_n;$$

由(1),比较 $|\lambda\boldsymbol{E}-\boldsymbol{A}|$ 中 λ^{n-1} 的系数及常数项得到

$$\lambda_1+\cdots+\lambda_n=a_{11}+\cdots+a_{nn},\quad \lambda_1\cdots\lambda_n=|\boldsymbol{A}|.$$

命题 5.3 **若 λ 是可逆阵 $\boldsymbol{A}$ 的特征值,则:**

(1) $\lambda\neq0$;

(2) λ^{-1} **是 $\boldsymbol{A}^{-1}$ 的特征值.**

证明 (1) 由命题5.2, $\boldsymbol{A}$ 的一切特征值的乘积为 $|\boldsymbol{A}|$,而当 $\boldsymbol{A}$ 可逆时, $|\boldsymbol{A}|\neq0$,从而 $\lambda\neq0$.

(2) 令 $\boldsymbol{A}\boldsymbol{x}=\lambda\boldsymbol{x}(\boldsymbol{x}\neq\boldsymbol{0})$,则有

$$\boldsymbol{A}^{-1}\boldsymbol{x}=\lambda^{-1}\boldsymbol{x},$$

这说明 λ^{-1} 为 $\boldsymbol{A}^{-1}$ 的特征值,且 $\boldsymbol{x}$ 仍为对应的一个特征向量.

命题 5.4 **若 $\lambda_1,\cdots,\lambda_m$ 是 $\boldsymbol{A}$ 的不同的特征值，又 $\boldsymbol{p}_1,\cdots,\boldsymbol{p}_m$ 为分别对应它们的特征向量，则向量组 $\boldsymbol{p}_1,\cdots,\boldsymbol{p}_m$ 线性无关.**

证明 我们在 $m=2$ 的情况下，说明证明的原理，由此读者不难用数学归纳法给出严格的证明. 设

$$k_1\boldsymbol{p}_1+k_2\boldsymbol{p}_2=\boldsymbol{0} \tag{1}$$

则

$$\boldsymbol{A}(k_1\boldsymbol{p}_1+k_2\boldsymbol{p}_2)=k_1\lambda_1\boldsymbol{p}_1+k_2\lambda_2\boldsymbol{p}_2=\boldsymbol{0} \tag{2}$$

另一方面，在(1)式两边同乘 λ_1，得到

$$k_1\lambda_1\boldsymbol{p}_1+k_2\lambda_1\boldsymbol{p}_2=\boldsymbol{0} \tag{3}$$

再由(2) - (3)得到

$$k_2(\lambda_2-\lambda_1)\boldsymbol{p}_2=\boldsymbol{0}.$$

由于 $\lambda_2\neq\lambda_1,\boldsymbol{p}_2\neq\boldsymbol{0}$，故 $k_2=0$；再由(1)式得 $k_1=0$. 总之，向量组 $\boldsymbol{p}_1,\boldsymbol{p}_2$ 线性无关.

命题 5.5 **令 $\lambda_1,\cdots,\lambda_m$ 是 $\boldsymbol{A}$ 的不同的特征值. 若**

$\boldsymbol{p}_1^{(1)},\cdots,\boldsymbol{p}_{k_1}^{(1)}$ 是对应 λ_1 的线性无关的特征向量；

$\boldsymbol{p}_1^{(2)},\cdots,\boldsymbol{p}_{k_2}^{(2)}$ 是对应 λ_2 的线性无关的特征向量；

$\vdots$

$\boldsymbol{p}_1^{(m)},\cdots,\boldsymbol{p}_{k_m}^{(m)}$ 是对应 λ_m 的线性无关的特征向量，

则所有这些特征向量线性无关.

证明 我们仅在 $m=2,k_1=2,k_2=3$ 的情况下，证明此命题. 一般情况同理可证. 令

$$k_1\boldsymbol{p}_1^{(1)}+k_2\boldsymbol{p}_2^{(1)}+l_1\boldsymbol{p}_1^{(2)}+l_2\boldsymbol{p}_2^{(2)}+l_3\boldsymbol{p}_3^{(2)}=\boldsymbol{0}.$$

记 $\boldsymbol{x}_1=k_1\boldsymbol{p}_1^{(1)}+k_2\boldsymbol{p}_2^{(1)},\boldsymbol{x}_2=l_1\boldsymbol{p}_1^{(2)}+l_2\boldsymbol{p}_2^{(2)}+l_3\boldsymbol{p}_3^{(2)}$，则有

$$\boldsymbol{A}\boldsymbol{x}_1=\lambda_1\boldsymbol{x}_1,\ \boldsymbol{A}\boldsymbol{x}_2=\lambda_2\boldsymbol{x}_2,\ \boldsymbol{x}_1+\boldsymbol{x}_2=\boldsymbol{0}.$$

若 $\boldsymbol{x}_1\neq\boldsymbol{0},\boldsymbol{x}_2\neq\boldsymbol{0}$，则 $\boldsymbol{x}_1$ 为对应特征值 λ_1 的特征向量，$\boldsymbol{x}_2$ 为对应特征值 λ_2 的特征向量；但 $\boldsymbol{x}_1+\boldsymbol{x}_2=\boldsymbol{0}$说明向量 $\boldsymbol{x}_1,\boldsymbol{x}_2$ 线性相关，由命题 5.4 知，这不可能. 于是，必有

$$\boldsymbol{x}_1=k_1\boldsymbol{p}_1^{(1)}+k_2\boldsymbol{p}_2^{(1)}=\boldsymbol{0},\quad \boldsymbol{x}_2=l_1\boldsymbol{p}_1^{(2)}+l_2\boldsymbol{p}_2^{(2)}+l_3\boldsymbol{p}_3^{(2)}=\boldsymbol{0};$$

再由命题 5.4 知，

$$k_1=k_2=0,\quad l_1=l_2=l_3=0.$$

总之，向量组 $\boldsymbol{p}_1^{(1)},\boldsymbol{p}_2^{(1)},\boldsymbol{p}_1^{(2)},\boldsymbol{p}_2^{(2)},\boldsymbol{p}_3^{(2)}$ 线性无关.

评注： 对于一个 n 阶方阵 $\boldsymbol{A}$，如何找一组个数最多的线性无关的特征向量？上面两个命题回答了此问题：先找到 $\boldsymbol{A}$ 的所有不同的特征值 $\lambda_1,\cdots,\lambda_m$；再求出每个齐次线性方程组 $(\lambda_i\boldsymbol{E}-\boldsymbol{A})\boldsymbol{x}=\boldsymbol{0}$的一个基础解系；这 m 个方程组的基础解系拼在一起就是 $\boldsymbol{A}$ 的一组个数最多的线性无关的特征向量. 由于 $n+1$ 个 n 维向量一定线性相关，故这样的一组向量最多有 n 个. 请读者回顾前面的例 1 到例 4. 正如本节开始的分析（下一节中，我们将详细说明），这组向量的个数若为 n，则矩阵 $\boldsymbol{A}$ 将有一个重要的特性——可对角化.

习 题 5.1

1. 判别下列命题的真假,并说明理由:

(1) 实数矩阵的特征值一定为实数.

(2) 矩阵的特征向量是唯一的.

(3) 只有对应不同特征值的特征向量才线性无关.

(4) 两个不同的矩阵的特征多项式一定不同.

2. 求下列矩阵的特征值和特征向量:

(1) $\begin{bmatrix}0&1\\0&0\end{bmatrix}$;　　(2) $\begin{bmatrix}2&1\\1&2\end{bmatrix}$;

(3) $\begin{bmatrix}2&1&0\\0&2&1\\0&0&2\end{bmatrix}$;　　(4) $\begin{bmatrix}1&1&0\\0&1&0\\0&0&1\end{bmatrix}$;

(5) $\begin{bmatrix}5&4&2\\4&5&2\\2&2&2\end{bmatrix}$;　　(6) $\begin{bmatrix}-2&1&1\\0&2&0\\-4&1&3\end{bmatrix}$.

3. 设 3 阶方阵 $\boldsymbol{A}$ 的特征值 $\lambda_1=1,\lambda_2=2,\lambda_3=3$. 求 $\boldsymbol{A}$ 的特征多项式 $|\lambda\boldsymbol{E}-\boldsymbol{A}|$ 及行列式 $|4\boldsymbol{E}-\boldsymbol{A}|$ 和 $|4\boldsymbol{E}+\boldsymbol{A}|$ 的值.

4. 设 2 阶方阵 $\boldsymbol{A}$ 的特征值为 $\lambda_1=-1,\lambda_2=2$,对应的特征向量为

$$\boldsymbol{p}_1=\begin{bmatrix}1\\2\end{bmatrix},\quad \boldsymbol{p}_2=\begin{bmatrix}2\\5\end{bmatrix},$$

求方阵 $\boldsymbol{A}$.

5. 设 λ 是方阵 $\boldsymbol{A}$ 的特征值,求证:

(1) $k\lambda$ 是 $k\boldsymbol{A}$ 的特征值;

(2) $k+\lambda$ 是 $k\boldsymbol{E}+\boldsymbol{A}$ 的特征值.

6. 若 λ 是可逆方阵 $\boldsymbol{A}$ 的特征值,求证 $\lambda^{-1}|\boldsymbol{A}|$ 是 $\boldsymbol{A}^*$ 的特征值.

7. 设 λ 是方阵 $\boldsymbol{A}$ 的特征值,求证 λ 的多项式

$$a_0+a_1\lambda+a_2\lambda^2+\cdots+a_m\lambda^m$$

为矩阵 $\boldsymbol{A}$ 的多项式矩阵

$$a_0\boldsymbol{E}+a_1\boldsymbol{A}+a_2\boldsymbol{A}^2+\cdots+a_m\boldsymbol{A}^m$$

的特征值.

8. 设 $\boldsymbol{A}^2=\boldsymbol{E}$,求 $\boldsymbol{A}$ 的一切可能的特征值.

9. 设 $\boldsymbol{A}$ 为 n 阶方阵,且 $\boldsymbol{A}^m=\boldsymbol{0}$($m$ 为正整数),求 $|\boldsymbol{E}+\boldsymbol{A}|$ 的值.

10. 设

$$\boldsymbol{A}=\begin{bmatrix}0&2&1\\2&x&0\\1&0&y\end{bmatrix},$$

其特征值为 $\lambda_1=1,\lambda_2=2,\lambda_3=3$,求 x 和 y.

11. 设 λ_1,λ_2 是 $\boldsymbol{A}$ 的两个不同的特征值，且 $\boldsymbol{x}_1,\boldsymbol{x}_2$ 分别为对应它们的特征向量，求证 $\boldsymbol{x}_1+\boldsymbol{x}_2$ 不是 $\boldsymbol{A}$ 的特征向量.

12. 设 $\lambda_1,\lambda_2,\lambda_3$ 是方阵 $\boldsymbol{A}$ 的三个互不相同的特征值，$\boldsymbol{x}_1,\boldsymbol{x}_2,\boldsymbol{x}_3$ 分别为对应它们的特征向量. 令 $\boldsymbol{y}=\boldsymbol{x}_1+\boldsymbol{x}_2+\boldsymbol{x}_3$，求证向量组 $\boldsymbol{y},\boldsymbol{Ay},\boldsymbol{A}^2\boldsymbol{y}$ 线性无关.

13. 设 $\boldsymbol{A},\boldsymbol{B}$ 为同阶方阵，λ 是 $\boldsymbol{AB}$ 的特征值，求证 λ 也是 $\boldsymbol{BA}$ 的特征值. 提示：分 $\lambda=0$，$\lambda\neq0$ 两种情况讨论.

14. 试用范德蒙行列式证明命题 5. 4.

附录　复数域内多项式的分解

作为本节的补充，在本附录中，我们简单介绍复数域内多项式的分解.

代数学基本定理　每个次数大于等于 1 的复系数多项式在复数域内至少有一个根.

此定理的证明是代数学中的一个系统工程，有兴趣的读者可参阅高深的代数学专著. 由此定理我们可以得到复数域内多项式的分解定理.

定理 1　每个次数大于等于 1 的复系数多项式

$$f(x)=x^n+a_{n-1}x^{n-1}+\cdots+a_1x+a_0$$

在复数域内都可分解成一次式的乘积，即

$$f(x)=(x-z_1)(x-z_2)\cdots(x-z_n),$$

这里的 $z_1,z_2,\cdots,z_n$ 为复数.

例如，

$$\begin{aligned}x^5-x^4+x-1&=(x-1)(x^4+1)\\&=(x-1)(x^2-\sqrt{2}x+1)(x^2+\sqrt{2}x+1)\\&=(x-1)\left[x-\left(\frac{\sqrt{2}}{2}+\frac{\sqrt{2}}{2}\mathrm{i}\right)\right]\left[x-\left(\frac{\sqrt{2}}{2}-\frac{\sqrt{2}}{2}\mathrm{i}\right)\right]\\&\quad\left[x-\left(-\frac{\sqrt{2}}{2}+\frac{\sqrt{2}}{2}\mathrm{i}\right)\right]\left[x-\left(-\frac{\sqrt{2}}{2}-\frac{\sqrt{2}}{2}\mathrm{i}\right)\right].\end{aligned}$$

定理 2　设 $f(x)=x^n+a_{n-1}x^{n-1}+\cdots+a_1x+a_0$ 为实系数多项式. 若 $z=a+b\mathrm{i}\in\mathbb{C}$ 为 $f(x)$ 的一个复根，则 $\bar{z}=a-b\mathrm{i}$ 也是 $f(x)$ 的根，即实系数多项式的虚部不为 0 的根共轭成对出现.

证明　由条件，有 $f(z)=0$，即

$$z^n+a_{n-1}z^{n-1}+\cdots+a_1z+a_0=0.$$

由复数运算的性质，我们得到

$$\bar{z}^n+a_{n-1}\bar{z}^{n-1}+\cdots+a_1\bar{z}+a_0=\bar{z}^n+\bar{a}_{n-1}\bar{z}^{n-1}+\cdots+\bar{a}_1\bar{z}+\bar{a}_0$$
$$=\overline{z^n+a_{n-1}z^{n-1}+\cdots+a_1z+a_0}=0,$$

即 $f(\bar{z})=0$.

5.2 方阵的相似与对角化

1. 两个方阵的相似

定义 1 设 $\boldsymbol{A},\boldsymbol{B}$ 为两个同阶方阵. 若存在一个可逆矩阵 $\boldsymbol{P}$ 使

$$\boldsymbol{P}^{-1}\boldsymbol{A}\boldsymbol{P}=\boldsymbol{B},$$

则称 $\boldsymbol{A}$ 与 $\boldsymbol{B}$ **相似**,记为 $\boldsymbol{A}\sim\boldsymbol{B}$;由 $\boldsymbol{A}$ 产生 $\boldsymbol{P}^{-1}\boldsymbol{A}\boldsymbol{P}$ 的运算也称对 $\boldsymbol{A}$ 进行**相似变换**.

例如,由于

$$\begin{bmatrix}1&1\\-1&1\end{bmatrix}^{-1}\begin{bmatrix}2&1\\1&2\end{bmatrix}\begin{bmatrix}1&1\\-1&1\end{bmatrix}=\begin{bmatrix}1&0\\0&3\end{bmatrix},$$

故 $\begin{bmatrix}2&1\\1&2\end{bmatrix}$ 与 $\begin{bmatrix}1&0\\0&3\end{bmatrix}$ 相似.

命题 5.6 相似的矩阵有相同的特征多项式,从而有相同的特征值,即矩阵在相似变换之下特征多项式不变.

证明 设 $\boldsymbol{P}^{-1}\boldsymbol{A}\boldsymbol{P}=\boldsymbol{B}$,则

$$\begin{aligned}|\lambda\boldsymbol{E}-\boldsymbol{B}|&=|\lambda\boldsymbol{E}-\boldsymbol{P}^{-1}\boldsymbol{A}\boldsymbol{P}|=|\boldsymbol{P}^{-1}(\lambda\boldsymbol{E}-\boldsymbol{A})\boldsymbol{P}|\\&=|\boldsymbol{P}^{-1}|\cdot|\lambda\boldsymbol{E}-\boldsymbol{A}|\cdot|\boldsymbol{P}|=|\boldsymbol{P}^{-1}\boldsymbol{P}|\cdot|\lambda\boldsymbol{E}-\boldsymbol{A}|\\&=|\lambda\boldsymbol{E}-\boldsymbol{A}|.\end{aligned}$$

评注: 若两个矩阵的特征多项式相同,它们不一定相似. 例如,$\begin{bmatrix}0&0\\0&0\end{bmatrix}$ 和 $\begin{bmatrix}0&1\\0&0\end{bmatrix}$ 的特征多项式都是 λ^2,但它们不会相似,因为对任何可逆的 2 阶方阵 $\boldsymbol{P}$,$\boldsymbol{P}\begin{bmatrix}0&0\\0&0\end{bmatrix}\boldsymbol{P}^{-1}\neq\begin{bmatrix}0&1\\0&0\end{bmatrix}$.

定义 2 若方阵 $\boldsymbol{A}$ 相似于一个对角阵,则称 $\boldsymbol{A}$ **可对角化**.

例如,$\begin{bmatrix}2&1\\1&2\end{bmatrix}$ 可对角化,而 $\begin{bmatrix}0&1\\0&0\end{bmatrix}$ 不能对角化. 事实上,若后者能对角化,则它相似于一个对角阵,而相似的矩阵有相同的特征值,所以这个对角阵为零矩阵,即 $\boldsymbol{P}\begin{bmatrix}0&1\\0&0\end{bmatrix}\boldsymbol{P}^{-1}=\boldsymbol{0}$,这是不可能的. 下面,我们将讨论方阵可对角化的条件.

2. 方阵可对角化的充要条件

定理 5.1 n 阶方阵 $\boldsymbol{A}$ 可对角化 $\Leftrightarrow$ $\boldsymbol{A}$ 有 n 个线性无关的特征向量.

证明 设 $\boldsymbol{A}$ 可对角化,且 $\boldsymbol{P}^{-1}\boldsymbol{A}\boldsymbol{P}=\mathrm{diag}(\lambda_1,\cdots,\lambda_n)$,则

$$\boldsymbol{A}\boldsymbol{P}=\boldsymbol{P}\mathrm{diag}(\lambda_1,\cdots,\lambda_n).$$

若写可逆阵 $\boldsymbol{P}=[\boldsymbol{p}_1,\cdots,\boldsymbol{p}_n]$,则 $\boldsymbol{p}_1,\cdots,\boldsymbol{p}_n$ 线性无关,且上式为

$$\boldsymbol{A}\boldsymbol{p}_1=\lambda_1\boldsymbol{p}_1,\ \cdots,\ \boldsymbol{A}\boldsymbol{p}_n=\lambda_n\boldsymbol{p}_n,$$

即 $\boldsymbol{p}_1,\cdots,\boldsymbol{p}_n$ 为 $\boldsymbol{A}$ 的 n 个线性无关的特征向量.

反之是明显的,因为上面的运算都是双向的.

推论 若 n 阶方阵 $\boldsymbol{A}$ 有 n 个不同的特征值,则 $\boldsymbol{A}$ 可对角化.

证明 因为每个特征值至少有一个特征向量,而对应不同特征值的特征向量线性无关,所以 $\boldsymbol{A}$ 有 n 个线性无关的特征向量. 由定理 5.1 知,$\boldsymbol{A}$ 可对角化.

例 1 讨论下面的矩阵是否能对角化:

$$\boldsymbol{A}=\begin{bmatrix}1&4&6\\0&2&5\\0&0&3\end{bmatrix}.$$

解 因为 $\boldsymbol{A}$ 有三个不同的特征值 1,2,3,故 $\boldsymbol{A}$ 能对角化.

例 2 讨论下面的矩阵是否能对角化:

$$\boldsymbol{A}=\begin{bmatrix}1&0&0\\0&2&1\\0&0&2\end{bmatrix}.$$

解 $\boldsymbol{A}$ 的特征多项式

$$|\lambda\boldsymbol{E}-\boldsymbol{A}|=\begin{vmatrix}\lambda-1&0&0\\0&\lambda-2&-1\\0&0&\lambda-2\end{vmatrix}=(\lambda-1)(\lambda-2)^2;$$

特征值 $\lambda_1=1,\lambda_2=\lambda_3=2$.

因为 $\mathrm{r}(\lambda_1\boldsymbol{E}-\boldsymbol{A})=2$,故方程组 $(\lambda_1\boldsymbol{E}-\boldsymbol{A})\boldsymbol{x}=\boldsymbol{0}$ 的基础解系中仅有一个向量;

因为 $\mathrm{r}(\lambda_2\boldsymbol{E}-\boldsymbol{A})=2$,故方程组 $(\lambda_2\boldsymbol{E}-\boldsymbol{A})\boldsymbol{x}=\boldsymbol{0}$ 的基础解系中也仅有一个向量.

总之,3 阶方阵 $\boldsymbol{A}$ 最多有两个线性无关的特征向量,从而 $\boldsymbol{A}$ 不能对角化.

例 3 讨论下面的矩阵是否能对角化:

$$\boldsymbol{A}=\begin{bmatrix}5&0&0&0\\0&5&0&0\\1&4&-3&0\\-1&-2&0&-3\end{bmatrix}.$$

解 矩阵 $\boldsymbol{A}$ 的特征值为 $\lambda_1=\lambda_2=-3,\lambda_3=\lambda_4=5$. 由

$$-3\boldsymbol{E}-\boldsymbol{A}=\begin{bmatrix}-8&0&0&0\\0&-8&0&0\\-1&-4&0&0\\1&2&0&0\end{bmatrix},\quad 5\boldsymbol{E}-\boldsymbol{A}=\begin{bmatrix}0&0&0&0\\0&0&0&0\\-1&-4&8&0\\1&2&0&8\end{bmatrix}$$

看到 $\mathrm{r}(-3\boldsymbol{E}-\boldsymbol{A})=\mathrm{r}(5\boldsymbol{E}-\boldsymbol{A})=2$,从而方程组 $(-3\boldsymbol{E}-\boldsymbol{A})\boldsymbol{x}=\boldsymbol{0}$ 和方程组 $(5\boldsymbol{E}-\boldsymbol{A})\boldsymbol{x}=\boldsymbol{0}$ 的基础解系中都有两个向量. 从而 $\boldsymbol{A}$ 有 4 个线性无关的特征向量,于是 $\boldsymbol{A}$ 可对角化.

定理 5.2 设 $\lambda_1,\cdots,\lambda_m$ 为 n 阶方阵 $\boldsymbol{A}$ 的所有不同的特征值,且特征多项式

$$|\lambda\boldsymbol{E}-\boldsymbol{A}|=(\lambda-\lambda_1)^{k_1}(\lambda-\lambda_2)^{k_2}\cdots(\lambda-\lambda_m)^{k_m},$$

则 $\boldsymbol{A}$ 可对角化 $\Leftrightarrow n-\mathrm{r}(\lambda_i\boldsymbol{E}-\boldsymbol{A})=k_i(i=1,2,\cdots,m)$,即每个齐次方程组 $(\lambda_i\boldsymbol{E}-\boldsymbol{A})\boldsymbol{x}=\boldsymbol{0}$ 的基础解系中恰有 k_i 个解向量.

证明 ($\Rightarrow$) 若 $\boldsymbol{A}$ 可对角化,则每个特征值 λ_i 至少可找到 k_i 个线性无关的特征向量(见下面的实例说明). 此时,方程组 $(\lambda_i\boldsymbol{E}-\boldsymbol{A})\boldsymbol{x}=\boldsymbol{0}$ 的基础解系中至少有 k_i 个解向量,从而

$$n-\mathrm{r}(\lambda_i\boldsymbol{E}-\boldsymbol{A})\geqslant k_i\quad(i=1,2,\cdots,m).$$

例如,若 5 阶方阵 $\boldsymbol{A}$ 可对角化,可逆阵 $\boldsymbol{P}=[\boldsymbol{p}_1,\boldsymbol{p}_2,\boldsymbol{p}_3,\boldsymbol{p}_4,\boldsymbol{p}_5]$ 满足

$$\boldsymbol{A}[\boldsymbol{p}_1,\boldsymbol{p}_2,\boldsymbol{p}_3,\boldsymbol{p}_4,\boldsymbol{p}_5]=[\boldsymbol{p}_1,\boldsymbol{p}_2,\boldsymbol{p}_3,\boldsymbol{p}_4,\boldsymbol{p}_5]\mathrm{diag}(2,2,3,3,3),$$

则

$$\boldsymbol{A}\boldsymbol{p}_1=2\boldsymbol{p}_1,\quad \boldsymbol{A}\boldsymbol{p}_2=2\boldsymbol{p}_2,\quad \boldsymbol{A}\boldsymbol{p}_3=3\boldsymbol{p}_3,\quad \boldsymbol{A}\boldsymbol{p}_4=3\boldsymbol{p}_4,\quad \boldsymbol{A}\boldsymbol{p}_5=3\boldsymbol{p}_5.$$

从而 $\boldsymbol{p}_1,\boldsymbol{p}_2$ 为对应特征值 2 的两个线性无关的特征向量;$\boldsymbol{p}_3,\boldsymbol{p}_4,\boldsymbol{p}_5$ 为对应特征值 3 的三个线性无关的特征向量.

另一方面,由命题 5.5 或上一节最后的评注知,$\boldsymbol{A}$ 至少有

$$(n\geqslant)\sum_{i=1}^{m}[n-r(\lambda_i\boldsymbol{E}-\boldsymbol{A})](\geqslant\sum_{i=1}^{m}k_i=n)$$

个线性无关的特征向量(加上两边的不等式),故有

$$n-r(\lambda_i\boldsymbol{E}-\boldsymbol{A})=k_i\quad(i=1,2,\cdots,m)$$

($\Leftarrow$) 若上式成立,则 $\boldsymbol{A}$ 有 $\sum\limits_{i=1}^{m}k_i$ 个线性无关的特征向量,而

$$\sum_{i=1}^{m}k_i=n,$$

故 $\boldsymbol{A}$ 恰好有 n 个线性无关的特征向量,从而可对角化.

评注: 若 3 阶方阵 $\boldsymbol{A}$ 的特征值为 $\lambda_1=\lambda_2\neq\lambda_3$,且

$$\mathrm{r}(\lambda_1\boldsymbol{E}-\boldsymbol{A})=1,$$

则 $\boldsymbol{A}$ 可对角化. 事实上,对应二重特征值 λ_1,有 $3-\mathrm{r}(\lambda_1\boldsymbol{E}-\boldsymbol{A})=2$;此时一定有 $3-\mathrm{r}(\lambda_3\boldsymbol{E}-\boldsymbol{A})=1$. 从而 $\boldsymbol{A}$ 满足上述定理的条件,一定能对角化.

例 4 设 $\boldsymbol{A}=\boldsymbol{\alpha}^{\mathrm{T}}\boldsymbol{\alpha}$,且 $\boldsymbol{\alpha}=(a,b,c)\neq\boldsymbol{0}$ 为实矩阵,求证 $\boldsymbol{A}$ 可对角化.

证明 先求 $\boldsymbol{A}$ 的所有特征值. 设 $\boldsymbol{x}$ 为对应非零特征值 λ 的特征向量,即

$$(\boldsymbol{\alpha}^{\mathrm{T}}\boldsymbol{\alpha})\boldsymbol{x}=\lambda\boldsymbol{x}.$$

在上式的左边同乘 $\boldsymbol{\alpha}=(a,b,c)$,得到

$$(a^2+b^2+c^2)\boldsymbol{\alpha x}=\lambda\boldsymbol{\alpha x};$$

由于数 $\boldsymbol{\alpha x}\neq \mathbf{0}$（否则有 $\lambda \boldsymbol{x}=\mathbf{0}$，这不可能），故

$$\lambda=a^2+b^2+c^2.$$

另一方面，由于 $\boldsymbol{A}$ 的对角线上的元素为 a^2,b^2,c^2，故 $\boldsymbol{A}$ 的一切特征值的和为 $a^2+b^2+c^2$. 从而，$\boldsymbol{A}$ 的所有特征值为

$$\lambda_1=\lambda_2=0,\ \lambda_3=a^2+b^2+c^2.$$

由于矩阵

$$\boldsymbol{A}=\begin{bmatrix} a^2 & ab & ac \\ ba & b^2 & bc \\ ca & cb & c^2 \end{bmatrix}$$

中有非零元，且 $\mathrm{r}(\boldsymbol{A})\leqslant \mathrm{r}(\boldsymbol{\alpha})=1$，故 $\mathrm{r}(\lambda_1\boldsymbol{E}-\boldsymbol{A})=\mathrm{r}(\boldsymbol{A})=1$（事实上，$\boldsymbol{A}$ 的三行成比例）. 总之，$\boldsymbol{A}$ 可对角化.

习　题　5.2

1. 判别下列命题的真假，并说明理由：

（1）只有具有 n 个不同特征值的 n 阶方阵才能对角化.

（2）每个方阵都可对角化.

2. 验证矩阵的相似为集合 $\mathbb{R}^{n\times n}$ 和 $\mathbb{C}^{n\times n}$ 上的等价关系，即：

（1）对任何方阵，有 $\boldsymbol{A}\sim\boldsymbol{A}$；

（2）若 $\boldsymbol{A}\sim\boldsymbol{B}$，则 $\boldsymbol{B}\sim\boldsymbol{A}$；

（3）若 $\boldsymbol{A}\sim\boldsymbol{B}$，且 $\boldsymbol{B}\sim\boldsymbol{C}$，则 $\boldsymbol{A}\sim\boldsymbol{C}$.

3. 已知 $\boldsymbol{A}=\begin{bmatrix} 1 & 0 \\ -1 & 2 \end{bmatrix}$，求 $\boldsymbol{P}$ 使 $\boldsymbol{P}^{-1}\boldsymbol{AP}=\begin{bmatrix} 1 & 0 \\ 0 & 2 \end{bmatrix}$，并求 $\boldsymbol{A}^{10}$.

4. 设下列两个矩阵相似，求 x 和 y：

$$\boldsymbol{A}=\begin{bmatrix} 1 & -2 & -4 \\ -2 & x & -2 \\ -4 & -2 & 1 \end{bmatrix},\quad \boldsymbol{B}=\begin{bmatrix} 5 & 0 & 0 \\ 0 & y & 0 \\ 0 & 0 & -4 \end{bmatrix}.$$

5. 设 $\boldsymbol{A},\boldsymbol{B}$ 都是 n 阶方阵，且 $\boldsymbol{A}$ 可逆，求证 $\boldsymbol{AB}$ 与 $\boldsymbol{BA}$ 相似.

6. 设 $\boldsymbol{A}_1,\boldsymbol{A}_2$ 分别与 $\boldsymbol{B}_1,\boldsymbol{B}_2$ 相似，求证 $\begin{bmatrix} \boldsymbol{A}_1 & \mathbf{0} \\ \mathbf{0} & \boldsymbol{A}_2 \end{bmatrix}$ 与 $\begin{bmatrix} \boldsymbol{B}_1 & \mathbf{0} \\ \mathbf{0} & \boldsymbol{B}_2 \end{bmatrix}$ 相似.

7. 求证线性空间 $\mathbb{R}^n$ 的同一个线性变换 $\boldsymbol{y}=\boldsymbol{Ax}$ 在不同基下的矩阵是相似的.

8. 求证下面的两个 2 阶方阵相似：

$$\begin{bmatrix} a & b \\ c & d \end{bmatrix},\ \begin{bmatrix} d & c \\ b & a \end{bmatrix}.$$

9. 设 2 阶实方阵 $\boldsymbol{A}$ 的行列式 $|\boldsymbol{A}|<0$，求证 $\boldsymbol{A}$ 可对角化.

10. 设矩阵

$$A=\begin{bmatrix}2&0&1\\3&1&x\\4&0&5\end{bmatrix}$$

可对角化,求 x.

11. 设 n 阶实方阵 $\boldsymbol{A}$ 满足 $\boldsymbol{A}^2=\boldsymbol{A}$,求证:

(1) $\mathrm{r}(\boldsymbol{E}-\boldsymbol{A})+\mathrm{r}(\boldsymbol{A})=n$;

(2) $\boldsymbol{A}$ 相似于 $\begin{bmatrix}\boldsymbol{E}_r&\boldsymbol{0}\\\boldsymbol{0}&\boldsymbol{0}\end{bmatrix}$,这里 $r=\mathrm{r}(\boldsymbol{A})$.

12. 设 λ_0 为 n 阶方阵 $\boldsymbol{A}$ 的特征值,且 $n-r(\lambda_0\boldsymbol{E}-\boldsymbol{A})=k$,求证 λ_0 至少为 $\boldsymbol{A}$ 的 k 重特征值,即 $|\lambda\boldsymbol{E}-\boldsymbol{A}|=(\lambda-\lambda_0)^k q(\lambda)$,这里的 $q(\lambda)$ 为 λ 的 $n-k$ 次多项式. 提示:将方程组 $(\lambda_0\boldsymbol{E}-\boldsymbol{A})\boldsymbol{x}=\boldsymbol{0}$ 的基础解系扩展为 $\mathbb{C}^n$ 的基.

5.3* 约当标准形简介

在第 2 章中,我们知道矩阵的等价为实数域上(其他的数域也可以)一切 $m\times n$ 矩阵之间的一个等价关系. 而且我们证实了两个矩阵等价的充要条件为它们的秩相同,从而 $\mathbb{R}^{m\times n}$ 中的矩阵按秩是否相同分了若干类,且在秩为 r 的类中,有一个外形优美的标准形 $\begin{bmatrix}\boldsymbol{E}_r&\boldsymbol{0}\\\boldsymbol{0}&\boldsymbol{0}\end{bmatrix}$.

现在矩阵间的相似也是实数域或复数域上一切 n 阶方阵之间的等价关系. 这样,我们将 $\mathbb{R}^{n\times n}$(或 $\mathbb{C}^{n\times n}$)视为一个学校,其中的一切学生(方阵)按是否相似也可以分成若干个班级,相似的矩阵在同一个班中. 现在的问题是,我们能否指定一个统一的标准,在每个班中(相似类中)选出一个标准形,此标准形在外形上也要优美规范. 当然这样的标准形不是唯一的,对于复数域上的 n 阶方阵,我们有一种优美规范的相似标准形——**约当标准形**. 下面我们就简要地介绍约当标准形.

下列形式的矩阵称为 k 阶**约当块**:

$$\boldsymbol{J}_k(\lambda)\equiv\begin{bmatrix}\lambda&1&&\\&\ddots&\ddots&\\&&\ddots&1\\&&&\lambda\end{bmatrix}_{k\times k};$$

例如,下面的 4 个矩阵为约当块:

$$\boldsymbol{J}_1(2)=[2],\qquad \boldsymbol{J}_2(-1)=\begin{bmatrix}-1&1\\0&-1\end{bmatrix},$$

$$\boldsymbol{J}_3(-2)=\begin{bmatrix}-2&1&0\\0&-2&1\\0&0&-2\end{bmatrix},\qquad \boldsymbol{J}_4(3)=\begin{bmatrix}3&1&0&0\\0&3&1&0\\0&0&3&1\\0&0&0&3\end{bmatrix}.$$

对角线由约当块构成的对角分块阵称为**约当阵**：

$$J=\begin{bmatrix} J_{k_1}(\lambda_1) & & & \\ & J_{k_2}(\lambda_2) & & \\ & & \ddots & \\ & & & J_{k_s}(\lambda_s) \end{bmatrix};$$

例如，下面的 3 个矩阵都是约当阵：

$$\begin{bmatrix} \boxed{2} & 0 & 0 \\ 0 & 2 & 1 \\ 0 & 0 & 2 \end{bmatrix},\quad \begin{bmatrix} -1 & 1 & 0 & 0 \\ 0 & -1 & 0 & 0 \\ 0 & 0 & 3 & 1 \\ 0 & 0 & 0 & 3 \end{bmatrix},\quad \begin{bmatrix} 5 & 1 & 0 & 0 & 0 \\ 0 & 5 & 1 & 0 & 0 \\ 0 & 0 & 5 & 0 & 0 \\ 0 & 0 & 0 & -1 & 1 \\ 0 & 0 & 0 & 0 & -1 \end{bmatrix}.$$

定理 5.3（Jordan）　在复数域内，任何一个方阵 A 都相似于一个约当阵

$$J=\begin{bmatrix} J_{k_1}(\lambda_1) & & & \\ & J_{k_2}(\lambda_2) & & \\ & & \ddots & \\ & & & J_{k_s}(\lambda_s) \end{bmatrix},$$

即存在可逆阵 P 使得 $A=PJP^{-1}$；若不记约当块的顺序，这个约当阵是唯一的，称其为 A 的约当标准形.

此定理的证明是一个耗时的系统工程，我们不得不略去其证明. 事实上，对于一个具体的方阵 A，有标准的程序来计算其约当标准形 J 及满足 $A=PJP^{-1}$ 的可逆阵 P. 对此，读者可参考其他代数学专著，或数学专业的高等代数课本.

例 1　特征值为 1,1,1 的一切 3 阶复方阵按相似分几类?

解　由定理 5.3 知，特征值为 1,1,1 的 3 阶约当阵有如下 3 个（不计约当块的顺序）：

$$\begin{bmatrix} 1 & 0 & 0 \\ 0 & 1 & 0 \\ 0 & 0 & 1 \end{bmatrix},\ \begin{bmatrix} 1 & 0 & 0 \\ 0 & 1 & 1 \\ 0 & 0 & 1 \end{bmatrix},\ \begin{bmatrix} 1 & 1 & 0 \\ 0 & 1 & 1 \\ 0 & 0 & 1 \end{bmatrix};$$

特征值为 1,1,1 的一切 3 阶复方阵按相似分 3 类.

例 2　设矩阵

$$A=\begin{bmatrix} -1 & 1 & 0 \\ -4 & 3 & 0 \\ 1 & 0 & 2 \end{bmatrix}.$$

（1）求 A 的约当标准形 J；

（2）求一个可逆阵 P 使 $A=PJP^{-1}$.

解　（1）$\boldsymbol{A}$ 的特征多项式

$$|\lambda\boldsymbol{E}-\boldsymbol{A}|=\begin{vmatrix}\lambda+1 & -1 & 0\\ 4 & \lambda-3 & 0\\ -1 & 0 & \lambda-2\end{vmatrix}=(\lambda-2)(\lambda-1)^2;$$

由于 $3-\mathrm{r}(\boldsymbol{E}-\boldsymbol{A})=1$，故 $\boldsymbol{A}$ 不能对角化，从而 $\boldsymbol{A}$ 的约当标准形为

$$\boldsymbol{J}=\begin{bmatrix}2 & 0 & 0\\ 0 & 1 & 1\\ 0 & 0 & 1\end{bmatrix}.$$

（2）令可逆阵 $\boldsymbol{P}=[\boldsymbol{p}_1,\boldsymbol{p}_2,\boldsymbol{p}_3]$ 满足 $\boldsymbol{A}=\boldsymbol{PJP}^{-1}$，即 $\boldsymbol{AP}=\boldsymbol{PJ}$，则得到

$$\boldsymbol{Ap}_1=2\boldsymbol{p}_1,\ \ \boldsymbol{Ap}_2=\boldsymbol{p}_2,\ \ \boldsymbol{Ap}_3=\boldsymbol{p}_2+\boldsymbol{p}_3;$$

求方程 $(2\boldsymbol{E}-\boldsymbol{A})\boldsymbol{x}=\boldsymbol{0}$ 和 $(\boldsymbol{E}-\boldsymbol{A})\boldsymbol{x}=\boldsymbol{0}$ 的一个非零解，可取

$$\boldsymbol{p}_1=(0,0,1)^{\mathrm{T}},\quad \boldsymbol{p}_2=(1,2,-1)^{\mathrm{T}};$$

再求方程 $(\boldsymbol{A}-\boldsymbol{E})\boldsymbol{x}=\boldsymbol{p}_2$ 的一个解，可取

$$\boldsymbol{p}_3=(-1,-1,0)^{\mathrm{T}}$$

故可取

$$\boldsymbol{P}=\begin{bmatrix}0 & 1 & -1\\ 0 & 2 & -1\\ 1 & -1 & 0\end{bmatrix}.$$

例 3　若 n 方阵 $\boldsymbol{A}$ 满足 $\boldsymbol{A}^2=\boldsymbol{E}$，求证 $\boldsymbol{A}$ 可对角化.

证明　本题可以用习题 5.2－11 的方法证明. 在这里，我们用约当标准形定理给出一个简单的证明. 设 $\boldsymbol{A}$ 的约当标准形

$$\boldsymbol{J}=\mathrm{diag}(\boldsymbol{J}_{k_1}(\lambda_1),\cdots,\boldsymbol{J}_{k_s}(\lambda_s)),$$

$\boldsymbol{A}=\boldsymbol{PJP}^{-1}$，则由 $\boldsymbol{A}^2=\boldsymbol{E}$ 可以得到 $\boldsymbol{PJ}^2\boldsymbol{P}^{-1}=\boldsymbol{E}$，从而 $\boldsymbol{J}^2=\boldsymbol{E}$；进而

$$\boldsymbol{J}_{k_i}^2(\lambda_i)=\boldsymbol{E}_{k_i}(i=1,\cdots,s).$$

直接计算容易看到，满足上式的约当块 $\boldsymbol{J}_{k_i}(\lambda_i)$ 只能是 $[\pm1]$. 于是 $\boldsymbol{J}=\mathrm{diag}(\pm1,\cdots,\pm1)$ 为对角阵，从而 $\boldsymbol{A}$ 可对角化.

习　题　5.3

1. 在复数域内，特征值为 2，1，1 的一切 3 阶方阵分多少个相似类？

2. 在复数域内，特征值为 1，1，1，1 的一切 4 阶方阵分多少个相似类？

3. 设矩阵

$$\boldsymbol{A}=\begin{bmatrix}-1 & 0 & 1\\ 3 & 1 & -1\\ -1 & 0 & 1\end{bmatrix}.$$

（1）求 $\boldsymbol{A}$ 的约当标准形 $\boldsymbol{J}$；

（2）求一个可逆阵 $\boldsymbol{P}$ 使 $\boldsymbol{A}=\boldsymbol{PJP}^{-1}$.

4. 设 $\boldsymbol{A}$ 为 3 阶方阵，$\boldsymbol{A}^2\neq\boldsymbol{0}$，$\boldsymbol{A}^3=\boldsymbol{0}$. 求证 $\boldsymbol{A}$ 相似于矩阵 $\boldsymbol{J}_3(0)$.

5. 对于方阵 $\boldsymbol{A}$，若 $\boldsymbol{A}^k=\boldsymbol{0}$（$k$ 为一个确定的正整数），则称 $\boldsymbol{A}$ 为**幂零阵**. 求证 $\boldsymbol{A}$ 为幂零阵 $\Leftrightarrow$ $\boldsymbol{A}$ 的特征值都为 0.

第 6 章　实对称阵与二次型

本章实际上为线性代数的一个应用,借助实对称阵来讨论一类特殊的多元实函数——二次型. 例如,三元二次型的一般形式为

$$\begin{aligned} f(x_1,x_2,x_3) = a_{11}x_1^2 &+ 2a_{12}x_1x_2 + 2a_{13}x_1x_3 \\ &+ a_{22}x_2^2 \quad + 2a_{23}x_2x_3 \\ &\qquad\qquad + a_{33}x_3^2. \end{aligned}$$

若我们令 $\boldsymbol{x}=(x_1,x_2,x_3)^{\mathrm{T}}$,再造一个对称阵

$$\boldsymbol{A}=\begin{bmatrix} a_{11} & a_{12} & a_{13} \\ a_{12} & a_{22} & a_{23} \\ a_{13} & a_{23} & a_{33} \end{bmatrix},$$

则 $f(\boldsymbol{x})=\boldsymbol{x}^{\mathrm{T}}\boldsymbol{A}\boldsymbol{x}$. 每个二次型对应一个实对称阵,二次型的讨论可以等效地转化为实对称阵的讨论. 本章中,我们首先讨论实对称阵的性质,指出了实对称阵在合同变换下的不变量,再将实对称阵的理论转化为实二次型的理论.

本章的主要内容:

(1) 向量的内积;

(2) 实对称阵与二次型;

(3) 二次型的惯性;

(4) 正定二次型.

6.1　向量的内积

1. 向量的内积

在空间直角坐标系 $Oxyz$ 中,我们引入了两个向量的数量积(内积):若向量 $\vec{a}=(a_1,a_2,a_3)$,$\vec{b}=(b_1,b_2,b_3)$,则 $\vec{a}$ 与 $\vec{b}$ 的内积

$$\vec{a}\cdot\vec{b}=a_1b_1+a_2b_2+a_3b_3$$

内积具有如下的基本性质:

(1) $\vec{a}\cdot\vec{b}=\vec{b}\cdot\vec{a}$;

(2) $\vec{a}\cdot(\lambda\vec{b})=(\lambda\vec{a})\cdot\vec{b}=\lambda(\vec{a}\cdot\vec{b})$;

(3) $\vec{a}\cdot(\vec{b}+\vec{c})=\vec{a}\cdot\vec{b}+\vec{a}\cdot\vec{c}$;

(4) $\vec{a}\cdot\vec{a}\geqslant 0$, $\vec{a}\cdot\vec{a}=0 \Leftrightarrow \vec{a}=\vec{0}$.

通过向量的内积,我们还引入了向量的正交、平行及夹角等概念. 所有这些都可以平移到线性空间 $\mathbb{R}^n$ 上.

定义 1 （1）对任意的 $\boldsymbol{x}=(x_1,\cdots,x_n)^{\mathrm{T}},\boldsymbol{y}=(y_1,\cdots,y_n)^{\mathrm{T}}\in\mathbb{R}^n$，我们称实数

$$[\boldsymbol{x},\boldsymbol{y}]\equiv\boldsymbol{x}^{\mathrm{T}}\boldsymbol{y}=x_1\cdot y_1+\cdots+x_n\cdot y_n$$

为向量 $\boldsymbol{x}$ 与 $\boldsymbol{y}$ 的**内积**.

（2）对于向量 $\boldsymbol{x}=(x_1,\cdots,x_n)^{\mathrm{T}}$，称实数

$$\|\boldsymbol{x}\|\equiv\sqrt{[\boldsymbol{x},\boldsymbol{x}]}=\sqrt{x_1^2+\cdots+x_n^2}$$

为向量 $\boldsymbol{x}$ 的**模**，**长度**或**范数**；模为 1 的向量称**单位向量**.

（3）当 $[\boldsymbol{x},\boldsymbol{y}]=0$ 时，称向量 $\boldsymbol{x}$ 与 $\boldsymbol{y}$ **正交**.

（4）对于非零向量 $\boldsymbol{x},\boldsymbol{y}\in\mathbb{R}^n$，称

$$\arccos\frac{[\boldsymbol{x},\boldsymbol{y}]}{\|\boldsymbol{x}\|\cdot\|\boldsymbol{y}\|}$$

为向量 $\boldsymbol{x}$ 与 $\boldsymbol{y}$ 的**夹角**.

内积的基本性质：

（1）$[\boldsymbol{x},\boldsymbol{y}]=[\boldsymbol{y},\boldsymbol{x}]$；

（2）$[\lambda\boldsymbol{x},\boldsymbol{y}]=[\boldsymbol{x},\lambda\boldsymbol{y}]=\lambda[\boldsymbol{x},\boldsymbol{y}]\ (\lambda\in\mathbb{R})$；

（3）$[\boldsymbol{x}+\boldsymbol{y},\boldsymbol{z}]=[\boldsymbol{x},\boldsymbol{z}]+[\boldsymbol{y},\boldsymbol{z}]$，$[\boldsymbol{z},\boldsymbol{x}+\boldsymbol{y}]=[\boldsymbol{z},\boldsymbol{x}]+[\boldsymbol{z},\boldsymbol{y}]$；

（4）$[\boldsymbol{x},\boldsymbol{x}]\geqslant0$，$[\boldsymbol{x},\boldsymbol{x}]=0\Leftrightarrow\boldsymbol{x}=\boldsymbol{0}$；

（5）$[\boldsymbol{x},\boldsymbol{y}]^2\leqslant\|\boldsymbol{x}\|^2\cdot\|\boldsymbol{y}\|^2$；

（6）$\|\boldsymbol{x}+\boldsymbol{y}\|\leqslant\|\boldsymbol{x}\|+\|\boldsymbol{y}\|$.

以上六项除了(5)，(6)以外，只是形式验证. 我们仅证明(5)，(6)留作习题. 当 $\boldsymbol{x}=\boldsymbol{0}$ 时，(5)为 $0=0$；当 $\boldsymbol{x}\neq\boldsymbol{0}$ 时，$[\boldsymbol{x},\boldsymbol{x}]>0$，我们有 λ 的一元二次不等式：

$$[\lambda\boldsymbol{x}+\boldsymbol{y},\lambda\boldsymbol{x}+\boldsymbol{y}]=[\boldsymbol{x},\boldsymbol{x}]\cdot\lambda^2+2[\boldsymbol{x},\boldsymbol{y}]\cdot\lambda+[\boldsymbol{y},\boldsymbol{y}]\geqslant0;$$

此不等式的判别式

$$\Delta=4[\boldsymbol{x},\boldsymbol{y}]^2-4[\boldsymbol{x},\boldsymbol{x}]\cdot[\boldsymbol{y},\boldsymbol{y}]\leqslant0,$$

此不等式就是不等式(5).

例 1 在 $\mathbb{R}^3$ 中给定两个线性无关的向量

$$\boldsymbol{\alpha}=(a_1,a_2,a_3)^{\mathrm{T}},\quad\boldsymbol{\beta}=(b_1,b_2,b_3)^{\mathrm{T}}.$$

求与 $\boldsymbol{\alpha},\boldsymbol{\beta}$ 同时正交的一切向量.

解 设 $\boldsymbol{\gamma}=(x_1,x_2,x_3)^{\mathrm{T}}$ 与 $\boldsymbol{\alpha},\boldsymbol{\beta}$ 同时正交，则

$$\begin{cases}a_1x_1+a_2x_2+a_3x_3=0\\b_1x_1+b_2x_2+b_3x_3=0\end{cases}.\qquad(*)$$

由于此方程组系数阵的秩为 2，故系数阵的三个二阶子式中至少有一个不为 0，从而向量

$$\boldsymbol{\gamma}_0=\left(\begin{vmatrix}a_2&a_3\\b_2&b_3\end{vmatrix},-\begin{vmatrix}a_1&a_3\\b_1&b_3\end{vmatrix},\begin{vmatrix}a_1&a_2\\b_1&b_2\end{vmatrix}\right)^{\mathrm{T}}\neq\boldsymbol{0};$$

另一方面，向量 $\boldsymbol{\gamma}_0$ 的坐标为下列行列式第 1 行的代数余子式：

$$\begin{vmatrix}1&1&1\\a_1&a_2&a_3\\b_1&b_2&b_3\end{vmatrix}.$$

由行列式的展开定理知 $\boldsymbol{\gamma}_0$ 为方程组(*)的一个非零解向量;再由齐次线性方程组解的理论知

$$\boldsymbol{\gamma}=k\boldsymbol{\gamma}_0 \quad (k\in\mathbb{R})$$

为与 $\boldsymbol{\alpha},\boldsymbol{\beta}$ 同时正交的一切向量(**注意**:$\boldsymbol{\gamma}_0$ 就是 $\boldsymbol{\alpha}$ 与 $\boldsymbol{\beta}$ 的向量积).

例2 已知 $\boldsymbol{\alpha}_1,\boldsymbol{\alpha}_2\in\mathbb{R}^n$线性无关.试求另一组与 $\boldsymbol{\alpha}_1,\boldsymbol{\alpha}_2$ 等价的正交向量组 $\boldsymbol{\beta}_1,\boldsymbol{\beta}_2$.

解 为了简便,先取 $\boldsymbol{\beta}_1=\boldsymbol{\alpha}_1$.由于 $\boldsymbol{\beta}_2$ 应是 $\boldsymbol{\alpha}_1,\boldsymbol{\alpha}_2$ 的线性组合.为此,我们试取 $\boldsymbol{\beta}_2=k\boldsymbol{\alpha}_1+\boldsymbol{\alpha}_2$.无论 k 取何值,因为

$$(\boldsymbol{\beta}_1,\boldsymbol{\beta}_2)=(\boldsymbol{\alpha}_1,\boldsymbol{\alpha}_2)\begin{bmatrix}1&k\\0&1\end{bmatrix},\qquad \begin{vmatrix}1&k\\0&1\end{vmatrix}\neq 0,$$

所以 $\boldsymbol{\beta}_1,\boldsymbol{\beta}_2$ 必与 $\boldsymbol{\alpha}_1,\boldsymbol{\alpha}_2$ 等价.我们期望选个合适的 k 使 $\boldsymbol{\beta}_1$ 与 $\boldsymbol{\beta}_2$ 正交.由

$$0=[\boldsymbol{\beta}_1,\boldsymbol{\beta}_2]=[\boldsymbol{\alpha}_1,k\boldsymbol{\alpha}_1+\boldsymbol{\alpha}_2]=k[\boldsymbol{\alpha}_1,\boldsymbol{\alpha}_1]+[\boldsymbol{\alpha}_1,\boldsymbol{\alpha}_2]$$

知,只需 $k=-\dfrac{[\boldsymbol{\alpha}_1,\boldsymbol{\alpha}_2]}{[\boldsymbol{\alpha}_1,\boldsymbol{\alpha}_1]}$.总之,向量组

$$\boldsymbol{\beta}_1=\alpha_1,\quad \boldsymbol{\beta}_2=\boldsymbol{\alpha}_2-\frac{[\boldsymbol{\alpha}_1,\boldsymbol{\alpha}_2]}{[\boldsymbol{\alpha}_1,\boldsymbol{\alpha}_1]}\boldsymbol{\alpha}_1$$

为所求.

以上由 $\boldsymbol{\alpha}_1,\boldsymbol{\alpha}_2$ 求 $\boldsymbol{\beta}_1,\boldsymbol{\beta}_2$ 的过程称为 Schmidt **正交化过程**,我们不难将其推广到一般情况.为了清晰,我们给出下面的命题,读者不难给出一般情况的叙述.

命题6.1 若向量组 $\boldsymbol{\alpha}_1,\boldsymbol{\alpha}_2,\boldsymbol{\alpha}_3$ 线性无关,则向量组

$$\boldsymbol{\beta}_1=\boldsymbol{\alpha}_1,\ \boldsymbol{\beta}_2=\boldsymbol{\alpha}_2-\frac{[\boldsymbol{\alpha}_2,\boldsymbol{\beta}_1]}{[\boldsymbol{\beta}_1,\boldsymbol{\beta}_1]}\boldsymbol{\beta}_1,\ \boldsymbol{\beta}_3=\boldsymbol{\alpha}_3-\frac{[\boldsymbol{\alpha}_3,\boldsymbol{\beta}_2]}{[\boldsymbol{\beta}_2,\boldsymbol{\beta}_2]}\boldsymbol{\beta}_2-\frac{[\boldsymbol{\alpha}_3,\boldsymbol{\beta}_1]}{[\boldsymbol{\beta}_1,\boldsymbol{\beta}_1]}\boldsymbol{\beta}_1$$

正交且与向量组 $\boldsymbol{\alpha}_1,\boldsymbol{\alpha}_2,\boldsymbol{\alpha}_3$ 等价.

证明 直接验证知 $\boldsymbol{\beta}_1,\boldsymbol{\beta}_2,\boldsymbol{\beta}_3$ 相互正交;再由

$$[\boldsymbol{\beta}_1,\boldsymbol{\beta}_2,\boldsymbol{\beta}_3]=[\boldsymbol{\alpha}_1,\boldsymbol{\alpha}_2,\boldsymbol{\alpha}_3]\begin{bmatrix}1&*&*\\0&1&*\\0&0&1\end{bmatrix}$$

知,向量组 $\boldsymbol{\beta}_1,\boldsymbol{\beta}_2,\boldsymbol{\beta}_3$ 与 $\boldsymbol{\alpha}_1,\boldsymbol{\alpha}_2,\boldsymbol{\alpha}_3$ 等价.

命题6.2 若 $\boldsymbol{\alpha}_1,\boldsymbol{\alpha}_2,\cdots,\boldsymbol{\alpha}_m$ 为正交向量组(向量两两正交),且此向量组中没有零向量,则此向量组线性无关.

证明(留作习题).

2. 正交矩阵与标准正交基

定义2 (1) 若向量空间 $\mathbb{R}^n$的基 $\boldsymbol{\alpha}_1,\cdots,\boldsymbol{\alpha}_n$ 中的向量都是单位向量,且相互正交,则称此基为**标准正交基**.

(2) 若实方阵 $\boldsymbol{P}$ 满足 $\boldsymbol{P}^{\mathrm{T}}\boldsymbol{P}=\boldsymbol{E}$,即 $\boldsymbol{P}^{-1}=\boldsymbol{P}^{\mathrm{T}}$,则称 $\boldsymbol{P}$ 为正交阵.

例如，

$$E_n,\quad \begin{bmatrix}0 & -1\\1 & 0\end{bmatrix},\quad \begin{bmatrix}0 & 1 & 0\\ \cos\theta & 0 & -\sin\theta\\ \sin\theta & 0 & \cos\theta\end{bmatrix}$$

都是正交阵.

评注： n 阶实方阵 $\boldsymbol{P}$ 是正交阵的充要条件是其列向量组是向量空间 $\mathbb{R}^n$ 的标准正交基. 事实上，若将 n 阶方阵 $\boldsymbol{P}$ 按列向量分块为 $\boldsymbol{P}=[\boldsymbol{p}_1,\cdots,\boldsymbol{p}_n]$，则 $\boldsymbol{P}^{\mathrm{T}}\boldsymbol{P}=\boldsymbol{E}$ 等同于

$$\begin{bmatrix}\boldsymbol{p}_1^{\mathrm{T}}\\ \vdots\\ \boldsymbol{p}_n^{\mathrm{T}}\end{bmatrix}[\boldsymbol{p}_1,\cdots,\boldsymbol{p}_n]=\begin{bmatrix}\boldsymbol{p}_1^{\mathrm{T}}\boldsymbol{p}_1 & \cdots & \boldsymbol{p}_1^{\mathrm{T}}\boldsymbol{p}_n\\ \vdots & \ddots & \vdots\\ \boldsymbol{p}_n^{\mathrm{T}}\boldsymbol{p}_1 & \cdots & \boldsymbol{p}_n^{\mathrm{T}}\boldsymbol{p}_n\end{bmatrix}=\boldsymbol{E},$$

即

$$\boldsymbol{p}_i^{\mathrm{T}}\boldsymbol{p}_j=\begin{cases}1 & (i=j);\\ 0 & (i\neq j),\end{cases}$$

从而 $\boldsymbol{p}_1,\cdots,\boldsymbol{p}_n$ 是相互正交的单位向量，就是 $\mathbb{R}^n$ 的标准正交基.

例 3 设 $\boldsymbol{P}$ 为正交阵，且 $|\boldsymbol{P}|=-1$，求证 -1 为 $\boldsymbol{P}$ 的特征值.

证明 我们只要证明 $|(-1)\boldsymbol{E}-\boldsymbol{P}|=0$，即 $|\boldsymbol{E}+\boldsymbol{P}|=0$.

由于 $\boldsymbol{P}^{\mathrm{T}}\boldsymbol{P}=\boldsymbol{E}$，故

$$\begin{aligned}|\boldsymbol{E}+\boldsymbol{P}|&=|\boldsymbol{P}^{\mathrm{T}}\boldsymbol{P}+\boldsymbol{P}|=|(\boldsymbol{P}^{\mathrm{T}}+\boldsymbol{E})\boldsymbol{P}|\\&=|(\boldsymbol{P}+\boldsymbol{E})^{\mathrm{T}}\boldsymbol{P}|=|\boldsymbol{E}+\boldsymbol{P}|\cdot|\boldsymbol{P}|.\end{aligned}$$

又由于 $|\boldsymbol{P}|=-1$，因而 $|\boldsymbol{E}+\boldsymbol{P}|=0$.

例 4 求证正交阵的特征值的模为 1.

证明 在下面的证明中，$\overline{\boldsymbol{A}}$ 表示矩阵 $\boldsymbol{A}$ 的每一个元素都取共轭得到的矩阵. 由复数取共轭的性质知 $\overline{\boldsymbol{AB}}=\overline{\boldsymbol{A}}\ \overline{\boldsymbol{B}}$. 设 $\boldsymbol{P}$ 为正交阵，复数 λ 是它的一个特征值，非零复向量 $\boldsymbol{x}$ 满足 $\boldsymbol{Px}=\lambda\boldsymbol{x}$. 于是

$$\overline{\boldsymbol{x}}^{\mathrm{T}}\boldsymbol{P}^{\mathrm{T}}=\overline{\lambda}\overline{\boldsymbol{x}}^{\mathrm{T}}.$$

将 $\overline{\boldsymbol{x}}^{\mathrm{T}}\boldsymbol{P}^{\mathrm{T}}=\overline{\lambda}\overline{\boldsymbol{x}}^{\mathrm{T}}$ 与 $\boldsymbol{Px}=\lambda\boldsymbol{x}$ 两边相乘，再注意 $\boldsymbol{P}^{\mathrm{T}}\boldsymbol{P}=\boldsymbol{E}$，得到

$$\overline{\boldsymbol{x}}^{\mathrm{T}}\boldsymbol{x}=(\overline{\boldsymbol{x}}^{\mathrm{T}}\boldsymbol{P}^{\mathrm{T}})(\boldsymbol{Px})=(\overline{\lambda}\overline{\boldsymbol{x}}^{\mathrm{T}})(\lambda\boldsymbol{x})=(\overline{\lambda}\lambda)(\overline{\boldsymbol{x}}^{\mathrm{T}}\boldsymbol{x}).$$

另一方面，当 $\boldsymbol{x}=(x_1,\cdots,x_n)^{\mathrm{T}}\neq\boldsymbol{0}$ 时，

$$\overline{\boldsymbol{x}}\boldsymbol{x}=\overline{x}_1x_1+\cdots+\overline{x}_nx_n=|x_1|^2+\cdots+|x_n|^2>0;$$

于是我们得到 $\overline{\lambda}\lambda=1$，即 $|\lambda|=1$.

评注： 存在特征值不是实数的正交阵. 例如，正交阵

$$\begin{bmatrix}0 & -1\\1 & 0\end{bmatrix}$$

的特征值为 $\pm\mathrm{i}$.

习　题　6.1

1. 求下列两向量的内积：

(1) $\boldsymbol{x}=(1,-1,0,1)^{\mathrm{T}}$，$\boldsymbol{y}=(2,-2,1,-3)^{\mathrm{T}}$；

(2) $\boldsymbol{x}=(0,1,4,-1,3)^{\mathrm{T}}$，$\boldsymbol{y}=(1,-1,0,3,-1)^{\mathrm{T}}$.

2. 求下列向量的长度：

(1) $\boldsymbol{x}=(1,-1,0,1)^{\mathrm{T}}$；

(2) $\boldsymbol{y}=(2,-2,1,-3)^{\mathrm{T}}$.

3. 求一个 4 维列向量 $\boldsymbol{x}$ 与下列三个向量同时正交：

$$(1,1,-1,1,)^{\mathrm{T}},\ (1,-1,-1,1)^{\mathrm{T}},\ (2,1,1,3)^{\mathrm{T}}.$$

4. 求证一组相互正交的非零向量线性无关.

5. 设两个向量 $\boldsymbol{x},\boldsymbol{y}$ 正交，求证 $\|\boldsymbol{x}\|^2+\|\boldsymbol{y}\|^2=\|\boldsymbol{x}+\boldsymbol{y}\|^2$.

6. 对任意向量 $\boldsymbol{x},\boldsymbol{y}\in\mathbb{R}^n$，求证 $\|\boldsymbol{x}+\boldsymbol{y}\|\leqslant\|\boldsymbol{x}\|+\|\boldsymbol{y}\|$.

7. 设 $\boldsymbol{0}\neq\boldsymbol{x}_0\in\mathbb{R}^n$. 令 $V=\{\boldsymbol{x}\in\mathbb{R}^n\mid[\boldsymbol{x},\boldsymbol{x}_0]=0\}$，求证：

(1) V 是一个向量空间；

(2) $\dim V=n-1$.

8. 设 $\boldsymbol{\alpha}_1,\cdots,\boldsymbol{\alpha}_m\in\mathbb{R}^n$，$a_{ij}=[\boldsymbol{\alpha}_i,\boldsymbol{\alpha}_j]$. 求证向量组 $\boldsymbol{\alpha}_1,\cdots,\boldsymbol{\alpha}_m$ 线性无关$\Leftrightarrow$行列式 $|a_{ij}|_m\neq0$.

9. 求证正交阵的行列式为 ±1.

10. 求证两个同阶正交阵的乘积还是正交阵.

11. 求证一个正交阵的逆阵还是正交阵.

12. 设 $\boldsymbol{x}$ 是 n 维实单位向量，$\boldsymbol{P}=\boldsymbol{E}_n-2\boldsymbol{x}\boldsymbol{x}^{\mathrm{T}}$，求证 $\boldsymbol{P}$ 是正交阵.

13. 设 λ 是正交阵 $\boldsymbol{P}$ 的特征值，求证 λ^{-1} 也是 $\boldsymbol{P}$ 的特征值.

14. 若 $\boldsymbol{P}$ 为 3 阶正交阵，且 $|\boldsymbol{P}|=1$，求证 1 是 $\boldsymbol{P}$ 的特征值.

15. 求证**正交变换** $\boldsymbol{y}=\boldsymbol{P}\boldsymbol{x}$（$\boldsymbol{P}$ 为正交阵）不改变两个向量的内积及夹角，也不改变向量的长度.

6.2　实对称阵与二次型

1. 二次型与实对称阵的对应

在工程中，我们经常遇到一类特殊的 n 元实函数——二次型，即 n 元实系数二次齐次多项式函数.

定义 1　设 $\boldsymbol{A}=[a_{ij}]_{n\times n}$ 为实对称阵，$\boldsymbol{x}=(x_1,\cdots,x_n)^{\mathrm{T}}$，则变元 $x_1,\cdots,x_n$ 的二次齐次多项式

$$\begin{aligned} f(\boldsymbol{x}) &= \boldsymbol{x}^{\mathrm{T}}\boldsymbol{A}\boldsymbol{x} \\ &= a_{11}x_1^2 + 2a_{12}x_1x_2 + \cdots + 2a_{1n}x_1x_n \\ &\quad + a_{22}x_2^2 \qquad\quad + \cdots + 2a_{2n}x_2x_n \\ &\qquad\qquad\qquad\qquad\qquad \vdots \\ &\qquad\qquad\qquad\qquad + a_{nn}x_n^2 \end{aligned}$$

称为(n 元)**二次型**,称 $\boldsymbol{A}$ 为这个**二次型的矩阵**,且称 $\boldsymbol{A}$ 的秩为此**二次型的秩**.

例如,

$$f(x_1,x_2) = ax_1^2 + 2bx_1x_2 + cx_2^2 = (x_1,x_2)\begin{bmatrix} a & b \\ b & c \end{bmatrix}\begin{bmatrix} x_1 \\ x_2 \end{bmatrix},$$

$$g(x_1,\cdots,x_n) = \lambda_1x_1^2 + \cdots + \lambda_nx_n^2 = (x_1,\cdots,x_n)\begin{bmatrix} \lambda_1 & & \\ & \ddots & \\ & & \lambda_n \end{bmatrix}\begin{bmatrix} x_1 \\ \vdots \\ x_n \end{bmatrix}.$$

评注:不含交叉项的二次型 $\lambda_1x_1^2 + \cdots + \lambda_nx_n^2$ 很好处理,是最优美的二次型,这样的二次型对应的矩阵是对角阵. 另一方面,对于一个给定的 n 元二次型 $f(\boldsymbol{x}) = \boldsymbol{x}^{\mathrm{T}}\boldsymbol{A}\boldsymbol{x}$,将可逆线性变换 $\boldsymbol{x} = \boldsymbol{C}\boldsymbol{y}$($\boldsymbol{C}$ 可逆,$\boldsymbol{y} = (y_1,\cdots,y_n)^{\mathrm{T}}$)代入此二次型,得到

$$f(\boldsymbol{x}) = \boldsymbol{x}^{\mathrm{T}}\boldsymbol{A}\boldsymbol{x} = (\boldsymbol{C}\boldsymbol{x})^{\mathrm{T}}\boldsymbol{A}(\boldsymbol{C}\boldsymbol{x}) = \boldsymbol{y}^{\mathrm{T}}(\boldsymbol{C}^{\mathrm{T}}\boldsymbol{A}\boldsymbol{C})\boldsymbol{y}.$$

此时 $g(\boldsymbol{y}) = \boldsymbol{y}^{\mathrm{T}}(\boldsymbol{C}^{\mathrm{T}}\boldsymbol{A}\boldsymbol{C})\boldsymbol{y}$ 还是一个二次型,只是变元变成了 $y_1,\cdots,y_n$. 但由于 $\boldsymbol{x} = \boldsymbol{C}\boldsymbol{y}$,而 $\boldsymbol{C}$ 可逆,因而变元 $x_1,\cdots,x_n$ 与变元 $y_1,\cdots,y_n$ 之间能相互唯一决定,即 $\boldsymbol{x} = \boldsymbol{C}\boldsymbol{y}$ 仍然联系着 $f(\boldsymbol{x})$ 和 $g(\boldsymbol{y})$. 至此,我们自然会问:**能否找到一个合适的可逆阵 $\boldsymbol{C}$ 使二次型**

$$f(\boldsymbol{x}) = \boldsymbol{y}^{\mathrm{T}}(\boldsymbol{C}^{\mathrm{T}}\boldsymbol{A}\boldsymbol{C})\boldsymbol{y} = \lambda_1y_1^2 + \cdots + \lambda_ny_n^2,$$

这等同于能否找到一个合适的可逆阵 $\boldsymbol{C}$ 使得

$$\boldsymbol{C}^{\mathrm{T}}\boldsymbol{A}\boldsymbol{C} = \begin{bmatrix} \lambda_1 & & \\ & \ddots & \\ & & \lambda_n \end{bmatrix}.$$

对此,给出肯定的回答是本节的主题. 为此,我们先讨论实对称阵的性质.

2. 实对称阵的对角化

命题 6.3 实对称阵的特征值都是实数,从而其特征向量都可取为实向量.

证明 设复数 λ 是实对称阵 $\boldsymbol{A}$ 的特征值,复向量 $\boldsymbol{x}$ 是对应 λ 的特征向量,则 $\boldsymbol{A}\boldsymbol{x} = \lambda\boldsymbol{x}$. 于是

$$\bar{\boldsymbol{x}}^{\mathrm{T}}(\boldsymbol{A}\boldsymbol{x}) = \bar{\boldsymbol{x}}^{\mathrm{T}}(\lambda\boldsymbol{x}) = \lambda\cdot(\bar{\boldsymbol{x}}^{\mathrm{T}}\boldsymbol{x});$$

另一方面,由 $\boldsymbol{A} = \boldsymbol{A}^{\mathrm{T}}$,$\boldsymbol{A} = \bar{\boldsymbol{A}}$,我们反方向计算 $\bar{\boldsymbol{x}}^{\mathrm{T}}(\boldsymbol{A}\boldsymbol{x})$,得到

$$\begin{aligned} \bar{\boldsymbol{x}}^{\mathrm{T}}(\boldsymbol{A}\boldsymbol{x}) &= (\bar{\boldsymbol{x}}^{\mathrm{T}}\boldsymbol{A})\boldsymbol{x} = (\bar{\boldsymbol{x}}^{\mathrm{T}}\boldsymbol{A}^{\mathrm{T}})\boldsymbol{x} = (\boldsymbol{A}\bar{\boldsymbol{x}})^{\mathrm{T}}\boldsymbol{x} = (\bar{\boldsymbol{A}}\bar{\boldsymbol{x}})^{\mathrm{T}}\boldsymbol{x} \\ &= (\overline{\boldsymbol{A}\boldsymbol{x}})^{\mathrm{T}}\boldsymbol{x} = (\overline{\lambda\boldsymbol{x}})^{\mathrm{T}}\boldsymbol{x} = (\bar{\lambda}\bar{\boldsymbol{x}})^{\mathrm{T}}\boldsymbol{x} = \bar{\lambda}\cdot(\bar{\boldsymbol{x}}^{\mathrm{T}}\boldsymbol{x}). \end{aligned}$$

因而 $\lambda\cdot(\bar{\boldsymbol{x}}^{\mathrm{T}}\boldsymbol{x}) = \bar{\lambda}\cdot(\bar{\boldsymbol{x}}^{\mathrm{T}}\boldsymbol{x})$. 而当 $\boldsymbol{x} \neq \boldsymbol{0}$ 时,$\bar{\boldsymbol{x}}^{\mathrm{T}}\boldsymbol{x} > 0$,从而我们得到 $\lambda = \bar{\lambda}$. 这就证明了 λ 为实数.

当 λ 为实数时，方程组 $(\lambda \boldsymbol{E}-\boldsymbol{A})\boldsymbol{x}=\boldsymbol{0}$ 的系数都是实数，从而其解可取为实数向量.

命题 6.4 实对称阵对应不同特征值的特征向量正交.

证明 设 $\boldsymbol{A}$ 为实对称阵，λ_1,λ_2 是它的两个不同的特征值，且 $\boldsymbol{x}_1,\boldsymbol{x}_2$ 为分别对应它们的特征向量，则

$$\begin{aligned}\lambda_1\cdot[\boldsymbol{x}_1,\boldsymbol{x}_2]&=\lambda_1(\boldsymbol{x}_1^{\mathrm{T}}\boldsymbol{x}_2)=(\lambda_1\boldsymbol{x}_1)^{\mathrm{T}}\boldsymbol{x}_2\\&=(\boldsymbol{A}\boldsymbol{x}_1)^{\mathrm{T}}\boldsymbol{x}_2=(\boldsymbol{x}_1^{\mathrm{T}}\boldsymbol{A}^{\mathrm{T}})\boldsymbol{x}_2\\&=\boldsymbol{x}_1^{\mathrm{T}}(\boldsymbol{A}^{\mathrm{T}}\boldsymbol{x}_2)=\boldsymbol{x}_1^{\mathrm{T}}(\boldsymbol{A}\boldsymbol{x}_2)\\&=\boldsymbol{x}_1^{\mathrm{T}}(\lambda_2\boldsymbol{x}_2)=\lambda_2(\boldsymbol{x}_1^{\mathrm{T}}\boldsymbol{x}_2)\\&=\lambda_2\cdot[\boldsymbol{x}_1,\boldsymbol{x}_2].\end{aligned}$$

由于 λ_1,λ_2 不同，故 $[\boldsymbol{x}_1,\boldsymbol{x}_2]=0$，从而 $\boldsymbol{x}_1,\boldsymbol{x}_2$ 正交.

定理 6.1 **若 $\boldsymbol{A}$ 为 n 阶实对称阵，则存在一个正交阵 $\boldsymbol{P}$ 使得**

$$\boldsymbol{P}^{\mathrm{T}}\boldsymbol{A}\boldsymbol{P}=\mathrm{diag}(\lambda_1,\cdots,\lambda_n),$$

这里的 $\lambda_1,\cdots,\lambda_n$ 为 $\boldsymbol{A}$ 的特征值.

注：此定理说明实对称阵可以**正交对角化**.

证明* 我们对实对称阵的阶数用数学归纳法.

(1) 对 1 阶实对称阵，只要取正交阵 $\boldsymbol{P}=[\ 1\ ]$.

(2) 假设结论对 $n-1$ 阶实对称阵成立.

(3) 现设 $\boldsymbol{A}$ 为 n 阶实对称阵. 由命题 6.3，我们可取 $\boldsymbol{A}$ 的一个实特征值 λ_1 和对应的实特征向量 $\boldsymbol{p}_1$，而且取 $\boldsymbol{p}_1$ 为单位向量. 此时，我们可取到另外 $n-1$ 个向量 $\boldsymbol{p}_2,\cdots,\boldsymbol{p}_n$ 使

$$\boldsymbol{p}_1,\ \boldsymbol{p}_2,\ \cdots,\ \boldsymbol{p}_n$$

为向量空间 $\mathbb{R}^n$ 的一个标准正交基. 事实上，可取 $\boldsymbol{p}_2$ 为齐次线性方程组 $\boldsymbol{p}_1^{\mathrm{T}}\boldsymbol{x}=\boldsymbol{0}$ 的单位解向量，则 $\boldsymbol{p}_1,\boldsymbol{p}_2$ 正交；再取 $\boldsymbol{p}_3$ 为齐次线性方程组 $[\boldsymbol{p}_1,\boldsymbol{p}_2]^{\mathrm{T}}\boldsymbol{x}=\boldsymbol{0}$ 的单位解向量，则 $\boldsymbol{p}_1,\boldsymbol{p}_2,\boldsymbol{p}_3$ 相互正交；重复这个过程直到取到 $\boldsymbol{p}_n$.

令 $\boldsymbol{P}=[\boldsymbol{p}_1,\cdots,\boldsymbol{p}_n]$，则 $\boldsymbol{P}$ 为正交阵，而且

$$\begin{aligned}\boldsymbol{A}[\boldsymbol{p}_1,\cdots,\boldsymbol{p}_n]&=[\boldsymbol{p}_1,\cdots,\boldsymbol{p}_n]\begin{bmatrix}\lambda_1 & d_1 & \cdots & d_{n-1}\\ 0 & b_{11} & \cdots & b_{1,n-1}\\ \vdots & \vdots & \ddots & \vdots\\ 0 & b_{n-1,1} & \cdots & b_{n-1,n-1}\end{bmatrix}\\&=[\boldsymbol{p}_1,\cdots,\boldsymbol{p}_n]\begin{bmatrix}\lambda_1 & d_1 & \cdots & d_{n-1}\\ 0 & & & \\ \vdots & & \boldsymbol{B} & \\ 0 & & & \end{bmatrix},\end{aligned}$$

即

$$\boldsymbol{P}^{\mathrm{T}}\boldsymbol{A}\boldsymbol{P}=\begin{bmatrix}\lambda_1 & d_1 & \cdots & d_{n-1}\\ 0 & & & \\ \vdots & & \boldsymbol{B} & \\ 0 & & & \end{bmatrix}.$$

但由于 $P^{T}AP$ 还是对称阵，故 $d_1=\cdots=d_{n-1}=0$，且 B 是一个 $n-1$ 阶实对称阵. 由归纳假设，存在一个 $n-1$ 阶正交阵 Q_1 使

$$Q_1^{T}BQ_1=\begin{bmatrix}\lambda_2 & & \\ & \ddots & \\ & & \lambda_n\end{bmatrix}.$$

现在令

$$Q=\begin{bmatrix}1 & \mathbf{0}\\ \mathbf{0} & Q_1\end{bmatrix},$$

则 Q 是 n 阶正交阵，而且

$$\begin{aligned}(PQ)^{T}A(PQ)&=Q^{T}(P^{T}AP)Q\\&=\begin{bmatrix}1 & \mathbf{0}\\ \mathbf{0} & Q_1\end{bmatrix}^{T}\begin{bmatrix}\lambda_1 & \mathbf{0}\\ \mathbf{0} & B\end{bmatrix}\begin{bmatrix}1 & \mathbf{0}\\ \mathbf{0} & Q_1\end{bmatrix}\\&=\begin{bmatrix}\lambda_1 & \mathbf{0}\\ \mathbf{0} & Q_1^{T}BQ_1\end{bmatrix}\\&=\mathrm{diag}(\lambda_1,\lambda_2,\cdots,\lambda_n).\end{aligned}$$

由于 PQ 还是正交阵(两个正交阵的乘积还是正交阵)，所以结论对 n 阶实对称阵也成立. 由归纳原理定理得证.

例 1 将实对称阵

$$A=\begin{bmatrix}a & b\\ b & a\end{bmatrix}$$

正交对角化.

解 矩阵 A 的特征多项式

$$|\lambda E-A|=\begin{vmatrix}\lambda-a & -b\\ -b & \lambda-a\end{vmatrix}=[\lambda-(a+b)][\lambda-(a-b)],$$

特征值为 $\lambda_1=a+b,\lambda_2=a-b$.

解方程组 $(\lambda_1E-A)x=\mathbf{0}$ 和 $(\lambda_2E-A)x=\mathbf{0}$ 得到对应特征值 λ_1,λ_2 的特征向量

$$x_1=\begin{bmatrix}1\\1\end{bmatrix},\quad x_2=\begin{bmatrix}1\\-1\end{bmatrix};$$

x_1,x_2 是正交的. 现在令

$$P=\left[\frac{1}{\|x_1\|}x_1,\ \frac{1}{\|x_2\|}x_2\right]=\begin{bmatrix}\frac{1}{\sqrt{2}} & \frac{1}{\sqrt{2}}\\ \frac{1}{\sqrt{2}} & -\frac{1}{\sqrt{2}}\end{bmatrix},$$

则 P 为正交阵，且

$$P^{T}AP=\begin{bmatrix}a+b & 0\\ 0 & a-b\end{bmatrix}.$$

例 2 将实对称阵

$$A=\begin{bmatrix}2&1&1\\1&2&1\\1&1&2\end{bmatrix}$$

正交对角化.

解 矩阵 $\boldsymbol{A}$ 的特征多项式

$$|\lambda\boldsymbol{E}-\boldsymbol{A}|=\begin{vmatrix}\lambda-2&-1&-1\\-1&\lambda-2&-1\\-1&-1&\lambda-2\end{vmatrix}=(\lambda-1)^2(\lambda-4),$$

特征值 $\lambda_1=\lambda_2=1,\lambda_3=4$.

解方程组 $(\lambda_1\boldsymbol{E}-\boldsymbol{A})\boldsymbol{x}=\boldsymbol{0}$ 得基础解系

$$\boldsymbol{x}_1=(1,0,-1)^{\mathrm{T}},\quad \boldsymbol{x}_2=(0,1,-1)^{\mathrm{T}},$$

这两个特征向量并不正交. 由 Schmidt 正交化方法,得到如下两个正交的特征向量

$$\boldsymbol{q}_1=\boldsymbol{x}_1=(1,0,-1)^{\mathrm{T}},\quad \boldsymbol{q}_2=\boldsymbol{x}_2-\frac{[\boldsymbol{x}_2,\boldsymbol{x}_1]}{[\boldsymbol{x}_1,\boldsymbol{x}_1]}\boldsymbol{x}_1=\frac{1}{2}(-1,2,-1)^{\mathrm{T}};$$

解方程组 $(\lambda_3\boldsymbol{E}-\boldsymbol{A})\boldsymbol{x}=\boldsymbol{0}$ 得基础解系

$$\boldsymbol{q}_3=(1,1,1)^{\mathrm{T}}.$$

再将正交的向量组 $\boldsymbol{q}_1,\boldsymbol{q}_2,\boldsymbol{q}_3$ 单位化得

$$\boldsymbol{p}_1=\begin{bmatrix}\frac{1}{\sqrt{2}}\\0\\-\frac{1}{\sqrt{2}}\end{bmatrix},\quad \boldsymbol{p}_2=\begin{bmatrix}-\frac{1}{\sqrt{6}}\\\frac{2}{\sqrt{6}}\\-\frac{1}{\sqrt{6}}\end{bmatrix},\quad \boldsymbol{p}_3=\begin{bmatrix}\frac{1}{\sqrt{3}}\\\frac{1}{\sqrt{3}}\\\frac{1}{\sqrt{3}}\end{bmatrix}.$$

取 $\boldsymbol{P}=[\boldsymbol{p}_1,\boldsymbol{p}_2,\boldsymbol{p}_3]$,则 $\boldsymbol{P}$ 为正交阵,且

$$\boldsymbol{P}^{\mathrm{T}}\boldsymbol{A}\boldsymbol{P}=\begin{bmatrix}1&&\\&1&\\&&4\end{bmatrix}.$$

例 3 设 3 阶实对称阵 $\boldsymbol{A}$ 的特征值为 $\lambda_1=\lambda_2=2,\lambda_3=4$;对应特征值 4 的特征向量有 $\boldsymbol{p}_3=(1,0,1)^{\mathrm{T}}$. 求矩阵 $\boldsymbol{A}$.

解 由于 $\boldsymbol{A}$ 可对角化,对应二重特征值 2,可以找到两个线性无关的特征向量. 另一方面,由命题 6. 4 知,对应特征值 2 的特征向量与 $\boldsymbol{p}_3$ 正交,即为方程

$$x_1+x_3=0$$

的非零解. 而此方程的基础解系中恰有两个向量,从而这个方程组的基础解系:

$$\boldsymbol{p}_1=(-1,0,1)^{\mathrm{T}},\quad \boldsymbol{p}_2=(0,1,0)^{\mathrm{T}}$$

就是对应特征值 2 的特征向量. 于是,令 $\boldsymbol{P}=[\boldsymbol{p}_1,\boldsymbol{p}_2,\boldsymbol{p}_3]$,则

$$\boldsymbol{A}=\boldsymbol{P}\mathrm{diag}(\lambda_1,\lambda_2,\lambda_3)\boldsymbol{P}^{-1}=\begin{bmatrix}3&0&1\\0&2&0\\1&0&3\end{bmatrix}.$$

3. 二次型的正交标准形

实对称阵可正交对角化，将其转化为二次型的语言，我们就有下面重要的定理.

定理 6.2 对于 n 元二次型 $f(\boldsymbol{x})=\boldsymbol{x}^{\mathrm{T}}\boldsymbol{A}\boldsymbol{x}$，存在一个正交变换 $\boldsymbol{x}=\boldsymbol{P}\boldsymbol{y}$ 化此二次型为正交标准形

$$f=\lambda_1 y_1^2+\cdots+\lambda_n y_n^2,$$

这里 $\lambda_1,\cdots,\lambda_n$ 为 $\boldsymbol{A}$ 的特征值.

证明 由定理 6.1 知，存在一个正交阵 $\boldsymbol{P}$ 使

$$\boldsymbol{P}^{\mathrm{T}}\boldsymbol{A}\boldsymbol{P}=\operatorname{diag}(\lambda_1,\cdots,\lambda_n),$$

$\lambda_1,\cdots,\lambda_n$ 为 $\boldsymbol{A}$ 的特征值. 取正交变换 $\boldsymbol{x}=\boldsymbol{P}\boldsymbol{y}$，则

$$\begin{aligned}f(\boldsymbol{x})&=\boldsymbol{y}^{\mathrm{T}}(\boldsymbol{P}^{\mathrm{T}}\boldsymbol{A}\boldsymbol{P})\boldsymbol{y}=(y_1,\cdots,y_n)\begin{bmatrix}\lambda_1 & & \\ & \ddots & \\ & & \lambda_n\end{bmatrix}\begin{bmatrix}y_1\\ \vdots\\ y_n\end{bmatrix}\\&=\lambda_1 y_1^2+\cdots+\lambda_n y_n^2.\end{aligned}$$

例 4 求正交变换 $\boldsymbol{x}=\boldsymbol{P}\boldsymbol{y}$ 化二元二次型

$$f(x_1,x_2)=ax_1^2+2bx_1x_2+ax_2^2$$

为标准形.

解 此二次型的矩阵

$$\boldsymbol{A}=\begin{bmatrix}a & b\\ b & a\end{bmatrix};$$

由例 1 知，取正交阵

$$\boldsymbol{P}=\begin{bmatrix}\frac{1}{\sqrt{2}} & \frac{1}{\sqrt{2}}\\ \frac{1}{\sqrt{2}} & -\frac{1}{\sqrt{2}}\end{bmatrix},$$

则正交变换 $\boldsymbol{x}=\boldsymbol{P}\boldsymbol{y}$ 化二次型 $f(\boldsymbol{x})$ 为标准形

$$f(\boldsymbol{x})=\boldsymbol{y}^{\mathrm{T}}(\boldsymbol{P}^{\mathrm{T}}\boldsymbol{A}\boldsymbol{P})\boldsymbol{y}=(a+b)y_1^2+(a-b)y_2^2.$$

例 5 求正交变换 $\boldsymbol{x}=\boldsymbol{P}\boldsymbol{y}$ 化二次型

$$f(x_1,x_2,x_3)=2x_1^2+2x_1x_2+2x_1x_3+2x_2^2+2x_2x_3+2x_3^2$$

为标准形.

解 二次型的矩阵

$$\boldsymbol{A}=\begin{bmatrix}2 & 1 & 1\\ 1 & 2 & 1\\ 1 & 1 & 2\end{bmatrix};$$

由例 2 知，取正交阵

$$P=\begin{bmatrix}\frac{1}{\sqrt{2}} & -\frac{1}{\sqrt{6}} & \frac{1}{\sqrt{3}}\\ 0 & \frac{2}{\sqrt{6}} & \frac{1}{\sqrt{3}}\\ -\frac{1}{\sqrt{2}} & -\frac{1}{\sqrt{6}} & \frac{1}{\sqrt{3}}\end{bmatrix},$$

则正交变换 $\boldsymbol{x}=\boldsymbol{P}\boldsymbol{y}$ 化二次型 $f(\boldsymbol{x})$ 为标准形

$$f(\boldsymbol{x})=\boldsymbol{y}^{\mathrm{T}}(\boldsymbol{P}^{\mathrm{T}}\boldsymbol{A}\boldsymbol{P})\boldsymbol{y}=y_1^2+y_2^2+4y_3^2.$$

例 6 求二次型 $f(x_1,x_2,x_3)=2x_1x_2-2x_2x_3$ 的正交标准形.

解 由于二次型的矩阵

$$\boldsymbol{A}=\begin{bmatrix}0 & 1 & 0\\ 1 & 0 & -1\\ 0 & -1 & 0\end{bmatrix}$$

的特征值为 $\lambda_1=-1,\lambda_2=1,\lambda_3=0$,故此二次型的正交标准形为

$$f=-y_1^2+y_2^2.$$

习 题 6.2

1. 已知 2 阶实对称阵 $\boldsymbol{A}$ 的特征值为 $\lambda_1=1,\lambda_2=2$,且 $\lambda_1=1$ 对应的特征向量为 $(1,2)^{\mathrm{T}}$,求矩阵 $\boldsymbol{A}$.

2. 若 $\boldsymbol{A}$ 为实对称阵,且 $\boldsymbol{A}^2=\boldsymbol{0}$,求证 $\boldsymbol{A}=\boldsymbol{0}$.

3. 设 3 阶实对称阵 $\boldsymbol{A}$ 的特征值为 $\lambda_1=-1,\lambda_2=\lambda_3=1$,且 λ_1 对应的特征向量 $\boldsymbol{x}_1=(0,1,1)^{\mathrm{T}}$,求矩阵 $\boldsymbol{A}$.

4. 对于下列实对称阵 $\boldsymbol{A}$,求正交阵 $\boldsymbol{P}$ 使 $\boldsymbol{P}^{\mathrm{T}}\boldsymbol{A}\boldsymbol{P}$ 为对角阵:

(1) $\boldsymbol{A}=\begin{bmatrix}1 & 2\\ 2 & 4\end{bmatrix}$;　　(2) $\boldsymbol{A}=\begin{bmatrix}2 & -2 & 0\\ -2 & 1 & -2\\ 0 & -2 & 0\end{bmatrix}$.

5. 求下列二次型的正交标准形:

(1) $f=x_1^2+4x_2^2+2x_3^2-4x_1x_2-8x_1x_3-4x_2x_3$;

(2) $f=x_1^2+5x_2^2-x_3^2+4\sqrt{2}x_1x_3$.

6. 求一个正交变换 $\boldsymbol{x}=\boldsymbol{P}\boldsymbol{y}$ 化下列二次型为标准形:

(1) $f=2x_1^2+3x_2^2+3x_3^2+4x_2x_3$;

(2) $f=2x_1x_2-2x_3x_4$.

7. 设实对称阵 $\boldsymbol{A}$ 的特征值的最大者为 λ_M,最小者为 λ_m,求证

$$\lambda_m\cdot(\boldsymbol{x}^{\mathrm{T}}\boldsymbol{x})\leqslant \boldsymbol{x}^{\mathrm{T}}\boldsymbol{A}\boldsymbol{x}\leqslant\lambda_M\cdot(\boldsymbol{x}^{\mathrm{T}}\boldsymbol{x}).$$

8. 设 n 阶实对称阵 $\boldsymbol{A}$ 的特征值为 $\lambda_1,\cdots,\lambda_n$. 求证存在 $\boldsymbol{A}$ 的一组特征向量 $\boldsymbol{p}_1,\cdots,\boldsymbol{p}_n$ 使得

$$\boldsymbol{A}=\lambda_1\boldsymbol{p}_1\boldsymbol{p}_1^{\mathrm{T}}+\cdots+\lambda_n\boldsymbol{p}_n\boldsymbol{p}_n^{\mathrm{T}}.$$

6.3 二次型的标准形与惯性定理

1. 二次型的标准形与惯性定理

在讨论二次型$f=\boldsymbol{x}^{\mathrm{T}}\boldsymbol{A}\boldsymbol{x}$时,有时我们仅需要一个可逆变换$\boldsymbol{x}=\boldsymbol{C}\boldsymbol{y}$将其化为$d_1y_1^2+\cdots+d_ny_n^2$形式.

定义 1 若一个可逆变换$\boldsymbol{x}=\boldsymbol{C}\boldsymbol{y}$将二次型$f=\boldsymbol{x}^{\mathrm{T}}\boldsymbol{A}\boldsymbol{x}$化为

$$f=\boldsymbol{y}^{\mathrm{T}}(\boldsymbol{P}^{\mathrm{T}}\boldsymbol{A}\boldsymbol{P})\boldsymbol{y}=d_1y_1^2+\cdots+d_ny_n^2,$$

则称后者为二次型$f=\boldsymbol{x}^{\mathrm{T}}\boldsymbol{A}\boldsymbol{x}$的(一个)**标准形**.

评注: 将一个二次型化为标准形的可逆变换不是唯一的. 例如,对于二次型$f(x_1,x_2)=2x_1x_2$,正交变换

$$\begin{bmatrix}x_1\\x_2\end{bmatrix}=\begin{bmatrix}\frac{1}{\sqrt{2}}&\frac{1}{\sqrt{2}}\\\frac{1}{\sqrt{2}}&-\frac{1}{\sqrt{2}}\end{bmatrix}\begin{bmatrix}y_1\\y_2\end{bmatrix}$$

可将其化为正交标准形

$$f=y_1^2-y_2^2;$$

而可逆线性变换

$$\begin{bmatrix}x_1\\x_2\end{bmatrix}=\begin{bmatrix}1&-1\\1&1\end{bmatrix}\begin{bmatrix}y_1\\y_2\end{bmatrix}$$

也可将其化为标准形

$$f=2y_1^2-2y_2^2.$$

当变换不是正交变换时,此二次型的标准形中各项的系数就不一定是二次型矩阵的特征值了. 将一个二次型化为标准形的可逆变换不是唯一的,其标准形也就不是唯一的,在这个不唯一中,有没有什么是确定不变的. 我们的回答是,有! 这就是下面**二次型的惯性定理:一个二次型的标准形中,正(负)系数的个数是固定不变的**.

定理 6.3 设n元二次型$f=\boldsymbol{x}^{\mathrm{T}}\boldsymbol{A}\boldsymbol{x}$的秩为$r>0$. 若可逆变换$\boldsymbol{x}=\boldsymbol{B}\boldsymbol{y},\boldsymbol{x}=\boldsymbol{C}\boldsymbol{z}$分别化此二次型为标准形:

$$f=b_1y_1^2+\cdots+b_py_p^2-b_{p+1}y_{p+1}^2-\cdots-b_ry_r^2(b_1,\cdots,b_r>0),$$

$$f=c_1z_1^2+\cdots+c_qz_q^2-c_{q+1}z_{q+1}^2-\cdots-c_rz_r^2(c_1,\cdots,c_r>0),$$

则$p=q$;这个不变的数$\boldsymbol{p}$称为二次型$\boldsymbol{x}^{\mathrm{T}}\boldsymbol{A}\boldsymbol{x}$或$\boldsymbol{A}$的正惯性指数.

证明* 由于$\boldsymbol{B}\boldsymbol{y}=\boldsymbol{C}\boldsymbol{z}$,从而$\boldsymbol{z}=(\boldsymbol{C}^{-1}\boldsymbol{B})\boldsymbol{y}=[k_{ij}]\boldsymbol{y}$,即

$$\begin{cases} z_1 = k_{11}y_1 + \cdots + k_{1p}y_p + k_{1,p+1}y_{p+1} + \cdots + k_{1n}y_n \\ \vdots \quad \vdots \qquad \vdots \qquad \vdots \qquad \vdots \\ z_q = k_{q1}y_1 + \cdots + k_{qp}y_p + k_{q,p+1}y_{p+1} + \cdots + k_{qn}y_n \\ \vdots \quad \vdots \qquad \vdots \qquad \vdots \qquad \vdots \\ z_n = k_{n1}y_1 + \cdots + k_{np}y_p + k_{n,p+1}y_{p+1} + \cdots + k_{nn}y_n \end{cases}. \tag{1}$$

假设 $p > q$，则含有 p 个未知数，q 个方程的齐次线性方程组

$$\begin{cases} k_{11}y_1 + k_{12}y_2 + \cdots + k_{1p}y_p = 0 \\ k_{21}y_1 + k_{22}y_2 + \cdots + k_{2p}y_p = 0 \\ \quad \vdots \qquad \vdots \qquad \quad \vdots \quad \vdots \\ k_{q1}y_1 + k_{q2}y_2 + \cdots + k_{qp}y_p = 0 \end{cases} \tag{2}$$

一定有一组非零解 $y_1 = d_1, \cdots, y_p = d_p$；再取 $y_{p+1} = \cdots = y_n = 0$. 将这组 y_i 代入(1)式得到一组 z_i，其中必有 $z_1 = \cdots = z_q = 0$. 将这两组相关联的 $y_1, \cdots, y_n$ 和 $z_1, \cdots, z_n$ 代入二次型的标准形，得到一个矛盾：

$$0 < b_1 d_1^2 + \cdots + b_p d_p^2 = -c_{q+1}z_{q+1}^2 - \cdots - c_r z_r^2 \leqslant 0.$$

于是必有 $p \leqslant q$；完全对称地，也有 $q \leqslant p$. 即，$p = q$.

推论 若 n 元二次型 $f(\boldsymbol{x}) = \boldsymbol{x}^{\mathrm{T}}\boldsymbol{A}\boldsymbol{x}$ 的秩为 $r > 0$，正惯性指数为 p，则 p 为矩阵 $\boldsymbol{A}$ 的正特征值的个数，且此二次型有<u>规范形</u>

$$f = y_1^2 + \cdots + y_p^2 - y_{p+1}^2 - \cdots - y_r^2.$$

证明 首先，存在正交阵 $\boldsymbol{P}$ 使

$$\boldsymbol{P}^{\mathrm{T}}\boldsymbol{A}\boldsymbol{P} = \mathrm{diag}(\lambda_1, \cdots, \lambda_p, \lambda_{p+1}, \cdots, \lambda_r, \lambda_{r+1}, \cdots, \lambda_n),$$

这里的 λ_i 按正、负、零的顺序排列. 由于 $\boldsymbol{P}$ 可逆，这里的 r 就是 $\mathrm{r}(\boldsymbol{A})$；再由上述定理知，这里的 p 就是此二次型的正惯性指数. 在对角阵

$$\mathrm{diag}(\lambda_1, \cdots, \lambda_p, \lambda_{p+1}, \cdots, \lambda_r, 0, \cdots, 0)$$

的两边乘可逆对角阵

$$\boldsymbol{Q} = \mathrm{diag}\left(\frac{1}{\sqrt{\lambda_1}}, \cdots, \frac{1}{\sqrt{\lambda_p}}, \frac{1}{\sqrt{|\lambda_{p+1}|}}, \cdots, \frac{1}{\sqrt{|\lambda_r|}}, 1, \cdots, 1\right)$$

得到

$$\mathrm{diag}(\boldsymbol{E}_p, -\boldsymbol{E}_{r-p}, \boldsymbol{0}).$$

此时，令 $\boldsymbol{K} = \boldsymbol{P}\boldsymbol{Q}$，取可逆变换 $\boldsymbol{x} = \boldsymbol{K}\boldsymbol{y}$，则有

$$f = \boldsymbol{y}^{\mathrm{T}}(\boldsymbol{K}^{\mathrm{T}}\boldsymbol{A}\boldsymbol{K})\boldsymbol{y} = y_1^2 + \cdots + y_p^2 - y_{p+1}^2 - \cdots - y_r^2.$$

2. 实对称阵的合同

现在，我们从另一个角度看二次型的标准形及其惯性.

定义 2 对于 $\boldsymbol{A}, \boldsymbol{B} \in \mathbb{R}^{n \times n}$，若存在可逆矩阵 $\boldsymbol{C} \in \mathbb{R}^{n \times n}$ 使得

$$\boldsymbol{C}^{\mathrm{T}}\boldsymbol{A}\boldsymbol{C} = \boldsymbol{B},$$

则称 $\boldsymbol{A}$ 与 $\boldsymbol{B}$ 合同，记为 $\boldsymbol{A} \simeq \boldsymbol{B}$；由 $\boldsymbol{A}$ 到 $\boldsymbol{C}^{\mathrm{T}}\boldsymbol{A}\boldsymbol{C}$ 的变换也称 $\boldsymbol{A}$ 的合同变换.

容易验证，合同关系也是 $\mathbb{R}^{n\times n}$ 上的一个等价关系，即：

(1) 对任何 $\boldsymbol{A}\in\mathbb{R}^{n\times n}$，有 $\boldsymbol{A}\simeq\boldsymbol{A}$；

(2) 若 $\boldsymbol{A}\simeq\boldsymbol{B}$，则 $\boldsymbol{B}\simeq\boldsymbol{A}$；

(3) 若 $\boldsymbol{A}\simeq\boldsymbol{B}$，$\boldsymbol{B}\simeq\boldsymbol{C}$，则 $\boldsymbol{A}\simeq\boldsymbol{C}$.

对于一般的方阵，合同没有什么特殊的含义（当然，若 $\boldsymbol{A}\simeq\boldsymbol{B}$，则有 $\boldsymbol{A}\to\boldsymbol{B}$），但若将合同限制在实对称阵上，则 $\boldsymbol{A}$ 与 $\boldsymbol{B}$ 合同将有特别重要的含义，可以说合同是专为实对称阵而引入的. 总结前面的结论，我们有下面的重要定理.

定理 6.4　若 $\boldsymbol{A}$，$\boldsymbol{B}$ 为两个 n 阶实对称阵，则 $\boldsymbol{A}\simeq\boldsymbol{B}\Leftrightarrow\boldsymbol{A}$，$\boldsymbol{B}$ 的秩和正惯性指数都相同.

证明　($\Rightarrow$) 令 $\boldsymbol{C}^{\mathrm{T}}\boldsymbol{A}\boldsymbol{C}=\boldsymbol{B}$，$\boldsymbol{C}$ 可逆. 此时，因 $\boldsymbol{C}$ 可逆，有

$$\mathrm{r}(\boldsymbol{A})=\mathrm{r}(\boldsymbol{B})=r.$$

再由定理 6.3 的推论知，存在可逆阵 $\boldsymbol{K}$ 使得

$$\boldsymbol{K}^{\mathrm{T}}\boldsymbol{B}\boldsymbol{K}=\begin{bmatrix}\boldsymbol{E}_p & & \\ & -\boldsymbol{E}_{r-p} & \\ & & \boldsymbol{0}\end{bmatrix},\quad (\boldsymbol{C}\boldsymbol{K})^{\mathrm{T}}\boldsymbol{A}(\boldsymbol{C}\boldsymbol{K})=\begin{bmatrix}\boldsymbol{E}_p & & \\ & -\boldsymbol{E}_{r-p} & \\ & & \boldsymbol{0}\end{bmatrix};$$

左式说明二次型 $\boldsymbol{x}^{\mathrm{T}}\boldsymbol{B}\boldsymbol{x}$ 的标准形中有 p 个正系数；右式说明二次型 $\boldsymbol{x}^{\mathrm{T}}\boldsymbol{A}\boldsymbol{x}$ 的标准形中也有 p 个正系数. 从而 $\boldsymbol{A}$，$\boldsymbol{B}$ 的正惯性指数都是 p.

($\Leftarrow$) 反之，存在可逆阵 $\boldsymbol{K}$，$\boldsymbol{L}$ 使得

$$\boldsymbol{K}^{\mathrm{T}}\boldsymbol{A}\boldsymbol{K}=\begin{bmatrix}\boldsymbol{E}_p & & \\ & -\boldsymbol{E}_{r-p} & \\ & & \boldsymbol{0}\end{bmatrix},\quad \boldsymbol{L}^{\mathrm{T}}\boldsymbol{B}\boldsymbol{L}=\begin{bmatrix}\boldsymbol{E}_p & & \\ & -\boldsymbol{E}_{r-p} & \\ & & \boldsymbol{0}\end{bmatrix}.$$

于是 $\boldsymbol{K}^{\mathrm{T}}\boldsymbol{A}\boldsymbol{K}=\boldsymbol{L}^{\mathrm{T}}\boldsymbol{B}\boldsymbol{L}$，$(\boldsymbol{K}\boldsymbol{L}^{-1})^{\mathrm{T}}\boldsymbol{A}(\boldsymbol{K}\boldsymbol{L}^{-1})=\boldsymbol{B}$，即 $\boldsymbol{A}\simeq\boldsymbol{B}$.

定义 3　若实对称阵 $\boldsymbol{A}\simeq\mathrm{diag}(\boldsymbol{E}_p,-\boldsymbol{E}_{r-p},\boldsymbol{0})$，则我们称后者为 $\boldsymbol{A}$ 的**合同标准形**.

评注：上述定理说明，若我们将一切 n 阶实对称阵按合同分类，则有相同的合同标准形，即秩和正惯性指数对应相等就是等效的分类标准. 例如，一切 3 阶实对称阵可分 10 个合同类，仅有一类中有一个成员，其他各类中都有无穷多个成员：

(1) 秩为 0 的仅有一类，这一类中仅有一个成员，即 $\boldsymbol{0}_{3\times3}$；

(2) 秩为 1 的有两类，它们的典型代表分别为

$$\begin{bmatrix}1 & & \\ & 0 & \\ & & 0\end{bmatrix},\quad\begin{bmatrix}-1 & & \\ & 0 & \\ & & 0\end{bmatrix};$$

(3) 秩为 2 的有三类，它们的典型代表分别为

$$\begin{bmatrix}1 & & \\ & 1 & \\ & & 0\end{bmatrix},\quad\begin{bmatrix}1 & & \\ & -1 & \\ & & 0\end{bmatrix},\quad\begin{bmatrix}-1 & & \\ & -1 & \\ & & 0\end{bmatrix};$$

(4) 秩为3的有四类,它们的典型代表分别为

$$\begin{bmatrix}1&&\\&1&\\&&1\end{bmatrix},\ \begin{bmatrix}1&&\\&1&\\&&-1\end{bmatrix},\ \begin{bmatrix}1&&\\&-1&\\&&-1\end{bmatrix},\ \begin{bmatrix}-1&&\\&-1&\\&&-1\end{bmatrix}.$$

3. 配方法化二次型为标准形

事实上,用公式$(a+b)^2=a^2+2ab+b^2$可将任何一个二次型化成标准形. 以下我们举例说明这一点.

例1 用配方法化二次型

$$f=x_1^2-4x_1x_2+2x_1x_3+x_2^2+2x_2x_3-2x_3^2$$

为标准形,并求所用的可逆变换 $\boldsymbol{x}=\boldsymbol{C}\boldsymbol{y}$.

解 先从集中含 x_1 的项开始,

$$\begin{aligned}f&=\underline{x_1^2+2x_1(-2x_2+x_3)}+x_2^2+2x_2x_3-2x_3^2\\&=\underline{x_1^2+2x_1(-2x_2+x_3)+(-2x_2+x_3)^2}-(-2x_2+x_3)^2+x_2^2+2x_2x_3-2x_3^2\\&=(x_1-2x_2+x_3)^2-3\underline{(x_2^2-2x_2x_3+x_3^2)}\\&=(x_1-2x_2+x_3)^2-3(x_2-x_3)^2\\&=y_1^2-3y_2^2,\end{aligned}$$

其中

$$\begin{cases}y_1=x_1-2x_2+x_3\\y_2=\qquad\ x_2-x_3,\\y_3=\qquad\qquad\ x_3\end{cases}$$

其逆变换为

$$\begin{bmatrix}x_1\\x_2\\x_3\end{bmatrix}=\begin{bmatrix}1&2&1\\0&1&1\\0&0&1\end{bmatrix}\begin{bmatrix}y_1\\y_2\\y_3\end{bmatrix}.$$

例2 用配方法化二次型

$$f=x_1x_2+x_2x_3$$

为标准形,并求所用的可逆变换 $\boldsymbol{x}=\boldsymbol{C}\boldsymbol{y}$.

解 我们先用可逆线性变换

$$\begin{cases}x_1=z_1+z_2\\x_2=z_1-z_2\\x_3=z_3\end{cases}$$

将二次型化为含平方项的二次型,再用上题的方法配方:

$$\begin{aligned}f&=z_1^2-z_2^2+z_1z_3-z_2z_3\\&=\left(z_1+\frac{1}{2}z_3\right)^2-\frac{1}{4}z_3^2-z_2z_3-z_2^2\end{aligned}$$

$$= \left(z_1 + \frac{1}{2}z_3\right)^2 - \left(z_2 + \frac{1}{2}z_3\right)^2$$
$$= y_1^2 - y_2^2,$$

其中

$$\begin{cases} y_1 = z_1 \qquad + \frac{1}{2}z_3 \\ y_2 = \qquad z_2 + \frac{1}{2}z_3. \\ y_3 = \qquad\qquad z_3 \end{cases}$$

由可逆变换

$$\begin{bmatrix} x_1 \\ x_2 \\ x_3 \end{bmatrix} = \begin{bmatrix} 1 & 1 & 0 \\ 1 & -1 & 0 \\ 0 & 0 & 1 \end{bmatrix} \begin{bmatrix} z_1 \\ z_2 \\ z_3 \end{bmatrix}, \quad \begin{bmatrix} y_1 \\ y_2 \\ y_3 \end{bmatrix} = \begin{bmatrix} 1 & 0 & \frac{1}{2} \\ 0 & 1 & \frac{1}{2} \\ 0 & 0 & 1 \end{bmatrix} \begin{bmatrix} z_1 \\ z_2 \\ z_3 \end{bmatrix},$$

得到

$$\begin{bmatrix} x_1 \\ x_2 \\ x_3 \end{bmatrix} = \begin{bmatrix} 1 & 1 & -1 \\ 1 & -1 & 0 \\ 0 & 0 & 1 \end{bmatrix} \begin{bmatrix} y_1 \\ y_2 \\ y_3 \end{bmatrix},$$

即在此可逆变换下，所给二次型变为 $f = y_1^2 - y_2^2$.

习　题　6.3

1. 设可逆变换 $\boldsymbol{x} = \boldsymbol{C}\boldsymbol{y}$ 将 4 元二次型 $f(\boldsymbol{x}) = \boldsymbol{x}^{\mathrm{T}}\boldsymbol{A}\boldsymbol{x}$ 化为标准形

$$f = y_1^2 + 2y_2^2 - 3y_3^2,$$

指出矩阵 $\boldsymbol{A}$ 的特征值中正数、负数、零的个数，并给出此二次型的规范形.

2. 三元二次型的规范形有几个？

3. 一切 4 阶实对称阵按合同分类，可分多少类？

4. 用配方法化下列二次型为标准形，并写出所用的可逆变换：

(1) $f = x_1^2 + 2x_2^2 + 4x_3^2 + 2x_1x_2 + 2x_1x_3 + 6x_2x_3$；

(2) $f = x_1x_2 - 2x_1x_3 + 3x_2x_3$.

6.4　正定二次型

1. 正定二次型

定义 1　对于 n 元二次型 $f(\boldsymbol{x}) = \boldsymbol{x}^{\mathrm{T}}\boldsymbol{A}\boldsymbol{x}$，若对任何非零向量 $\boldsymbol{x} \in \mathbb{R}^n$，都有

$$f(\boldsymbol{x}) = \boldsymbol{x}^{\mathrm{T}}\boldsymbol{A}\boldsymbol{x} > 0,$$

则称此二次型为**正定二次型**,对应的矩阵 $\boldsymbol{A}$ 称为**正定阵**.

例如,二元二次型 $f_1(x_1,x_2)=x_1^2+2x_2^2$ 是正定的;而二元二次型 $f_2(x_1,x_2)=x_1^2+2x_1x_2+x_2^2$ 不是正定的,因为 $f_2(1,-1)=0$.

评注: n 元二次型 $f(\boldsymbol{x})=\boldsymbol{x}^{\mathrm{T}}\boldsymbol{A}\boldsymbol{x}$ 正定等同于说 n 元函数 $f(\boldsymbol{x})=\boldsymbol{x}^{\mathrm{T}}\boldsymbol{A}\boldsymbol{x}$ 的最小值为0,且原点为唯一的最小值点.

定理6.5 n **元二次型** $f(\boldsymbol{x})=\boldsymbol{x}^{\mathrm{T}}\boldsymbol{A}\boldsymbol{x}$ **正定** $\Leftrightarrow$ **实对称阵** $\boldsymbol{A}$ **的特征值都大于**0,**即** $\boldsymbol{A}$ **的正惯性指数为** n.

证明 首先,由定理6.2知,存在一个正交变换 $\boldsymbol{x}=\boldsymbol{P}\boldsymbol{y}$ 使

$$f(\boldsymbol{x})=\lambda_1y_1^2+\cdots+\lambda_ny_n^2,$$

这里 $\boldsymbol{\lambda}_1,\cdots,\boldsymbol{\lambda}_n$ 为 $\boldsymbol{A}$ 的特征值.

若 $f(\boldsymbol{x})=\boldsymbol{x}^{\mathrm{T}}\boldsymbol{A}\boldsymbol{x}$ 正定,我们说 $\lambda_1,\cdots,\lambda_n$ 必定都是正数.如取 $\boldsymbol{x}=\boldsymbol{P}\boldsymbol{e}_i$,则 $\boldsymbol{x}\neq\boldsymbol{0}$,从而

$$f(\boldsymbol{x})=\boldsymbol{x}^{\mathrm{T}}\boldsymbol{A}\boldsymbol{x}=\lambda_i>0.$$

反之,若 $\lambda_1,\cdots,\lambda_n$ 都是正数,当 $\boldsymbol{x}\neq\boldsymbol{0}$ 时,$\boldsymbol{y}=\boldsymbol{P}^{\mathrm{T}}\boldsymbol{x}\neq\boldsymbol{0}$,从而

$$f=\lambda_1y_1^2+\cdots+\lambda_ny_n^2>0,$$

即二次型 $\boldsymbol{x}^{\mathrm{T}}\boldsymbol{A}\boldsymbol{x}$ 正定.

例1 二次型 $f=2x_1^2+2x_1x_2+2x_1x_3+2x_2^2+2x_2x_3+2x_3^2$ 正定,因为此二次型矩阵的特征值为1,1,4.

例2 设 $\boldsymbol{A},\boldsymbol{B}$ 都是正定阵,且 $\boldsymbol{AB}=\boldsymbol{BA}$,求证 $\boldsymbol{AB}$ 也正定.

证明 首先,由 $(\boldsymbol{AB})^{\mathrm{T}}=\boldsymbol{B}^{\mathrm{T}}\boldsymbol{A}^{\mathrm{T}}=\boldsymbol{BA}$ 知 $\boldsymbol{AB}$ 为实对称阵.设 λ 为 $\boldsymbol{AB}$ 的特征值,从而存在非零实向量 $\boldsymbol{x}$ 满足 $\boldsymbol{ABx}=\lambda\boldsymbol{x}$.于是

$$(\boldsymbol{Bx})^{\mathrm{T}}\boldsymbol{ABx}=\lambda(\boldsymbol{Bx})^{\mathrm{T}}\boldsymbol{x},\ (\boldsymbol{Bx})^{\mathrm{T}}\boldsymbol{A}(\boldsymbol{Bx})=\lambda(\boldsymbol{x}^{\mathrm{T}}\boldsymbol{Bx}).$$

由于 $\boldsymbol{A},\boldsymbol{B}$ 都是正定的,且 $\boldsymbol{Bx}\neq\boldsymbol{0}$,故 $(\boldsymbol{Bx})^{\mathrm{T}}\boldsymbol{A}(\boldsymbol{Bx})>0$,$\boldsymbol{x}^{\mathrm{T}}\boldsymbol{Bx}>0$,从而 $\lambda>0$.由于 $\boldsymbol{AB}$ 的特征值都是正数,故 $\boldsymbol{AB}$ 也正定.

命题6.5 **若** $\boldsymbol{A}$ **为** n **阶实对称阵,**$\boldsymbol{C}$ **为** n **阶可逆阵,则** $\boldsymbol{A}$ **与** $\boldsymbol{C}^{\mathrm{T}}\boldsymbol{AC}$ **有相同的正定性.**

证明 因为 $\boldsymbol{A}$ 与 $\boldsymbol{C}^{\mathrm{T}}\boldsymbol{AC}$ 合同,故它们有相同的正惯性指数,从而它们有相同的正定性.

定理6.6 **实对称阵** $\boldsymbol{A}$ **正定** $\Leftrightarrow$ $\boldsymbol{A}$ **与单位阵** $\boldsymbol{E}$ **合同,即存在一个可逆阵** $\boldsymbol{Q}$ **使** $\boldsymbol{A}=\boldsymbol{Q}^{\mathrm{T}}\boldsymbol{Q}$.

证明 ($\Rightarrow$) 设 $\boldsymbol{A}$ 是正定的,从而 $\boldsymbol{A}$ 的正惯性指数为 n,故其合同标准形为单位阵 $\boldsymbol{E}$,即 $\boldsymbol{A}$ 与单位阵 $\boldsymbol{E}$ 合同.

($\Leftarrow$) 单位阵是正定的,由命题6.5知 $\boldsymbol{A}$ 正定(此条件下,由正定的定义直接证明也很容易).

定理6.7 **实对称阵** $\boldsymbol{A}=[a_{ij}]_{n\times n}$ **正定** $\Leftrightarrow$ $\boldsymbol{A}$ **的一切顺序主子式都大于**0,**即**

$$a_{11}>0,\quad \begin{vmatrix} a_{11} & a_{12} \\ a_{12} & a_{22} \end{vmatrix}>0,\quad \cdots,\quad \begin{vmatrix} a_{11} & \cdots & a_{1n} \\ \vdots & \ddots & \vdots \\ a_{1n} & \cdots & a_{nn} \end{vmatrix}>0.$$

证明*　设 $\boldsymbol{A}$ 正定，则 r 元二次型

$$\begin{aligned} f_r(x_1,\cdots,x_r) &= (x_1,\cdots,x_r,0,\cdots,0)\boldsymbol{A}(x_1,\cdots,x_r,0,\cdots,0)^{\mathrm{T}} \\ &= (x_1,\cdots,x_r)\begin{bmatrix} a_{11} & \cdots & a_{1r} \\ \vdots & \ddots & \vdots \\ a_{1r} & \cdots & a_{rr} \end{bmatrix}\begin{bmatrix} x_1 \\ \vdots \\ x_r \end{bmatrix} \end{aligned}$$

也正定，从而 $\boldsymbol{A}_r\equiv[a_{ij}]_{r\times r}$ 正定，$|\boldsymbol{A}_r|>0$.

反之，我们对矩阵的阶数用数学归纳法证明.

（1）对于 1 阶实对称阵，结论明显成立.

（2）假设结论对于 $n-1$ 阶实对称阵成立.

（3）现在假设 $\boldsymbol{A}$ 是一切顺序主子式都大于 0 的 n 阶实对称阵. 由于 $a_{11}>0$，我们先对 $\boldsymbol{A}$ 进行如下的(合同变换)初等变换：

$$\boldsymbol{A}=\begin{bmatrix} a_{11} & a_{12} & \cdots & a_{1n} \\ a_{12} & a_{22} & \cdots & a_{2n} \\ \vdots & \vdots & \ddots & \vdots \\ a_{1n} & a_{2n} & \cdots & a_{nn} \end{bmatrix} \xrightarrow[\left(-\frac{a_{1i}}{a_{11}}\right)\times \mathrm{c}_1\to \mathrm{c}_i]{\left(-\frac{a_{1i}}{a_{11}}\right)\times \mathrm{r}_1\to \mathrm{r}_i} \begin{bmatrix} a_{11} & 0 & \cdots & 0 \\ 0 & & & \\ \vdots & & \boldsymbol{B} & \\ 0 & & & \end{bmatrix}.$$

由初等变换与初等阵的关系知，若记

$$\boldsymbol{C}=\begin{bmatrix} 1 & -\dfrac{a_{12}}{a_{11}} & \cdots & -\dfrac{a_{1n}}{a_{11}} \\ 0 & 1 & \cdots & 0 \\ \vdots & \vdots & \ddots & \vdots \\ 0 & 0 & \cdots & 1 \end{bmatrix},$$

则有

$$\boldsymbol{C}^{\mathrm{T}}\boldsymbol{A}\boldsymbol{C}=\begin{bmatrix} a_{11} & \boldsymbol{0} \\ \boldsymbol{0} & \boldsymbol{B} \end{bmatrix}.$$

这时，由行列式的性质 3 知，

$$\begin{vmatrix} a_{11} & \cdots & a_{1r} \\ \vdots & \ddots & \vdots \\ a_{1r} & \cdots & a_{rr} \end{vmatrix}=a_{11}\cdot\begin{vmatrix} b_{11} & \cdots & b_{1,r-1} \\ \vdots & \ddots & \vdots \\ b_{1,r-1} & \cdots & b_{r-1,r-1} \end{vmatrix}>0\ \ (r=2,\cdots,n),$$

因而 $\boldsymbol{B}$ 是一个 $n-1$ 阶顺序主子式都大于 0 的实对称阵. 由归纳假设，$\boldsymbol{B}$ 是正定的，从而存在一个 $n-1$ 阶正交阵 $\boldsymbol{P}$ 使得

$$\boldsymbol{P}^{\mathrm{T}}\boldsymbol{B}\boldsymbol{P}=\mathrm{diag}(d_1,\cdots,d_{n-1})\ \ (d_1,\cdots,d_{n-1}>0).$$

现在，令 $\boldsymbol{D}=\begin{bmatrix} 1 & \boldsymbol{0} \\ \boldsymbol{0} & \boldsymbol{P} \end{bmatrix}$，则

$$\begin{aligned} (\boldsymbol{CD})^{\mathrm{T}}\boldsymbol{A}(\boldsymbol{CD}) &= \boldsymbol{D}^{\mathrm{T}}(\boldsymbol{C}^{\mathrm{T}}\boldsymbol{A}\boldsymbol{C})\boldsymbol{D}=\begin{bmatrix} 1 & \boldsymbol{0} \\ \boldsymbol{0} & \boldsymbol{P}^{\mathrm{T}} \end{bmatrix}\begin{bmatrix} a_{11} & \boldsymbol{0} \\ \boldsymbol{0} & \boldsymbol{B} \end{bmatrix}\begin{bmatrix} 1 & \boldsymbol{0} \\ \boldsymbol{0} & \boldsymbol{P} \end{bmatrix} \\ &= \mathrm{diag}(a_{11},d_1,\cdots,d_{n-1}), \end{aligned}$$

因而实对称阵$(\boldsymbol{CD})^{\mathrm{T}}\boldsymbol{A}(\boldsymbol{CD})$正定，从而$\boldsymbol{A}$也正定. 由归纳原理，定理得证.

例 3 给定一个二元实函数$f(x,y)=Ax^2+2Bxy+Cy^2$. 若

$$A>0,\quad AC-B^2>0,$$

求证 0 是函数的最小值.

证明 将此函数视为变元x,y的二次型，其矩阵为

$$\begin{bmatrix} A & B \\ B & C \end{bmatrix}.$$

此矩阵的顺序主子式$A>0,AC-B^2>0$，故$f(x,y)$是正定二次型. 从而 0 是$f(x,y)$的最小值.

习 题 6.4

1. 判别下列命题的真假，并说明理由：

(1) 若 3 元二次型的标准形为$y_1^2+y_2^2$，则此二次型正定.

(2) 若$\boldsymbol{A}=[a_{ij}]_{n\times n}$为正定阵，则每个$a_{ii}>0$.

(3) 系数都是正数的二次型正定.

(4) 系数有负数的二次型一定不是正定的.

2. 判别下列二次型是否正定：

(1) $f(x_1,x_2,x_3)=2x_1^2+2x_2^2+3x_3^2+2x_1x_2+4x_1x_3+2x_2x_3$;

(2) $f(x,y,z)=2x^2+2y^2+5z^2+2xy-4xz-2yz$.

3. 求使$f(x,y,z)=\lambda(x^2+y^2+z^2)+2xy+2yz+2xz$正定的$\lambda$.

4. 设$\boldsymbol{A},\boldsymbol{B}$为同阶的正定阵，求证$\boldsymbol{A}+\boldsymbol{B}$也正定.

5. 设$\boldsymbol{A}$为正定阵，求证$\boldsymbol{A}^{-1}$也正定.

6. 设$\boldsymbol{A},\boldsymbol{B}$为正定阵，求证$\begin{bmatrix} \boldsymbol{A} & \boldsymbol{0} \\ \boldsymbol{0} & \boldsymbol{B} \end{bmatrix}$也正定.

7. 求证：实对称阵$\boldsymbol{A}$正定$\Leftrightarrow$存在一个正定阵$\boldsymbol{Q}$使得$\boldsymbol{A}=\boldsymbol{Q}^2$. 提示：当$\boldsymbol{A}$正定时，试改写$\boldsymbol{A}=\boldsymbol{P\Lambda P}^{\mathrm{T}}$.

8. 设$\boldsymbol{A}\in\mathbb{R}^{m\times n}$，且$m>n$，求证：$\boldsymbol{A}^{\mathrm{T}}\boldsymbol{A}$为正定阵$\Leftrightarrow \mathrm{r}(\boldsymbol{A})=n$.

9. 设$\boldsymbol{A}$是正定阵，求证$|\boldsymbol{E}+\boldsymbol{A}|>1+|\boldsymbol{A}|$.

10. 设$\boldsymbol{A},\boldsymbol{B}$为同阶实对称阵，$\boldsymbol{A}$为正定阵，求证$\boldsymbol{AB}$的特征值都是实数. 提示：用定理 6.6 证明$\boldsymbol{AB}$相似于一个实对称阵.

第 7 章* 线性空间与线性映射

在前几章中，向量空间 $\mathbb{R}^n$ 和 $\mathbb{R}$ 上的矩阵，特别是方阵是我们讨论的主要对象. 从本质上讲，向量空间 $\mathbb{R}^n$ 为一个集合，其中的元素之间有一个加法，其中的元素与实数之间还有一个数乘，这两个运算还满足一些重要的运算律；更本质地讲，一个 $m \times n$ 实矩阵 $\boldsymbol{A}$ 可以视为由向量空间 $\mathbb{R}^n$ 到 $\mathbb{R}^m$ 的线性映射 $\boldsymbol{y} = \boldsymbol{A}\boldsymbol{x}$. 即使 $\mathbb{R}^n$ 上的内积也不过是向量空间 $\mathbb{R}^n$ 的元素间的一种结果为实数的特殊乘积. 在本章中，我们将向量空间 $\mathbb{R}^n$ 和矩阵的本质一般化，引入实数域 $\mathbb{R}$ 上的线性空间和线性空间之间的线性映射，并讨论它们的基本性质. 这样，线性代数所适合的对象就大大地扩大了.

本章的主要内容：

(1) 线性空间与子空间；

(2) 线性映射与矩阵表示；

(3) 线性变换与方阵的对应；

(4) 欧氏空间.

7.1 线性空间的定义与基本性质

1. 线性空间的定义

定义 1 设 V 是一个非空集合，在 V 的元素之间有一个称为加法的运算（用 + 作运算符号），即对任意 $\boldsymbol{\alpha},\boldsymbol{\beta} \in V$，有唯一的 $\boldsymbol{\alpha}+\boldsymbol{\beta} \in V$；在 $\mathbb{R}$ 与 V 之间还有一个称为数乘的运算，即对任意 $k \in \mathbb{R}, \boldsymbol{\alpha} \in V$，有唯一的 $k\boldsymbol{\alpha} \in V$. 若以上两个运算满足以下八条运算规则（如下 $k, l \in \mathbb{R}$）：

(1) $\boldsymbol{\alpha}+\boldsymbol{\beta}=\boldsymbol{\beta}+\boldsymbol{\alpha}\ (\boldsymbol{\alpha},\boldsymbol{\beta} \in V)$；

(2) $(\boldsymbol{\alpha}+\boldsymbol{\beta})+\boldsymbol{\gamma}=\boldsymbol{\alpha}+(\boldsymbol{\beta}+\boldsymbol{\gamma})\ (\boldsymbol{\alpha},\boldsymbol{\beta},\boldsymbol{\gamma} \in V)$；

(3) V 中存在一个元素 $\mathbf{0}$，对任何 $\boldsymbol{\alpha} \in V$，都有 $\boldsymbol{\alpha}+\mathbf{0}=\boldsymbol{\alpha}$；

(4) 对任何 $\boldsymbol{\alpha} \in V$，都有 $\boldsymbol{\beta} \in V$ 满足 $\boldsymbol{\alpha}+\boldsymbol{\beta}=\mathbf{0}$；

(5) $1\boldsymbol{\alpha}=\boldsymbol{\alpha}\ (\boldsymbol{\alpha} \in V)$；

(6) $k(l\boldsymbol{\alpha})=(kl)\boldsymbol{\alpha}\ (\boldsymbol{\alpha} \in V)$；

(7) $k(\boldsymbol{\alpha}+\boldsymbol{\beta})=k\boldsymbol{\alpha}+k\boldsymbol{\beta}\ (\boldsymbol{\alpha},\boldsymbol{\beta} \in V)$；

(8) $(k+l)\boldsymbol{\alpha}=k\boldsymbol{\alpha}+l\boldsymbol{\alpha}\ (\boldsymbol{\alpha} \in V)$，

则称 V 为（实数域 $\mathbb{R}$ 上的）**线性空间**，V 中的元素称为**向量**.

评注： 下面我们将证明(3)中的向量 $\mathbf{0}$ 是唯一的，以后称其为**零向量**；也容易证明，对于 $\boldsymbol{\alpha} \in V$，满足 $\boldsymbol{\alpha}+\boldsymbol{\beta}=\mathbf{0}$ 的 $\boldsymbol{\beta}$ 也是唯一的，以后称其为 $\boldsymbol{\alpha}$ 的**负向量**，记为 $-\boldsymbol{\alpha}$.

例 1 $\mathbb{R}^n$ 在通常的向量加法与数乘之下为线性空间.

例 2 $\mathbb{R}$本身在加法与乘法之下为线性空间.

例 3 复数域 $\mathbb{C}$在通常的加法与数乘(实数乘复数)之下为线性空间.

例 4 实数域上的一切 $m\times n$ 矩阵的集合 $\mathbb{R}^{m\times n}$在通常的矩阵加法与数乘矩阵之下为线性空间.

例 5 令 $C[a,b]$为区间$[a,b]$上的所有一元连续函数. 若如下定义两个函数的加法和数乘函数,则 $C[a,b]$为线性空间:

$$(f+g)(x)=f(x)+g(x),\quad (kf)(x)=k\cdot f(x).$$

例 6 $\mathbb{R}[x]$为 x 的所有实系数多项式,则在通常的多项式加法和数乘多项式之下为线性空间.

例 7 令 $P_n[x]$为 x 的次数不超过 n 的实系数多项式及零多项式所构成的集合,则在通常的多项式加法和数乘多项式之下 $P_n[x]$也为线性空间.

以上所举的线性空间的加法和数乘都是我们所熟知的. 事实上,线性空间是非常丰富的,运算也许是很离奇的,请看下例.

例 8 设 $V=\{x\in\mathbb{R}\mid x>0\}$,定义:

$$\boldsymbol{\alpha}\oplus\boldsymbol{\beta}=\boldsymbol{\alpha}\boldsymbol{\beta}\ (\boldsymbol{\alpha},\boldsymbol{\beta}\in V);\ k\circ\boldsymbol{\alpha}=\boldsymbol{\alpha}^k(\boldsymbol{\alpha}\in V,k\in\mathbb{R}).$$

验证 V 为线性空间.

证明 首先,当 $\boldsymbol{\alpha},\boldsymbol{\beta}>0$ 时,$\boldsymbol{\alpha}\oplus\boldsymbol{\beta}=\boldsymbol{\alpha}\boldsymbol{\beta}>0$,故 $\oplus$ 为 V 上的运算;当 $\boldsymbol{\alpha}>0$,$k\in\mathbb{R}$时,$k\circ\boldsymbol{\alpha}=\boldsymbol{\alpha}^k>0$,故$\circ$ 为合法的数乘运算.

(1) $\boldsymbol{\alpha}\oplus\boldsymbol{\beta}=\boldsymbol{\alpha}\boldsymbol{\beta}=\boldsymbol{\beta}\boldsymbol{\alpha}=\boldsymbol{\beta}\oplus\boldsymbol{\alpha}$;

(2) $(\boldsymbol{\alpha}\oplus\boldsymbol{\beta})\oplus\boldsymbol{\gamma}=(\boldsymbol{\alpha}\boldsymbol{\beta})\oplus\boldsymbol{\gamma}=(\boldsymbol{\alpha}\boldsymbol{\beta})\boldsymbol{\gamma}=\boldsymbol{\alpha}(\boldsymbol{\beta}\boldsymbol{\gamma})=\boldsymbol{\alpha}\oplus(\boldsymbol{\beta}\oplus\boldsymbol{\gamma})$;

(3) 1 是零向量: $1\oplus\boldsymbol{\alpha}=1\cdot\boldsymbol{\alpha}=\boldsymbol{\alpha}$;

(4) $\boldsymbol{\alpha}^{-1}$是向量 $\boldsymbol{\alpha}$ 的负向量: $\boldsymbol{\alpha}\oplus\boldsymbol{\alpha}^{-1}=\boldsymbol{\alpha}\boldsymbol{\alpha}^{-1}=1$;

(5) $1\circ\boldsymbol{\alpha}=\boldsymbol{\alpha}^1=\boldsymbol{\alpha}$;

(6) $k\circ(l\circ\boldsymbol{\alpha})=k\circ\boldsymbol{\alpha}^l=(\boldsymbol{\alpha}^l)^k=\boldsymbol{\alpha}^{kl}=(kl)\circ\boldsymbol{\alpha}$;

(7) $(k+l)\circ\boldsymbol{\alpha}=\boldsymbol{\alpha}^{k+l}=\boldsymbol{\alpha}^k\boldsymbol{\alpha}^l=\boldsymbol{\alpha}^k\oplus\boldsymbol{\alpha}^l=(k\circ\boldsymbol{\alpha})\oplus(l\circ\boldsymbol{\alpha})$;

(8) $k\circ(\boldsymbol{\alpha}+\boldsymbol{\beta})=(\boldsymbol{\alpha}\boldsymbol{\beta})^k=\boldsymbol{\alpha}^k\boldsymbol{\beta}^k=\boldsymbol{\alpha}^k\oplus\boldsymbol{\beta}^k=(k\circ\boldsymbol{\alpha})\oplus(k\circ\boldsymbol{\beta})$,

由此看到,V 为线性空间.

命题 7.1 若 V 为线性空间,则下列各项成立:

(1) V 中的零向量是唯一的;

(2) V 中任何一个向量的负向量是唯一的;

(3) $0\boldsymbol{\alpha}=\mathbf{0}$, $(-1)\boldsymbol{\alpha}=-\boldsymbol{\alpha}$, $k\mathbf{0}=\mathbf{0}$;

(4) **当** $k\boldsymbol{\alpha}=\mathbf{0}$ **时,有** $k=0$ **或** $\boldsymbol{\alpha}=\mathbf{0}$.

证明 (1) 设 $\mathbf{0}_1,\mathbf{0}_2$ 为 V 的零向量,则

$$\mathbf{0}_1=\mathbf{0}_1+\mathbf{0}_2=\mathbf{0}_2+\mathbf{0}_1=\mathbf{0}_2.$$

(2) 设 $\boldsymbol{\alpha}+\boldsymbol{\beta}=\mathbf{0}$, $\boldsymbol{\alpha}+\boldsymbol{\gamma}=\mathbf{0}$,则

$$\boldsymbol{\beta}=\boldsymbol{\beta}+\mathbf{0}=\boldsymbol{\beta}+(\boldsymbol{\alpha}+\boldsymbol{\gamma})=(\boldsymbol{\beta}+\boldsymbol{\alpha})+\boldsymbol{\gamma}=(\boldsymbol{\alpha}+\boldsymbol{\beta})+\boldsymbol{\gamma}=\mathbf{0}+\boldsymbol{\gamma}=\boldsymbol{\gamma}.$$

(3) 由于

$$0\boldsymbol{\alpha}=(0+0)\boldsymbol{\alpha}=0\boldsymbol{\alpha}+0\boldsymbol{\alpha},$$

故 $0\boldsymbol{\alpha}=\mathbf{0}$;再由

$$\boldsymbol{\alpha}+(-1)\boldsymbol{\alpha}=1\boldsymbol{\alpha}+(-1)\boldsymbol{\alpha}=[1+(-1)]\boldsymbol{\alpha}=0\boldsymbol{\alpha}=\mathbf{0}$$

得到 $(-1)\boldsymbol{\alpha}=-\boldsymbol{\alpha}$;而

$$k\boldsymbol{\alpha}+k\mathbf{0}=k(\boldsymbol{\alpha}+\mathbf{0})=k\boldsymbol{\alpha}$$

说明 $k\mathbf{0}=\mathbf{0}$.

(4) 若 $k\neq 0$,则

$$\boldsymbol{\alpha}=1\boldsymbol{\alpha}=(k^{-1}k)\boldsymbol{\alpha}=k^{-1}(k\boldsymbol{\alpha})=k^{-1}\mathbf{0}=\mathbf{0}.$$

2. 向量组的线性相关性

定义 2 给定线性空间 V 中的向量组 $\boldsymbol{\alpha}_1,\cdots,\boldsymbol{\alpha}_m$. 若存在一组不全为 0 的数 $k_1,\cdots,k_m$ 使得

$$k_1\boldsymbol{\alpha}_1+\cdots+k_m\boldsymbol{\alpha}_m=\mathbf{0},$$

则称向量组 $\boldsymbol{\alpha}_1,\cdots,\boldsymbol{\alpha}_m$ **线性相关**;否则,称此向量组**线性无关**.

评注: (1) 向量空间 $\mathbb{R}^n$ 中有关向量组的线性相关和线性无关的相应结论对线性空间也成立;

(2) 如向量空间 $\mathbb{R}^n$ 一样,我们定义向量组表示一个向量;也同样定义一个向量组线性表示另一个向量组及**两个向量组等价**;也同样定义一个**向量组的秩**及**极大无关组**.

例 9 在线性空间 $\mathbb{R}^{2\times 3}$ 中,向量组

$$\boldsymbol{E}_{11}=\begin{bmatrix}1&0&0\\0&0&0\end{bmatrix},\ \boldsymbol{E}_{12}=\begin{bmatrix}0&1&0\\0&0&0\end{bmatrix},\ \boldsymbol{E}_{13}=\begin{bmatrix}0&0&1\\0&0&0\end{bmatrix},$$

$$\boldsymbol{E}_{21}=\begin{bmatrix}0&0&0\\1&0&0\end{bmatrix},\ \boldsymbol{E}_{22}=\begin{bmatrix}0&0&0\\0&1&0\end{bmatrix},\ \boldsymbol{E}_{23}=\begin{bmatrix}0&0&0\\0&0&1\end{bmatrix}$$

可以线性表示任何一个向量,因为

$$[a_{ij}]_{2\times 3}=a_{11}\boldsymbol{E}_{11}+a_{12}\boldsymbol{E}_{12}+a_{13}\boldsymbol{E}_{13}+a_{21}\boldsymbol{E}_{21}+a_{22}\boldsymbol{E}_{22}+a_{23}\boldsymbol{E}_{23};$$

而且这组向量明显是线性无关的.

例 10 在线性空间 $P_n[x]$ 中,向量组

$$1,\ x,\ x^2,\ \cdots,\ x^n$$

是线性无关的. 事实上,若实数系数多项式

$$a_0 1+a_1x+a_2x^2+\cdots+a_nx^n=0,$$

则必有其系数 $a_0=a_1=a_2=\cdots=a_n=0$，否则将有一个次数 $\geqslant 1$ 的多项式以一切实数为根，而这是不可能的. 这组向量（多项式）能线性表示 $P_n[x]$ 中的任何一个向量（多项式）是明显的.

例 11 由例 10 看到线性空间 $\mathbb{R}[x]$ 中存在向量个数任意的线性无关的向量组，因为向量组 $1,x,x^2,\cdots,x^n$ 在 $\mathbb{R}[x]$ 中线性无关.

习 题 7.1

1. 判别下列集合对所指定的加法和数乘是否构成线性空间：

（1）次数等于 $n(n\geqslant 1)$ 的实系数多项式集合，加法是多项式加法，数乘为数乘多项式；

（2）一切 n 阶实对称阵对矩阵的加法和数乘；

（3）在集合 $\mathbb{R}^{n\times n}$ 上，定义数乘为普通的数乘，但加法定义为

$$\boldsymbol{A}\oplus\boldsymbol{B}=\boldsymbol{AB}+\boldsymbol{BA};$$

（4）在 $\mathbb{R}^{1\times 2}$ 上，如下定义新的加法和数乘：

$$(a,b)\oplus(c,d)=(a+c,b+d+ac),\ k\circ(a,b)=\left(ka,kb+\frac{k(k-1)}{2}a^2\right);$$

（5）若 W,V 为线性空间，在集合 $W\times V=\{(\boldsymbol{w},\boldsymbol{v})\mid \boldsymbol{w}\in W,\boldsymbol{v}\in V\}$ 上定义加法和数乘：

$$(\boldsymbol{w}_1,\boldsymbol{v}_1)\oplus(\boldsymbol{w}_2,\boldsymbol{v}_2)=(\boldsymbol{w}_1+\boldsymbol{w}_2,\boldsymbol{v}_1+\boldsymbol{v}_2),$$
$$k(\boldsymbol{w},\boldsymbol{v})=(k\boldsymbol{w},k\boldsymbol{v}).$$

2. 在线性空间 $P_2[x]$ 中，求证下列两个向量组等价：

$$\mathcal{A}:1,x,x^2;\quad \mathcal{B}:1,x-1,(x-1)^2.$$

3. 求证线性空间 $C[0,1]$ 中存在个数任意的线性无关的向量组.

4. 将复数域 $\mathbb{C}$ 视为线性空间，求证任意三个复数都是线性相关的.

5. 试证：在线性空间的定义中，第（1）条可由其余的七条推出. 提示：用两个方式计算 $2(\boldsymbol{\alpha}+\boldsymbol{\beta})$.

7.2 线性空间的基与维数

1. 线性空间的基与维数

定义 1 若线性空间 V 中存在 $n(n\geqslant 1)$ 个向量 $\boldsymbol{\alpha}_1,\cdots,\boldsymbol{\alpha}_n$ 满足：

（1）$\boldsymbol{\alpha}_1,\cdots,\boldsymbol{\alpha}_n$ 线性无关；

（2）V 中任何一个向量都可由 $\boldsymbol{\alpha}_1,\cdots,\boldsymbol{\alpha}_n$ 线性表示，则称向量组 $\boldsymbol{\alpha}_1,\cdots,\boldsymbol{\alpha}_n$ 为线性空间 V 的一个基.

若 V 有基，则基就不是唯一的，但容易证明 V 的任何两个基中所含向量的个数是相同的，我们就称这个数为 V 的**维数**，记为 $\dim V$，且我们称 V 为**有限维线性空间**. 为方便，我们用

$$V=\langle \boldsymbol{\alpha}_1,\cdots,\boldsymbol{\alpha}_n\rangle$$

表示 V 为以 $\boldsymbol{\alpha}_1,\cdots,\boldsymbol{\alpha}_n$ 为基的线性空间. 若一个线性空间中存在个数任意的线性无关组,则称 V 为**无限维线性空间**. 若一个线性空间 V 中仅有零向量,则约定其维数 $\dim V=0$.

例 1 线性空间 $\mathbb{R}^{m\times n}$ 的维数为 mn. 事实上,令 $\boldsymbol{E}_{ij}$ 为 (i,j) 位置为 1,其他位置都是 0 的 $m\times n$ 矩阵,则 mn 个矩阵

$$\boldsymbol{E}_{11},\ \boldsymbol{E}_{12},\ \cdots,\ \boldsymbol{E}_{1n},\ \cdots\ ,\boldsymbol{E}_{m1},\ \boldsymbol{E}_{m2},\ \cdots\ ,\boldsymbol{E}_{mn}$$

就是线性空间 $\mathbb{R}^{m\times n}$ 的一个基;我们称此基为 $\mathbb{R}^{m\times n}$ 的**标准基**.

例 2 在线性空间 $P_n[x]$ 中,向量组

$$1,\ x,\ x^2,\ \cdots,\ x^n$$

是一个基,从而 $\dim P_n[x]=n+1$.

例 3 由于在线性空间 $\mathbb{R}[x]$ 中,对任何正整数 n,向量组

$$1,\ x,\ x^2,\ \cdots,\ x^n$$

都线性无关,从而 $\mathbb{R}[x]$ 为无限维线性空间.

例 4 若 $\mathcal{S}^{3\times3}$ 为一切 3×3 实对称阵,则 $\mathcal{S}^{3\times3}$ 为线性空间,且 $\dim\mathcal{S}^{3\times3}=6$. 事实上,

$$\begin{bmatrix}a_{11}&a_{12}&a_{13}\\a_{12}&a_{22}&a_{23}\\a_{13}&a_{23}&a_{33}\end{bmatrix}=a_{11}\begin{bmatrix}1&0&0\\0&0&0\\0&0&0\end{bmatrix}+a_{22}\begin{bmatrix}0&0&0\\0&1&0\\0&0&0\end{bmatrix}+a_{33}\begin{bmatrix}0&0&0\\0&0&0\\0&0&1\end{bmatrix}+$$

$$a_{12}\begin{bmatrix}0&1&0\\1&0&0\\0&0&0\end{bmatrix}+a_{13}\begin{bmatrix}0&0&1\\0&0&0\\1&0&0\end{bmatrix}+a_{23}\begin{bmatrix}0&0&0\\0&0&1\\0&1&0\end{bmatrix},$$

即 $\mathcal{S}^{3\times3}$ 中每个向量为 $\boldsymbol{E}_{11},\boldsymbol{E}_{22},\boldsymbol{E}_{33},\boldsymbol{E}_{12}+\boldsymbol{E}_{21},\boldsymbol{E}_{13}+\boldsymbol{E}_{31},\boldsymbol{E}_{23}+\boldsymbol{E}_{32}$ 的线性组合;而这组向量在 $\mathcal{S}^{3\times3}$ 中明显线性无关.

2. 坐标

定义 2 若 $V=\langle\boldsymbol{\alpha}_1,\cdots,\boldsymbol{\alpha}_n\rangle$ 为线性空间,则对任何 $\boldsymbol{\alpha}\in V$,存在唯一的一组数 $x_1,\cdots,x_n$ 使得

$$\boldsymbol{\alpha}=x_1\boldsymbol{\alpha}_1+\cdots+x_n\boldsymbol{\alpha}_n,$$

我们称 $(x_1,\cdots,x_n)^{\mathrm{T}}\in\mathbb{R}^n$ 为向量 $\boldsymbol{\alpha}$ 在基 $\boldsymbol{\alpha}_1,\cdots,\boldsymbol{\alpha}_n$ 下的**坐标**;为了方便用矩阵进行推演,我们将 $\boldsymbol{\alpha}=x_1\boldsymbol{\alpha}_1+\cdots+x_n\boldsymbol{\alpha}_n$ 写成

$$\boldsymbol{\alpha}=[\boldsymbol{\alpha}_1,\cdots,\boldsymbol{\alpha}_n]\begin{bmatrix}x_1\\\vdots\\x_n\end{bmatrix},$$

或简写为

$$\boldsymbol{\alpha}=[\boldsymbol{\alpha}_i][x_i]^{\mathrm{T}}.$$

例 5 在线性空间 $P_2[x]$ 中,求 $f(x)=1+x+x^2$ 在基

$$1,\ x-1,\ (x-1)^2$$

下的坐标.

解 令 $f(x)=1+x+x^2=a+b(x-1)+c(1-x)^2$,则

$$a=f(1)=3,\ b=f'(1)=3,\ c=\frac{1}{2}f''(1)=1,$$

所求坐标为 $(3,3,1)^{\mathrm{T}}$.

定义 3 若 $V=\langle\boldsymbol{\alpha}_1,\cdots,\boldsymbol{\alpha}_n\rangle=\langle\boldsymbol{\beta}_1,\cdots,\boldsymbol{\beta}_n\rangle$,则存在一个 n 阶方阵 $\boldsymbol{K}=[k_{ij}]_{n\times n}$ 使得

$$[\boldsymbol{\beta}_1,\cdots,\boldsymbol{\beta}_n]=[\boldsymbol{\alpha}_1,\cdots,\boldsymbol{\alpha}_n]\begin{bmatrix}k_{11}&\cdots&k_{1n}\\\vdots&\ddots&\vdots\\k_{n1}&\cdots&k_{nn}\end{bmatrix},$$

这里的方阵 $\boldsymbol{K}$ 称为基 $\boldsymbol{\alpha}_1,\cdots,\boldsymbol{\alpha}_n$ 到基 $\boldsymbol{\beta}_1,\cdots,\boldsymbol{\beta}_n$ 的**过渡阵**,它是沟通这两个基的媒介.

命题 7.2 设 $\boldsymbol{\alpha}_1,\cdots,\boldsymbol{\alpha}_n$ 和 $\boldsymbol{\beta}_1,\cdots,\boldsymbol{\beta}_n$ 为线性空间 V 的两个基,基 $\boldsymbol{\alpha}_1,\cdots,\boldsymbol{\alpha}_n$ 到基 $\boldsymbol{\beta}_1,\cdots,\boldsymbol{\beta}_n$ 的过渡阵为 $\boldsymbol{K}$. 若向量

$$\boldsymbol{v}=[\boldsymbol{\alpha}_i][x_i]^{\mathrm{T}}=[\boldsymbol{\beta}_i][y_i]^{\mathrm{T}},$$

则

$$\begin{bmatrix}y_1\\\vdots\\y_n\end{bmatrix}=\boldsymbol{K}^{-1}\begin{bmatrix}x_1\\\vdots\\x_n\end{bmatrix}.$$

注:上式称为**坐标变换公式**.

证明 由条件,我们有

$$\boldsymbol{v}=[\boldsymbol{\alpha}_1,\cdots,\boldsymbol{\alpha}_n]\begin{bmatrix}x_1\\\vdots\\x_n\end{bmatrix}=[\boldsymbol{\beta}_1,\cdots,\boldsymbol{\beta}_n]\begin{bmatrix}y_1\\\vdots\\y_n\end{bmatrix}=[\boldsymbol{\alpha}_1,\cdots,\boldsymbol{\alpha}_n]\left(\boldsymbol{K}\begin{bmatrix}y_1\\\vdots\\y_n\end{bmatrix}\right).$$

由于一个向量在一个基下的坐标是唯一的,从而有

$$\begin{bmatrix}x_1\\\vdots\\x_n\end{bmatrix}=\boldsymbol{K}\begin{bmatrix}y_1\\\vdots\\y_n\end{bmatrix},\quad \begin{bmatrix}y_1\\\vdots\\y_n\end{bmatrix}=\boldsymbol{K}^{-1}\begin{bmatrix}x_1\\\vdots\\x_n\end{bmatrix}.$$

例 6 将 $\mathbb{R}^2$ 视为平面直角坐标系 xOy,$\boldsymbol{e}_1=\begin{bmatrix}1\\0\end{bmatrix}$,$\boldsymbol{e}_2=\begin{bmatrix}0\\1\end{bmatrix}$ 为标准基;将坐标系 xOy 绕原点 O 逆时针旋转 θ 角得到新的坐标系 $x'Oy'$. 求向量 $\boldsymbol{v}=\begin{bmatrix}a\\b\end{bmatrix}=a\boldsymbol{e}_1+b\boldsymbol{e}_2$ 在新坐标系 $x'Oy'$ 中的坐标 $\begin{bmatrix}a'\\b'\end{bmatrix}$.

解 设新坐标系 $x'Oy'$ 中的标准基为 $\boldsymbol{e}_1',\boldsymbol{e}_2'$,则

$$\boldsymbol{e}_1'=\begin{bmatrix}\cos\theta\\\sin\theta\end{bmatrix},\ \boldsymbol{e}_2'=\begin{bmatrix}-\sin\theta\\\cos\theta\end{bmatrix},$$

即

$$[\boldsymbol{e}_1',\boldsymbol{e}_2']=[\boldsymbol{e}_1,\boldsymbol{e}_2]\begin{bmatrix}\cos\theta & -\sin\theta\\ \sin\theta & \cos\theta\end{bmatrix};$$

$K=\begin{bmatrix}\cos\theta & -\sin\theta\\ \sin\theta & \cos\theta\end{bmatrix}$为基 $\boldsymbol{e}_1,\boldsymbol{e}_2$ 到基 $\boldsymbol{e}_1',\boldsymbol{e}_2'$的过渡阵. 于是,由命题 7.2 知 $\boldsymbol{v}=a\boldsymbol{e}_1+b\boldsymbol{e}_2$ 在新坐标系 $x'Oy'$中的坐标

$$\begin{bmatrix}a'\\ b'\end{bmatrix}=\boldsymbol{K}^{-1}\begin{bmatrix}a\\ b\end{bmatrix}=\begin{bmatrix}\cos\theta & \sin\theta\\ -\sin\theta & \cos\theta\end{bmatrix}\begin{bmatrix}a\\ b\end{bmatrix}.$$

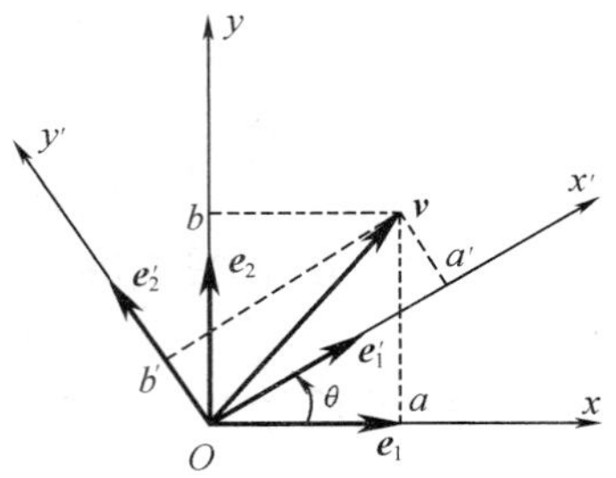

图 7-1

习 题 7.2

1. 在线性空间 $\mathbb{R}^{2\times2}$中,求矩阵 $\boldsymbol{A}=[a_{ij}]_{2\times2}$在基

$$\boldsymbol{F}_1=\begin{bmatrix}1&0\\0&0\end{bmatrix},\ \boldsymbol{F}_2=\begin{bmatrix}1&1\\0&0\end{bmatrix},\ \boldsymbol{F}_3=\begin{bmatrix}1&1\\1&0\end{bmatrix},\ \boldsymbol{F}_4=\begin{bmatrix}1&1\\1&1\end{bmatrix}$$

下的坐标.

2. 设 V 为有限维线性空间,求证 V 中任何一组线性无关的向量都可以扩充为 V 的一个基.

3. 在线性空间 $P_3[x]$中,给定两个基:

$$\begin{cases}\boldsymbol{\alpha}_1= x^3+2x^2-x\\ \boldsymbol{\alpha}_2= x^3-x^2+x+1\\ \boldsymbol{\alpha}_3=-x^3+2x^2+x+1\\ \boldsymbol{\alpha}_4=-x^3-x^2+1\end{cases},\quad \begin{cases}\boldsymbol{\beta}_1=2x^3+x^2+1\\ \boldsymbol{\beta}_2=x^2+2x+2\\ \boldsymbol{\beta}_3=-2x^3+x^2+x+2\\ \boldsymbol{\beta}_4=x^3+3x^2+x+2\end{cases}.$$

(1) 求基 $\boldsymbol{\alpha}_1,\boldsymbol{\alpha}_2,\boldsymbol{\alpha}_3,\boldsymbol{\alpha}_4$ 到 $\boldsymbol{\beta}_1,\boldsymbol{\beta}_2,\boldsymbol{\beta}_3,\boldsymbol{\beta}_4$ 的过渡阵;

(2) 求坐标变换公式.

7.3 线性空间的子空间

1. 线性空间的子空间

向量空间 $\mathbb{R}^n$ 有子空间,一个线性空间 V 也有子空间,通过其子空间也可以认识 V 本身.

定义 1 若 $W\subseteq V$ 为线性空间 W 的非空子集,且 W 对于 V 的加法和数乘运算也构成线性空间,则称 W 为 V 的子空间,记为 $W\leqslant V$. 仅含零向量的集合 $\{\mathbf{0}\}$ 和 V 本身都是的 V **子空间**,称它们为**平凡子空间**;若 W 是 V 的子空间,且不是平凡子空间,则称 W 是 V 的**真子空间**.

评注:由此定义,要说明 $W\leqslant V$,应说明 W 也满足线性空间定义中的八条;但事实上,容易看到只要 W 对 V 的加法和数乘运算封闭,对于 W,线性空间的定义中的八条就成立,从而 W 就是 V 的子空间.

命题 7.3 **若 W 为线性空间 V 的非空子集,则 $W\leqslant V \Leftrightarrow W$ 对 V 的加法和数乘封闭.**

例 1 令 $\mathcal{S}^{n\times n}$ 为一切 n 阶实对称阵的集合,则 $\mathcal{S}^{n\times n}$ 为 $\mathbb{R}^{n\times n}$ 的子空间. 事实上,容易看到 $\mathcal{S}^{n\times n}$ 对加法和数乘运算是封闭的.

例 2 $P_n[x]$ 为 $\mathbb{R}[x]$ 的子空间.

例 3 若 $\boldsymbol{\alpha}_1,\cdots,\boldsymbol{\alpha}_m$ 为线性空间 V 的一个向量组,则

$$L(\boldsymbol{\alpha}_1,\cdots,\boldsymbol{\alpha}_m)\equiv\{k_1\boldsymbol{\alpha}_1+\cdots+k_m\boldsymbol{\alpha}_m\mid k_1,\cdots,k_m\in\mathbb{R}\}$$

为 V 的子空间,称其为向量 $\boldsymbol{\alpha}_1,\cdots,\boldsymbol{\alpha}_m$(在 V 中)的**生成子空间**.

命题 7.4 **若 W 为有限维线性空间 V 的一个真子空间,则 W 的基可以扩充为 V 的基.**

证明 设 $\boldsymbol{\alpha}_1,\cdots,\boldsymbol{\alpha}_m$ 为 W 的基,则由于 W 为 V 的真子空间,故 V 中必有一个向量 $\boldsymbol{\alpha}_{m+1}$ 不能由 $\boldsymbol{\alpha}_1,\cdots,\boldsymbol{\alpha}_m$ 线性表示. 此时,向量组 $\boldsymbol{\alpha}_1,\cdots,\boldsymbol{\alpha}_m,\boldsymbol{\alpha}_{m+1}$ 是线性无关的. 若 V 的向量都可以由此向量组线性表示,则此向量组就是 V 的基;否则,V 还有一个向量 $\boldsymbol{\alpha}_{m+2}$ 不能由 $\boldsymbol{\alpha}_1,\cdots,\boldsymbol{\alpha}_m,\boldsymbol{\alpha}_{m+1}$ 线性表示,而 $\boldsymbol{\alpha}_1,\cdots,\boldsymbol{\alpha}_m,\boldsymbol{\alpha}_{m+1},\boldsymbol{\alpha}_{m+2}$ 又线性无关. 如此下去,最终 $\boldsymbol{\alpha}_1,\cdots,\boldsymbol{\alpha}_m$ 可以扩展为 V 的基.

2. 子空间的交与和

命题 7.5 **若 $W_1,W_2\leqslant V$,则:**

(1) $W_1\cap W_2\leqslant V$;

(2) $W_1+W_2\equiv\{\boldsymbol{\alpha}+\boldsymbol{\beta}\mid\boldsymbol{\alpha}\in W_1,\boldsymbol{\beta}\in W_2\}\leqslant V$.

证明 (1) 由 $\mathbf{0}\in W_1,\mathbf{0}\in W_2$ 知 $\mathbf{0}\in W_1\cap W_2$,故 $W_1\cap W_2$ 不是空集. 若 $\boldsymbol{\alpha},\boldsymbol{\beta}\in W_1\cap W_2$,则

由于 W_1 和 W_2 为 V 的子空间,从而

$$\boldsymbol{\alpha}+\boldsymbol{\beta}\in W_1,\quad \boldsymbol{\alpha}+\boldsymbol{\beta}\in W_2.$$

于是

$$\boldsymbol{\alpha}+\boldsymbol{\beta}\in W_1\cap W_2;$$

同样,若 $k\in\mathbb{R}$,$\boldsymbol{\alpha}\in W_1\cap W_2$,则有

$$k\boldsymbol{\alpha}\in W_1\cap W_2.$$

由命题 7.3 知 $W_1\cap W_2\leqslant V$.

(2) 同理可证得 $W_1+W_2\leqslant V$.

与子空间 W_1,W_2 相关联的有四个子空间:

$$W_1,\ W_2,\ W_1\cap W_2,\ W_1+W_2;$$

$W_1\cap W_2$ 为 W_1 和 W_2 的子空间,W_1 和 W_2 又是 W_1+W_2 的子空间. 除了这些关系,这四个子空间的维数间也有如下重要的关系.

定理 7.1　若 W_1,W_2 为线性空间 V 的两个有限维子空间,则

$$\dim(W_1+W_2)=\dim W_1+\dim W_2-\dim(W_1\cap W_2).$$

证明　(1) 令 $\dim(W_1\cap W_2)=r\geqslant 1$. 此时,设

$$W_1\cap W_2=\langle\boldsymbol{\alpha}_1,\cdots,\boldsymbol{\alpha}_r\rangle;$$

再将 $\boldsymbol{\alpha}_1,\cdots,\boldsymbol{\alpha}_r$ 分别扩展为 W_1 和 W_2 的基如图 7-2 所示:

$$\boldsymbol{\alpha}_1,\cdots,\boldsymbol{\alpha}_r,\boldsymbol{\beta}_1,\cdots,\boldsymbol{\beta}_s;\ \boldsymbol{\alpha}_1,\cdots,\boldsymbol{\alpha}_r,\boldsymbol{\gamma}_1,\cdots,\boldsymbol{\gamma}_t.$$

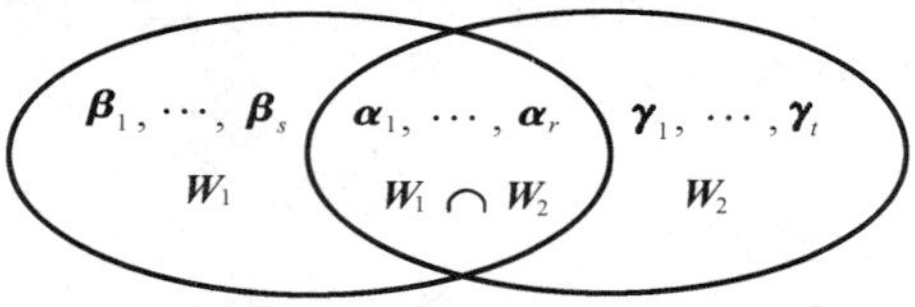

图 7-2

下面,我们将证实:向量组

$$\boldsymbol{\alpha}_1,\cdots,\boldsymbol{\alpha}_r,\boldsymbol{\beta}_1,\cdots,\boldsymbol{\beta}_s,\boldsymbol{\gamma}_1,\cdots,\boldsymbol{\gamma}_t$$

为子空间 W_1+W_2 的基. 由于 $\boldsymbol{w}_1\in W_1$ 可由 $\boldsymbol{\alpha}_1,\cdots,\boldsymbol{\alpha}_r,\boldsymbol{\beta}_1,\cdots,\boldsymbol{\beta}_s$ 线性表示,而 $\boldsymbol{w}_2\in W_2$ 可由 $\boldsymbol{\alpha}_1,\cdots,\boldsymbol{\alpha}_r,\boldsymbol{\gamma}_1,\cdots,\boldsymbol{\gamma}_t$ 线性表示,故 W_1+W_2 中的任何一个向量 $\boldsymbol{w}_1+\boldsymbol{w}_2$ 都可由 $\boldsymbol{\alpha}_1,\cdots,\boldsymbol{\alpha}_r,\boldsymbol{\beta}_1,\cdots,\boldsymbol{\beta}_s,\boldsymbol{\gamma}_1,\cdots,\boldsymbol{\gamma}_t$ 线性表示.

现在设

$$a_1\boldsymbol{\alpha}_1+\cdots+a_r\boldsymbol{\alpha}_r+b_1\boldsymbol{\beta}_1+\cdots+b_s\boldsymbol{\beta}_s+c_1\boldsymbol{\gamma}_1+\cdots+c_t\boldsymbol{\gamma}_t=\boldsymbol{0},$$

则

$$b_1\boldsymbol{\beta}_1+\cdots+b_s\boldsymbol{\beta}_s=-a_1\boldsymbol{\alpha}_1-\cdots-a_r\boldsymbol{\alpha}_r-c_1\boldsymbol{\gamma}_1-\cdots-c_t\boldsymbol{\gamma}_t\in W_1\cap W_2.$$

于是

$$b_1\boldsymbol{\beta}_1+\cdots+b_s\boldsymbol{\beta}_s=d_1\boldsymbol{\alpha}_1+\cdots+d_r\boldsymbol{\alpha}_r,$$

$$d_1\boldsymbol{\alpha}_1+\cdots+d_r\boldsymbol{\alpha}_r-b_1\boldsymbol{\beta}_1-\cdots-b_s\boldsymbol{\beta}_s=\boldsymbol{0}.$$

但 $\boldsymbol{\alpha}_1,\cdots,\boldsymbol{\alpha}_r,\boldsymbol{\beta}_1,\cdots,\boldsymbol{\beta}_s$ 为子空间 W_1 的基,从而

$$b_1=\cdots=b_s=0;$$

再由

$$a_1\boldsymbol{\alpha}_1+\cdots+a_r\boldsymbol{\alpha}_r+c_1\boldsymbol{\gamma}_1+\cdots+c_t\boldsymbol{\gamma}_t=\mathbf{0}$$

得到

$$c_1=\cdots=c_t=0;$$

最后，由 $a_1\boldsymbol{\alpha}_1+\cdots+a_r\boldsymbol{\alpha}_r=\mathbf{0}$ 再得到

$$a_1=\cdots=a_r=0.$$

总之，向量组 $\boldsymbol{\alpha}_1,\cdots,\boldsymbol{\alpha}_r,\boldsymbol{\beta}_1,\cdots,\boldsymbol{\beta}_s,\boldsymbol{\gamma}_1,\cdots,\boldsymbol{\gamma}_t$ 线性无关. 现在，我们得到

$$\begin{aligned}\dim(W_1+W_2)&=r+s+t=(r+s)+(r+t)-r\\&=\dim W_1+\dim W_2-\dim(W_1\cap W_2).\end{aligned}$$

(2) 当 $\dim(W_1\cap W_2)=0$ 时，容易看到前面的证明不仅仍然成立，而且更简单.

3. 子空间的直和

当 $W_1,W_2\leqslant V$ 时，虽然 W_1+W_2 也是一个子空间，且其中的向量为 $\boldsymbol{w}_1+\boldsymbol{w}_2(\boldsymbol{w}_1\in W_1,\boldsymbol{w}_2\in W_2)$ 形式，但 W_1+W_2 中的同一个向量 $\boldsymbol{w}$ 写成 $\boldsymbol{w}_1+\boldsymbol{w}_2$ 的方式可能不唯一. 这种不唯一性对于子空间 W_1+W_2 的讨论是很不方便的. 例如，

$$W_1=\{(a_1,a_2,0)^{\mathrm{T}}\mid a_1,a_2\in\mathbb{R}\},\qquad W_2=\{(0,b_1,b_2)^{\mathrm{T}}\mid b_1,b_2\in\mathbb{R}\}$$

都是 $V=\mathbb{R}^3$ 的子空间，但

$$(1,1,1)^{\mathrm{T}}=(1,1,0)^{\mathrm{T}}+(0,0,1)^{\mathrm{T}}=(1,0,0)^{\mathrm{T}}+(0,1,1)^{\mathrm{T}},$$

而 $(1,1,0)^{\mathrm{T}},(1,0,0)^{\mathrm{T}}\in W_1$；$(0,1,1)^{\mathrm{T}},(0,0,1)^{\mathrm{T}}\in W_2$.

定义 2 令 $W_1,W_2\leqslant V$. 若 W_1+W_2 中每个向量 $\boldsymbol{w}$ 可唯一地表示为

$$\boldsymbol{w}=\boldsymbol{w}_1+\boldsymbol{w}_2\ (\boldsymbol{w}_1\in \boldsymbol{W}_1,\ \boldsymbol{w}_2\in \boldsymbol{W}_2),$$

则称 W_1+W_2 为**直和**，记为 $W_1+W_2=W_1\oplus W_2$.

命题 7.6 若 W_1,W_2 为线性空间 V 的两个有限维子空间，则以下四项等价：

(1) $W_1+W_2=W_1\oplus W_2$；

(2) 零向量的分解是唯一的，即当

$$\mathbf{0}=\boldsymbol{w}_1+\boldsymbol{w}_2(\boldsymbol{w}_1\in W_1,\boldsymbol{w}_2\in W_2)$$

时，有 $\boldsymbol{w}_1=\boldsymbol{w}_2=\mathbf{0}$；

(3) $W_1\cap W_2=\{\mathbf{0}\}$；

(4) $\dim W_1+\dim W_2=\dim(W_1+W_2)$.

证明（留给读者练习）.

习 题 7.3

1. 线性空间 $\mathbb{R}^{2\times 3}$ 的如下子集是否构成子空间？若是子空间，求其维数与一个基：

(1) $W_1=\left\{\begin{bmatrix}-1&b&0\\0&c&d\end{bmatrix}\middle|\,b,c,d\in\mathbb{R}\right\}$；

（2）$W_2=\left\{\begin{bmatrix} a & b & 0 \\ 0 & 0 & c \end{bmatrix} \,\middle|\, a,b,c\in\mathbb{R}\right\}$.

2. 已知 $\boldsymbol{\alpha}_1,\boldsymbol{\alpha}_2,\boldsymbol{\alpha}_3$ 为线性空间 V 的一个基,求由向量

$$\boldsymbol{\beta}_1=\boldsymbol{\alpha}_1-2\boldsymbol{\alpha}_2+3\boldsymbol{\alpha}_3,\ \boldsymbol{\beta}_2=2\boldsymbol{\alpha}_1+3\boldsymbol{\alpha}_2+2\boldsymbol{\alpha}_3,\ \boldsymbol{\beta}_3=4\boldsymbol{\alpha}_1+13\boldsymbol{\alpha}_2$$

生成的子空间 $L(\boldsymbol{\beta}_1,\boldsymbol{\beta}_2,\boldsymbol{\beta}_3)$ 的维数与基.

3. 在线性空间 $P_3[x]$ 中,令 $W_1=L(\boldsymbol{\alpha}_1,\boldsymbol{\alpha}_2)$,$W_2=L(\boldsymbol{\beta}_1,\boldsymbol{\beta}_2)$,其中

$$\boldsymbol{\alpha}_1=[1,x,x^2,x^3]\begin{bmatrix}1\\3\\0\\5\end{bmatrix},\quad \boldsymbol{\alpha}_2=[1,x,x^2,x^3]\begin{bmatrix}1\\2\\1\\4\end{bmatrix};$$

$$\boldsymbol{\beta}_1=[1,x,x^2,x^3]\begin{bmatrix}1\\1\\2\\3\end{bmatrix},\quad \boldsymbol{\beta}_2=[1,x,x^2,x^3]\begin{bmatrix}1\\-3\\6\\4\end{bmatrix}.$$

求子空间 W_1+W_2 和 $W_1\cap W_2$ 的维数与基.

4. 令 W_1,W_2 为线性空间 V 的两个有限维子空间,求证:

$$W_1+W_2=W_1\oplus W_2\Leftrightarrow \dim W_1+\dim W_2=\dim(W_1+W_2).$$

5. 子空间直和也可以扩展到任意有限个子空间上. 若三个子空间 $W_1,W_2,W_3\leqslant V$ 满足如下条件,求证 $W_1+W_2+W_3$ 为直和:

（1）$W_1\cap W_2=\{\mathbf{0}\}$;

（2）$(W_1+W_2)\cap W_3=\{\mathbf{0}\}$.

6. 设 $\mathcal{S}^{n\times n}$ 为 $\mathbb{R}^{n\times n}$ 中一切对称矩阵的集合,$\mathcal{A}^{n\times n}$ 为 $\mathbb{R}^{n\times n}$ 中一切反对称矩阵的集合(即满足 $\boldsymbol{A}^{\mathrm{T}}=-\boldsymbol{A}$ 的矩阵),求证

$$\mathbb{R}^{n\times n}=\mathcal{S}^{n\times n}\oplus\mathcal{A}^{n\times n}.$$

7.4 线性映射与线性变换

1. 线性映射

在讨论线性空间时,有时我们要将两个线性空间关联起来讨论. 这就需要有联系两个线性空间的工具,它就是线性映射.

定义 1 （1）令 V,W 为两个线性空间,$\sigma:V\to W$ 为由 V 到 W 的映射. 若 σ 满足:

① 对任何 $\boldsymbol{v}_1,\boldsymbol{v}_2\in V$,有

$$\sigma(\boldsymbol{v}_1+\boldsymbol{v}_2)=\sigma(\boldsymbol{v}_1)+\sigma(\boldsymbol{v}_2);$$

② 对任何 $\boldsymbol{v}\in V,k\in\mathbb{R}$,有

$$\sigma(k\boldsymbol{v})=k\sigma(\boldsymbol{v}),$$

则称 σ 为由 V 到 W 的**线性映射**.

（2）令 $\sigma:V\to W$ 为线性映射. 若当 $\sigma(\boldsymbol{v}_1)=\sigma(\boldsymbol{v}_2)$ 时,一定有 $\boldsymbol{v}_1=\boldsymbol{v}_2$,则称 σ 为**单线性**

映射;若 $\sigma(V)=W$,则称 σ 为**满线性映射**;若 σ 既是单的,又是满的,则称 σ 为**同构**,此时我们也称 V 与 W 同构,记为 $V\cong W$.

(3) 我们称线性映射 $\sigma:V\to V$ 为 V 的**线性变换**.

评注:若 σ: $V\to W$ 为线性映射,则向量 $\boldsymbol{v}_1,\cdots,\boldsymbol{v}_s$ 在 V 中的线性关系可以传递给 W 中的向量组 $\sigma(\boldsymbol{v}_1),\cdots,\sigma(\boldsymbol{v}_s)$,即

$$k_1\boldsymbol{v}_1+\cdots+k_s\boldsymbol{v}_s=\boldsymbol{0}\Rightarrow k_1\sigma(\boldsymbol{v}_1)+\cdots+k_s\sigma(\boldsymbol{v}_s)=\boldsymbol{0};$$

从而,若 $\boldsymbol{v}_1,\cdots,\boldsymbol{v}_s$ 在 V 中线性相关,则 $\sigma(\boldsymbol{v}_1),\cdots,\sigma(\boldsymbol{v}_s)$ 在 W 中也线性相关,但反之不成立. 一旦,σ: $V\to W$ 为同构,则

$$k_1\boldsymbol{v}_1+\cdots+k_s\boldsymbol{v}_s=\boldsymbol{0}\Leftrightarrow k_1\sigma(\boldsymbol{v}_1)+\cdots+k_s\sigma(\boldsymbol{v}_s)=\boldsymbol{0};$$

从而,向量组 $\boldsymbol{v}_1,\cdots,\boldsymbol{v}_s$ 与 $\sigma(\boldsymbol{v}_1),\cdots,\sigma(\boldsymbol{v}_s)$ 有相同的线性相关性,尽管它们在不同的线性空间中.

例 1 令 $V=\mathbb{R}^n$,$W=\mathbb{R}^m$,$\boldsymbol{A}\in\mathbb{R}^{m\times n}$. 对任意 $\boldsymbol{x}\in V$,定义

$$\sigma(\boldsymbol{x})=\boldsymbol{A}\boldsymbol{x},$$

则 σ 为由 V 到 W 的线性映射. 若 $\mathrm{r}(\boldsymbol{A})=n$,则当 $\boldsymbol{A}\boldsymbol{x}=\boldsymbol{A}\boldsymbol{y}$ 时,有 $\boldsymbol{x}=\boldsymbol{y}$,即 σ 为单线性映射;反之,当此线性变换 σ 为单线性映射时,$\mathrm{r}(\boldsymbol{A})=n$ 也成立. 我们也容易验证 $\mathrm{r}(\boldsymbol{A})=m$ 为 σ 为满线性映射的充要条件(习题 7.4-3).

例 2 令 $V=\mathbb{R}^n$,$\boldsymbol{A}\in\mathbb{R}^{n\times n}$,则 $\sigma(\boldsymbol{x})=\boldsymbol{A}\boldsymbol{x}$ 为 V 的线性变换. 容易看到 σ 为同构的充要条件为矩阵 $\boldsymbol{A}$ 可逆.

例 3 对任意 $f(x)\in P_n[x]$,令

$$\delta(f(x))=f'(x),$$

则 δ 为线性空间 $P_n[x]$ 的线性变换.

例 4 对任意 $f\in \mathrm{C}[0,1]$,令

$$\alpha f(x)=\int_0^x f(t)\,\mathrm{d}t,\quad \beta(f)=\int_0^1 f(t)\,\mathrm{d}t,$$

则 α 为线性空间 $\mathrm{C}[0,1]$ 的线性变换;β 为由线性空间 $\mathrm{C}[0,1]$ 到 $\mathbb{R}$ 的线性映射.

例 5 对任意 $\boldsymbol{A}=[a_{ij}]_{n\times n}\in\mathbb{R}^{n\times n}$,令

$$\mathrm{tr}(\boldsymbol{A})\equiv a_{11}+\cdots+a_{nn},$$

则 $\mathrm{tr}(\boldsymbol{A})$ 为由线性空间 $\mathbb{R}^{n\times n}$ 到 $\mathbb{R}$ 的线性映射;我们称 $\mathrm{tr}(\boldsymbol{A})$ 为矩阵 $\boldsymbol{A}$ 的**迹**.

2. 线性映射的值域与核

定义 2 若 σ: $V\to W$ 为线性映射,则分别称

$$\sigma(V),\quad \ker\sigma=\{\boldsymbol{v}\in V\mid \sigma(\boldsymbol{v})=\boldsymbol{0}\}$$

为 σ 的**值域**和**核**.

命题 7.7 若 $\sigma: V \to W$ 为线性映射，则：

(1) $\ker\sigma \leqslant V$；

(2) $\sigma(V) \leqslant W$；

(3) σ 为单线性映射 $\Leftrightarrow \ker\sigma = \{\mathbf{0}\}$.

证明（留作习题）.

定理 7.2 若 $\sigma: V \to W$ 为线性映射，且 $\dim V = n \geqslant 1$，则

$$\dim V = \dim \ker\sigma + \dim\sigma(V).$$

证明 设 $\dim \ker\sigma = m$，$\boldsymbol{w}_1, \cdots, \boldsymbol{w}_m$ 为 $\ker\sigma$ 的基.

若 $\ker\sigma = V$，则 $\sigma(V) = \{\mathbf{0}\}$，结论成立.

设 $\ker\sigma \neq V$，则 $\boldsymbol{w}_1, \cdots, \boldsymbol{w}_m$ 可以扩展为 V 的基

$$\boldsymbol{w}_1, \cdots, \boldsymbol{w}_m, \boldsymbol{v}_1, \cdots, \boldsymbol{v}_r \quad (m + r = n = \dim V).$$

现在我们说明 $\sigma(\boldsymbol{v}_1), \cdots, \sigma(\boldsymbol{v}_r)$ 是 W 的子空间 $\sigma(V)$ 的基：

任取 $\sigma(\boldsymbol{v}) \in \sigma(V)$. 由于

$$\boldsymbol{v} = k_1\boldsymbol{w}_1 + \cdots + k_m\boldsymbol{w}_m + l_1\boldsymbol{v}_1 + \cdots + l_r\boldsymbol{v}_r,$$

从而

$$\begin{aligned}\sigma(\boldsymbol{v}) &= k_1\sigma(\boldsymbol{w}_1) + \cdots + k_m\sigma(\boldsymbol{w}_m) + l_1\sigma(\boldsymbol{v}_1) + \cdots + l_r\sigma(\boldsymbol{v}_r)\\ &= l_1\sigma(\boldsymbol{v}_1) + \cdots + l_r\sigma(\boldsymbol{v}_r),\end{aligned}$$

这说明 $\sigma(V)$ 中任何一个向量都是向量组 $\sigma(\boldsymbol{v}_1), \cdots, \sigma(\boldsymbol{v}_r)$ 的线性组合. 我们再说明向量组 $\sigma(\boldsymbol{v}_1), \cdots, \sigma(\boldsymbol{v}_r)$ 线性无关.

若

$$l_1\sigma(\boldsymbol{v}_1) + \cdots + l_r\sigma(\boldsymbol{v}_r) = \mathbf{0},$$

则

$$\sigma(l_1\boldsymbol{v}_1 + \cdots + l_r\boldsymbol{v}_r) = \mathbf{0},$$

从而

$$l_1\boldsymbol{v}_1 + \cdots + l_r\boldsymbol{v}_r \in \ker\sigma = W.$$

于是

$$l_1\boldsymbol{v}_1 + \cdots + l_r\boldsymbol{v}_r = k_1\boldsymbol{w}_1 + \cdots + k_m\boldsymbol{w}_m,$$
$$k_1\boldsymbol{w}_1 + \cdots + k_m\boldsymbol{w}_m - l_1\boldsymbol{v}_1 - \cdots - l_r\boldsymbol{v}_r = \mathbf{0};$$

进而 $l_1 = \cdots = l_r = 0$. 总之，

$$\dim V = m + r = \dim \ker\sigma + \dim\sigma(V).$$

推论 若 V, W 为有限维线性空间，则

$$V \cong W \Leftrightarrow \dim V = \dim W.$$

证明 ($\Rightarrow$) 若 $V \cong W$，且 $\sigma: V \to W$ 为同构，则

$$\ker\sigma = \{\mathbf{0}\}, \ \sigma(V) = W;$$

从而

$$\dim V = \dim \ker\sigma + \dim\sigma(V) = \dim W.$$

($\Leftarrow$) 若 $\dim V = \dim W = n$，且 V, W 的基分别为 $\boldsymbol{\alpha}_1, \cdots, \boldsymbol{\alpha}_n$ 和 $\boldsymbol{\beta}_1, \cdots, \boldsymbol{\beta}_n$，则容易检验

$$\sigma(k_1\boldsymbol{\alpha}_1 + \cdots + k_n\boldsymbol{\alpha}_n) = k_1\boldsymbol{\beta}_1 + \cdots + k_n\boldsymbol{\beta}_n$$

为 V 到 W 的同构.

3. 线性映射的运算

若 V,W 为线性空间,我们用 $\hom(V,W)$ 表示由 V 到 W 的一切线性映射的. 在此集合上,我们定义一个加法运算:

若 $\sigma,\tau\in\hom(V,W)$,定义

$$(\sigma+\tau)(\boldsymbol{v})=\sigma(\boldsymbol{v})+\tau(\boldsymbol{v})\quad(\boldsymbol{v}\in V);$$

再定义一个数乘运算:

若 $\sigma\in\hom(V,W)$, $k\in\mathbb{R}$,定义

$$(k\sigma)(\boldsymbol{v})=k(\sigma(\boldsymbol{v}))\quad(\boldsymbol{v}\in V).$$

此时,直接验证知 $\sigma+\tau$ 和 $k\sigma$ 仍然为由 V 到 W 的线性映射;再由形式验算知,$\hom(V,W)$ 在这个加法和数乘运算下为线性空间.

命题 7.8 **若 V,W 为线性空间,则 $\hom(V,W)$ 在上述定义的加法和数乘之下为线性空间.**

在 V,W 为有限维线性空间时,我们进一步讨论 $\hom(V,W)$ 的性质. 为此,我们先引入线性映射的矩阵.

定义 3 若 V,W 为有限维线性空间,$\sigma\in\hom(V,W)$,且

$$V=\langle\boldsymbol{\alpha}_1,\cdots,\boldsymbol{\alpha}_n\rangle,\quad W=\langle\boldsymbol{\beta}_1,\cdots,\boldsymbol{\beta}_m\rangle,$$

则称满足下式的 $m\times n$ 矩阵 $\mu(\sigma)=[a_{ij}]_{m\times n}$ 为 σ **在基** $\boldsymbol{\alpha}_1,\cdots,\boldsymbol{\alpha}_n$ **和基** $\boldsymbol{\beta}_1,\cdots,\boldsymbol{\beta}_m$ **下的矩阵**:

$$[\sigma(\boldsymbol{\alpha}_1),\cdots,\sigma(\boldsymbol{\alpha}_n)]=[\boldsymbol{\beta}_1,\cdots,\boldsymbol{\beta}_m]\begin{bmatrix}a_{11}&\cdots&a_{1n}\\\vdots&\ddots&\vdots\\a_{m1}&\cdots&a_{mn}\end{bmatrix}.$$

注意: 上式等同于

$$\begin{cases}\sigma(\boldsymbol{\alpha}_1)=a_{11}\boldsymbol{\beta}_1+a_{21}\boldsymbol{\beta}_2+\cdots+a_{m1}\boldsymbol{\beta}_m\\\quad\vdots\qquad\quad\vdots\qquad\quad\vdots\qquad\qquad\quad\vdots\\\sigma(\boldsymbol{\alpha}_n)=a_{1n}\boldsymbol{\beta}_1+a_{2n}\boldsymbol{\beta}_2+\cdots+a_{mn}\boldsymbol{\beta}_m\end{cases},\tag{*}$$

或

$$\sigma(\boldsymbol{\alpha}_1)=[\boldsymbol{\beta}_1,\cdots,\boldsymbol{\beta}_m]\begin{bmatrix}a_{11}\\\vdots\\a_{m1}\end{bmatrix},\quad\cdots,\quad\sigma(\boldsymbol{\alpha}_n)=[\boldsymbol{\beta}_1,\cdots,\boldsymbol{\beta}_m]\begin{bmatrix}a_{1n}\\\vdots\\a_{mn}\end{bmatrix}.$$

定理 7.3 **若线性空间 V,W 如定义 3,则映射**

$$\mu:\ \hom(V,W)\to\mathbb{R}^{m\times n},\ \sigma\mapsto\mu(\sigma)$$

为同构.

证明 容易检验 μ 为线性映射. 对任何一个矩阵 $[a_{ij}]_{m\times n}$,存在一个满足(*)式的线性映射 $\sigma:V\to W$,即 μ 为满的. 事实上,用(*)式作为 $\sigma(\boldsymbol{\alpha}_i)$ 的定义;再定义

$$\sigma(k_1\boldsymbol{\alpha}_1+\cdots+k_n\boldsymbol{\alpha}_n)=k_1\sigma(\boldsymbol{\alpha}_1)+\cdots+k_n\sigma(\boldsymbol{\alpha}_n),$$

则容易检验 σ 为由 V 到 W 的线性映射. 由此,也容易看到,若 $\mu(\sigma)=\mu(\tau)$,则对任何 $\boldsymbol{\alpha}_i$,有 $\sigma(\boldsymbol{\alpha}_i)=\tau(\boldsymbol{\alpha}_i)$,从而 $\sigma=\tau$,即 μ 是单的. 总之,μ 为同构.

例 6 令 $V=\mathbb{R}^2$,$W=\mathbb{R}^3$,求线性空间 $\hom(V,W)$ 的一个基.

解 由定理 7.3 知 $\hom(V,W)\cong\mathbb{R}^{3\times 2}$,而

$$\boldsymbol{E}_{11}=\begin{bmatrix}1&0\\0&0\\0&0\end{bmatrix},\quad \boldsymbol{E}_{12}=\begin{bmatrix}0&1\\0&0\\0&0\end{bmatrix},\quad \boldsymbol{E}_{21}=\begin{bmatrix}0&0\\1&0\\0&0\end{bmatrix},$$

$$\boldsymbol{E}_{22}=\begin{bmatrix}0&0\\0&1\\0&0\end{bmatrix},\quad \boldsymbol{E}_{31}=\begin{bmatrix}0&0\\0&0\\1&0\end{bmatrix},\quad \boldsymbol{E}_{32}=\begin{bmatrix}0&0\\0&0\\0&1\end{bmatrix}$$

为 $\mathbb{R}^{3\times 2}$的基. 再由定理 7.3 中的同构知,如下定义的 6 个 V 到 W 线性映射为 $\hom(V,W)$ 的一个基($\mu(\sigma_{ij})=\boldsymbol{E}_{ij}$):

$$\sigma_{11}((k_1,k_2)^{\mathrm{T}})=(k_1,0,0)^{\mathrm{T}},\quad \sigma_{12}((k_1,k_2)^{\mathrm{T}})=(k_2,0,0)^{\mathrm{T}},$$

$$\sigma_{21}((k_1,k_2)^{\mathrm{T}})=(0,k_1,0)^{\mathrm{T}},\quad \sigma_{22}((k_1,k_2)^{\mathrm{T}})=(0,k_2,0)^{\mathrm{T}},$$

$$\sigma_{31}((k_1,k_2)^{\mathrm{T}})=(0,0,k_1)^{\mathrm{T}},\quad \sigma_{32}((k_1,k_2)^{\mathrm{T}})=(0,0,k_2)^{\mathrm{T}}.$$

习 题 7.4

1. 令 $\sigma:V\to W$ 为线性映射. 求证:

(1) $\sigma(\mathbf{0})$为 W 中的零向量;

(2) $\sigma(-\boldsymbol{v})=-\sigma(\boldsymbol{v})$;

(3) 若 $\boldsymbol{v}_1,\cdots,\boldsymbol{v}_s$ 在 V 中线性相关,则 $\sigma(\boldsymbol{v}_1),\cdots,\sigma(\boldsymbol{v}_s)$在 W 中也线性相关.

2. 通过直接建立同构证明 $\mathbb{R}^{n\times m}\cong\mathbb{R}^{m\times n}$.

3. 令 $V=\mathbb{R}^n$,$W=\mathbb{R}^m$,$\boldsymbol{A}\in\mathbb{R}^{m\times n}$. 对任意 $x\in V$,定义

$$\sigma(\boldsymbol{x})=\boldsymbol{A}\boldsymbol{x}.$$

求证 σ 为满线性映射 $\Leftrightarrow$ $\mathrm{r}(\boldsymbol{A})=m$.

4. 在线性空间 $\mathbb{R}[x]$中,对任何 $f(x)\in\mathbb{R}[x]$,定义:

$$\delta(f(x))=f'(x),\quad \phi(f(x))=xf(x).$$

(1) 验证 δ,ϕ 为 $\mathbb{R}[x]$的线性变换;

(2) 验证 $\delta\phi-\phi\delta=\varepsilon$,这里的 ε 为 $\mathbb{R}[x]$的恒同线性变换.

5. 设线性空间 $V=\langle\boldsymbol{\alpha}_1,\cdots,\boldsymbol{\alpha}_n\rangle$,则我们称线性空间

$$V^*\equiv\hom(V,\mathbb{R})$$

为 V 的**对偶空间**,V^* 中向量(由 V 到 $\mathbb{R}$的线性映射)称为 V 上的**线性函数**. 求 V^* 的一个基.

7.5 线性变换与矩阵的对应

1. 线性变换的矩阵

在上一节中我们看到,若

$$V=\langle\boldsymbol{\alpha}_1,\cdots,\boldsymbol{\alpha}_n\rangle,\quad W=\langle\boldsymbol{\beta}_1,\cdots,\boldsymbol{\beta}_m\rangle,$$

则在基 $\boldsymbol{\alpha}_1,\cdots,\boldsymbol{\alpha}_n$ 和基 $\boldsymbol{\beta}_1,\cdots,\boldsymbol{\beta}_m$ 下,每个线性映射 $\sigma: V\to W$ 对应一个 $m\times n$ 矩阵 $\mu(\sigma)$,且在此对应下,

$$\hom(V,W)\cong\mathbb{R}^{m\times n}.$$

若 $V=W$,且 $\boldsymbol{\alpha}_1,\cdots,\boldsymbol{\alpha}_n$ 和 $\boldsymbol{\beta}_1,\cdots,\boldsymbol{\beta}_n$ 为 V 的同一个基时,此同构有更好的特性. 现在,改记 $\hom(V,V)$ 为 $\mathrm{End}(V)$.

定义 1 若 $\sigma,\tau\in\mathrm{End}(V)$,我们定义 σ 与 τ 的乘积为

$$(\sigma\tau)(\boldsymbol{v})=\sigma(\tau(\boldsymbol{v}))\quad(\boldsymbol{v}\in V);$$

此时,$\sigma\tau\in\mathrm{End}(V)$.

命题 7.9 若 V 为 n 维线性空间,则 $\mathrm{End}(V)$ 在线性变换的加法和数乘之下为 n^2 维线性空间,且加法和乘法还满足下列性质($\alpha,\beta,\delta\in\mathrm{End}(V)$,$k\in\mathbb{R}$):

(1) $(\alpha\beta)\delta=\alpha(\beta\delta)$;

(2) $(k\alpha)\beta=\alpha(k\beta)=k(\alpha\beta)$;

(3) $(\alpha+\beta)\delta=\alpha\delta+\beta\delta$, $\delta(\alpha+\beta)=\delta\alpha+\delta\beta$.

证明 由命题 7.8 知本命题的前半部分成立;形式验证知(1),(2),(3)也成立.

评注: 若实数域 $\mathbb{R}$ 上的线性空间 V 的向量之间还有一个满足上述 3 个性质的乘法,则称 V 为 $\mathbb{R}$ 上的**代数**. $\mathrm{End}(V)$ 一般称为**线性变换代数**;线性空间 $\mathbb{R}^{n\times n}$ 也是代数,称为**矩阵代数**. 这两个代数有着密切的联系.

定义 2 若 $V=\langle\boldsymbol{\alpha}_1,\cdots,\boldsymbol{\alpha}_n\rangle$ 为 n 维线性空间,且 $\sigma\in\mathrm{End}(V)$,则我们称满足下式的 n 阶方阵 $\mu(\sigma)\equiv[a_{ij}]_{n\times n}$ 为 **σ 在基 $\boldsymbol{\alpha}_1,\cdots,\boldsymbol{\alpha}_n$ 下的矩阵**:

$$[\sigma(\boldsymbol{\alpha}_1),\cdots,\sigma(\boldsymbol{\alpha}_n)]=[\boldsymbol{\alpha}_1,\cdots,\boldsymbol{\alpha}_n]\begin{bmatrix}a_{11}&\cdots&a_{1n}\\ \vdots&\ddots&\vdots\\ a_{n1}&\cdots&a_{nn}\end{bmatrix}.\qquad(*)$$

定理 7.4 若线性空间 $V=\langle\boldsymbol{\alpha}_1,\cdots,\boldsymbol{\alpha}_n\rangle$,则

$$\mu:\ \mathrm{End}(V)\to\mathbb{R}^{n\times n},\quad \sigma\mapsto\mu(\sigma)$$

为同构,而且

$$\mu(\sigma\tau)=\mu(\sigma)\mu(\tau);$$

即同构 μ 不仅保持线性运算,还保持乘法运算.

证明 由定理 7.3 知本定理的前半部分成立. 我们只需证明同构 μ 保持乘法运算. 首先,有

$$[\tau(\boldsymbol{\alpha}_1),\cdots,\tau(\boldsymbol{\alpha}_n)]=[\boldsymbol{\alpha}_1,\cdots,\boldsymbol{\alpha}_n]\mu(\tau);$$

再由 σ 为线性变换知

$$\begin{aligned}[\sigma\tau(\boldsymbol{\alpha}_1),\cdots,\sigma\tau(\boldsymbol{\alpha}_n)]&=[\sigma(\boldsymbol{\alpha}_1),\cdots,\sigma(\boldsymbol{\alpha}_n)]\mu(\tau)\\&=[\boldsymbol{\alpha}_1,\cdots,\boldsymbol{\alpha}_n]\mu(\sigma)\mu(\tau),\end{aligned}$$

即 $\mu(\sigma\tau)=\mu(\sigma)\mu(\tau)$.

定义 3 令 $V=\langle\boldsymbol{\alpha}_1,\cdots,\boldsymbol{\alpha}_n\rangle$,$\varepsilon$ 为 V 的**恒同**,$\sigma\in\mathrm{End}(V)$. 若存在 $\tau\in\mathrm{End}(V)$ 使得

$$\sigma\tau=\tau\sigma=\varepsilon,$$

则称 σ 为**可逆变换**,τ 称为 σ 的**逆变换**,记为 $\tau=\sigma^{-1}$(如可逆阵的逆阵唯一一样,我们容易证实一个可逆变换的逆也是唯一的).

命题 7.10 若线性空间 V 及 μ 如定理 7.4,则 $\sigma\in\mathrm{End}(V)$ 可逆 $\Leftrightarrow$ 矩阵 $\mu(\sigma)$ 可逆.

证明 若 σ 可逆,且 $\sigma\tau=\tau\sigma=\varepsilon$,则由定理 7.4 及 $\mu(\varepsilon)=\boldsymbol{E}$ 知

$$\mu(\sigma)\mu(\tau)=\mu(\tau)\mu(\sigma)=\boldsymbol{E};$$

从而 $\mu(\sigma)$ 可逆.

反之,若 $\mu(\sigma)$ 可逆,则由于 μ 为同构,从而存在 $\tau\in\mathrm{End}(V)$ 使得

$$\mu(\tau)=\mu(\sigma)^{-1};$$

从而

$$\mu(\sigma)\mu(\tau)=\mu(\tau)\mu(\sigma)=\boldsymbol{E}=\mu(\varepsilon),$$
$$\mu(\sigma\tau)=\mu(\tau\sigma)=\mu(\varepsilon).$$

再由定理 7.4 知

$$\sigma\tau=\tau\sigma=\varepsilon,$$

即 σ 可逆.

定理 7.5 若 V 为 n 维线性空间,$\sigma\in\mathrm{End}(V)$,则

$$n=\dim\ker\sigma+\dim\sigma(V).$$

证明 设 $\ker\sigma=\langle\boldsymbol{\alpha}_1,\cdots,\boldsymbol{\alpha}_r\rangle$,再将 $\boldsymbol{\alpha}_1,\cdots,\boldsymbol{\alpha}_r$ 扩展为 V 的基

$$\boldsymbol{\alpha}_1,\ \cdots,\ \boldsymbol{\alpha}_r,\ \boldsymbol{\alpha}_{r+1},\ \cdots,\ \boldsymbol{\alpha}_n,$$

则

$$\begin{aligned}\sigma(V)&=L[\sigma(\boldsymbol{\alpha}_1),\cdots,\sigma(\boldsymbol{\alpha}_r),\sigma(\boldsymbol{\alpha}_{r+1}),\cdots,\sigma(\boldsymbol{\alpha}_n)]\\&=L[\sigma(\boldsymbol{\alpha}_{r+1}),\cdots,\sigma(\boldsymbol{\alpha}_n)],\end{aligned}$$

即 $\sigma(\boldsymbol{\alpha}_{r+1}),\cdots,\sigma(\boldsymbol{\alpha}_n)$ 为 $\sigma(V)$ 的生成元. 另一方面,若

$$k_{r+1}\sigma(\boldsymbol{\alpha}_{r+1})+\cdots+k_n\sigma(\boldsymbol{\alpha}_n)=\boldsymbol{0},$$

则 $k_{r+1}\boldsymbol{\alpha}_{r+1}+\cdots+k_n\boldsymbol{\alpha}_n\in\ker\sigma$. 于是

$$k_{r+1}\boldsymbol{\alpha}_{r+1}+\cdots+k_n\boldsymbol{\alpha}_n=k_1\boldsymbol{\alpha}_1+\cdots+k_r\boldsymbol{\alpha}_r,$$

从而 $k_{r+1}=\cdots=k_n=0$.

推论 若 V 为 n 维线性空间,且 $\sigma\in\mathrm{End}(V)$ 在基 $\boldsymbol{\alpha}_1,\cdots,\boldsymbol{\alpha}_n$ 下的矩阵为 $\boldsymbol{A}$,则

$$\dim\sigma(V)=\mathrm{r}(\boldsymbol{A}).$$

证明 由于

$$n=\mathrm{r}(\boldsymbol{A})+\dim\mathcal{N}(\boldsymbol{A});$$

再由定理7.5,我们只要证明

$$\ker\sigma\cong\mathcal{N}(\boldsymbol{A}).$$

任取 $\boldsymbol{v}=[\boldsymbol{\alpha}_i][x_i]^{\mathrm{T}}\in\ker\sigma$,则

$$\boldsymbol{0}=\sigma(\boldsymbol{v})=[\sigma(\boldsymbol{\alpha}_i)][x_i]^{\mathrm{T}}=[\boldsymbol{\alpha}_i]\boldsymbol{A}[x_i]^{\mathrm{T}},\quad \boldsymbol{A}[x_i]^{\mathrm{T}}=\boldsymbol{0};$$

从而

$$[x_i]^{\mathrm{T}}\in\mathcal{N}(\boldsymbol{A}).$$

若我们定义

$$\phi:\ \boldsymbol{v}=[\boldsymbol{\alpha}_i][x_i]^{\mathrm{T}}\mapsto[x_i]^{\mathrm{T}},$$

则容易看到 ϕ 为由 $\ker\sigma$ 到 $\mathcal{N}(\boldsymbol{A})$ 的同构.

定理7.6 **若 $V=\langle\boldsymbol{\alpha}_1,\cdots,\boldsymbol{\alpha}_n\rangle=\langle\boldsymbol{\beta}_1,\cdots,\boldsymbol{\beta}_n\rangle$,线性变换 σ 在基 $\boldsymbol{\alpha}_1,\cdots,\boldsymbol{\alpha}_n$ 和基 $\boldsymbol{\beta}_1,\cdots,\boldsymbol{\beta}_n$ 下的矩阵分别为 $\boldsymbol{A}$ 和 $\boldsymbol{B}$,则 $\boldsymbol{A}\sim\boldsymbol{B}$.**

证明 令基 $\boldsymbol{\alpha}_1,\cdots,\boldsymbol{\alpha}_n$ 到基 $\boldsymbol{\beta}_1,\cdots,\boldsymbol{\beta}_n$ 的过渡阵为 $\boldsymbol{P}$,即

$$[\boldsymbol{\beta}_1,\cdots,\boldsymbol{\beta}_n]=[\boldsymbol{\alpha}_1,\cdots,\boldsymbol{\alpha}_n]\boldsymbol{P},$$

则由 σ 保持线性运算知

$$[\sigma(\boldsymbol{\beta}_1),\cdots,\sigma(\boldsymbol{\beta}_n)]=[\sigma(\boldsymbol{\alpha}_1),\cdots,\sigma(\boldsymbol{\alpha}_n)]\boldsymbol{P},$$
$$[\boldsymbol{\beta}_1,\cdots,\boldsymbol{\beta}_n]\boldsymbol{B}=[\boldsymbol{\alpha}_1,\cdots,\boldsymbol{\alpha}_n]\boldsymbol{AP},$$
$$[\boldsymbol{\alpha}_1,\cdots,\boldsymbol{\alpha}_n]\boldsymbol{PB}=[\boldsymbol{\alpha}_1,\cdots,\boldsymbol{\alpha}_n]\boldsymbol{AP},$$
$$\boldsymbol{PB}=\boldsymbol{AP},\ \boldsymbol{B}=\boldsymbol{P}^{-1}\boldsymbol{AP},$$

即 $\boldsymbol{A}\sim\boldsymbol{B}$.

2. 线性变换的对角化

若线性变换 σ 在线性空间 V 的某基 $\boldsymbol{\alpha}_1,\cdots,\boldsymbol{\alpha}_n$ 下的矩阵为对角阵 $\boldsymbol{\Lambda}=\mathrm{diag}(\lambda_1,\cdots,\lambda_n)$,则 σ 在向量 $\boldsymbol{v}=[\boldsymbol{\alpha}_i][x_i]^{\mathrm{T}}$ 上的作用为

$$\sigma(\boldsymbol{v})=[\sigma(\boldsymbol{\alpha}_i)][x_i]^{\mathrm{T}}=[\boldsymbol{\alpha}_i]\boldsymbol{\Lambda}[x_i]^{\mathrm{T}}=[\boldsymbol{\alpha}_i][\lambda_ix_i]^{\mathrm{T}},$$

即若 $\boldsymbol{v}$ 在基 $\boldsymbol{\alpha}_1,\cdots,\boldsymbol{\alpha}_n$ 下的坐标为 $(x_1,\cdots,x_n)^{\mathrm{T}}$,则 $\sigma(\boldsymbol{v})$ 在此基下的坐标为

$$(\lambda_1x_1,\cdots,\lambda_nx_n)^{\mathrm{T}}.$$

这就大大地简化了线性变换 σ 在向量 $\boldsymbol{v}$ 上的作用 $\sigma(\boldsymbol{v})$. 因而,对于一个线性变换 σ,在 V 中寻找一个基使得 σ 在此基下的矩阵为对角阵是非常有意义的. 若这样的基存在,我们也称 σ **可对角化**.

定义4 令 $\sigma\in\mathrm{End}(V)$. 若存在 $\boldsymbol{0}\neq\boldsymbol{\alpha}\in V$ 和 $\lambda\in\mathbb{R}$ 使得

$$\sigma(\boldsymbol{\alpha})=\lambda\boldsymbol{\alpha},$$

则称 λ 为 σ 的(一个)**特征值**,称 $\boldsymbol{\alpha}$ 为对应特征值 λ 的**特征向量**.

命题7.11 **令 σ 为线性空间 $V=\langle\boldsymbol{\alpha}_1,\cdots,\boldsymbol{\alpha}_n\rangle$ 的线性变换,σ 在基 $\boldsymbol{\alpha}_1,\cdots,\boldsymbol{\alpha}_n$ 下的矩阵**

为 $\boldsymbol{A}$,则:

(1) λ 为 σ 的特征值$\Leftrightarrow\lambda$ 为 A 的特征值;

(2) $\boldsymbol{\alpha}=[\boldsymbol{\alpha}_i][x_i]^{\mathrm{T}}$ 为 σ 的特征向量 $\Leftrightarrow$ $[x_i]^{\mathrm{T}}$ 为 $\boldsymbol{A}$ 的特征向量;

(3) σ 可对角化 $\Leftrightarrow$ A 可对角化.

证明(留作练习).

例 1 在线性空间 $P_2[x]$ 中,取一个基:

$$\boldsymbol{\alpha}_1=[1,x,x^2]\begin{bmatrix}1\\1\\1\end{bmatrix},\quad \boldsymbol{\alpha}_2=[1,x,x^2]\begin{bmatrix}1\\1\\0\end{bmatrix},\quad \boldsymbol{\alpha}_3=[1,x,x^2]\begin{bmatrix}1\\0\\0\end{bmatrix}.$$

设 σ 为 $P_2[x]$ 的线性变换,且

$$\sigma(\boldsymbol{\alpha}_1)=[1,x,x^2]\begin{bmatrix}3\\2\\1\end{bmatrix},\quad \sigma(\boldsymbol{\alpha}_2)=[1,x,x^2]\begin{bmatrix}3\\2\\-1\end{bmatrix},\quad \sigma(\boldsymbol{\alpha}_3)=[1,x,x^2]\begin{bmatrix}1\\0\\1\end{bmatrix}.$$

(1) 求 σ 在基 $\boldsymbol{\alpha}_1,\boldsymbol{\alpha}_2,\boldsymbol{\alpha}_3$ 下的矩阵 $\boldsymbol{A}$;

(2) 求 σ 的特征值与特征向量;

(3) 说明 σ 可对角化,并求 $P_2[x]$ 的一个基 $\boldsymbol{\beta}_1,\boldsymbol{\beta}_2,\boldsymbol{\beta}_3$ 使 σ 在此基下的矩阵为对角阵.

解 (1) 由

$$[\sigma(\boldsymbol{\alpha}_1),\sigma(\boldsymbol{\alpha}_2),\sigma(\boldsymbol{\alpha}_3)]=[\boldsymbol{\alpha}_1,\boldsymbol{\alpha}_2,\boldsymbol{\alpha}_3]\boldsymbol{A}$$

得到

$$\begin{bmatrix}3&3&1\\2&2&0\\1&-1&1\end{bmatrix}=\begin{bmatrix}1&1&1\\1&1&0\\1&0&0\end{bmatrix}\boldsymbol{A},$$

故

$$\boldsymbol{A}=\begin{bmatrix}1&1&1\\1&1&0\\1&0&0\end{bmatrix}^{-1}\begin{bmatrix}3&3&1\\2&2&0\\1&-1&1\end{bmatrix}=\begin{bmatrix}1&-1&1\\1&3&-1\\1&1&1\end{bmatrix}.$$

(2) 由第 5 章 1.1 节的例 4 知,矩阵

$$\boldsymbol{A}=\begin{bmatrix}1&-1&1\\1&3&-1\\1&1&1\end{bmatrix}$$

可对角化,且

$$\boldsymbol{P}^{-1}\boldsymbol{AP}=\begin{bmatrix}1&&\\&2&\\&&2\end{bmatrix},\quad \boldsymbol{P}=\begin{bmatrix}-1&-1&1\\1&1&0\\1&0&1\end{bmatrix}.$$

从而,得到 σ 的特征值为 $\lambda_1=1,\lambda_2=\lambda_3=2$.

对应特征值 1 的特征向量为

$$k_1\boldsymbol{\gamma}_1\ (k_1\neq0),\quad \boldsymbol{\gamma}_1=[1,x,x^2]\begin{bmatrix}-1\\1\\1\end{bmatrix};$$

对应特征值 2 的特征向量为

$$k_2\boldsymbol{\gamma}_2+k_3\boldsymbol{\gamma}_3\ \ (k_2^2+k_3^2\neq 0),$$

$$\boldsymbol{\gamma}_2=[1,x,x^2]\begin{bmatrix}-1\\1\\0\end{bmatrix},\quad \boldsymbol{\gamma}_3=[1,x,x^2]\begin{bmatrix}1\\0\\1\end{bmatrix}.$$

(3) 若取

$$\begin{aligned}[\boldsymbol{\beta}_1,\boldsymbol{\beta}_2,\boldsymbol{\beta}_3]=[\boldsymbol{\alpha}_1,\boldsymbol{\alpha}_2,\boldsymbol{\alpha}_3]\boldsymbol{P}&=[1,x,x^2]\begin{bmatrix}1&1&1\\1&1&0\\1&0&0\end{bmatrix}\begin{bmatrix}-1&-1&1\\1&1&0\\1&0&1\end{bmatrix}\\&=[1,x,x^2]\begin{bmatrix}1&0&2\\0&0&1\\-1&-1&-1\end{bmatrix},\end{aligned}$$

即

$$\boldsymbol{\beta}_1=[1,x,x^2]\begin{bmatrix}1\\0\\-1\end{bmatrix},\ \boldsymbol{\beta}_2=[1,x,x^2]\begin{bmatrix}0\\0\\-1\end{bmatrix},\ \boldsymbol{\beta}_3=[1,x,x^2]\begin{bmatrix}2\\1\\-1\end{bmatrix},$$

则

$$\begin{aligned}[\sigma(\boldsymbol{\beta}_1),\sigma(\boldsymbol{\beta}_2),\sigma(\boldsymbol{\beta}_3)]&=[\sigma(\boldsymbol{\alpha}_1),\sigma(\boldsymbol{\alpha}_2),\sigma(\boldsymbol{\alpha}_3)]\boldsymbol{P}\\&=[\boldsymbol{\alpha}_1,\boldsymbol{\alpha}_2,\boldsymbol{\alpha}_3]\boldsymbol{AP}\\&=[\boldsymbol{\alpha}_1,\boldsymbol{\alpha}_2,\boldsymbol{\alpha}_3]\boldsymbol{P}(\boldsymbol{P}^{-1}\boldsymbol{AP})\\&=[\boldsymbol{\beta}_1,\boldsymbol{\beta}_2,\boldsymbol{\beta}_3]\begin{bmatrix}1&&\\&2&\\&&2\end{bmatrix}.\end{aligned}$$

例 2 任取 $\boldsymbol{A}\in\mathbb{R}^{2\times2}$,定义映射

$$\phi_A:\ \mathbb{R}^{2\times2}\to\mathbb{R}^{2\times2},\quad \boldsymbol{X}\mapsto\boldsymbol{AX}-\boldsymbol{XA}.$$

(1) 求证 ϕ_A 为线性空间 $\mathbb{R}^{2\times2}$的线性变换;

(2) 若矩阵 $\boldsymbol{A}$ 可对角化,求证线性变换 ϕ_A 也可对角化.

证明 (1) 直接验算知

$$\phi_A(\boldsymbol{X}+\boldsymbol{Y})=\phi_A(\boldsymbol{X})+\phi_A(\boldsymbol{Y}),\quad \phi_A(k\boldsymbol{X})=k\phi_A(\boldsymbol{X}).$$

(2) 令 $\boldsymbol{A}=\boldsymbol{P}\begin{bmatrix}\lambda_1&\\&\lambda_2\end{bmatrix}\boldsymbol{P}^{-1}$,则

$$\begin{aligned}\phi_A(\boldsymbol{PE}_{ij}\boldsymbol{P}^{-1})&=\boldsymbol{APE}_{ij}\boldsymbol{P}^{-1}-\boldsymbol{PE}_{ij}\boldsymbol{P}^{-1}\boldsymbol{A}\\&=\boldsymbol{P}(\boldsymbol{\Lambda E}_{ij})\boldsymbol{P}^{-1}-\boldsymbol{P}(\boldsymbol{E}_{ij}\boldsymbol{\Lambda})\boldsymbol{P}^{-1}\\&=(\lambda_i-\lambda_j)\boldsymbol{PE}_{ij}\boldsymbol{P}^{-1}.\end{aligned}$$

从而,线性变换 ϕ_A 在基 $\boldsymbol{PE}_{ij}\boldsymbol{P}^{-1}(i,j=1,2)$之下的矩阵为对角阵,即 ϕ_A 可对角化.

习 题 7.5

1. 在线性空间 $\mathbb{R}^{2\times 2}$ 上，如下定义线性变换 σ,τ：

$$\sigma(X)=\begin{bmatrix}a & b\\ c & d\end{bmatrix}X,\quad \tau(X)=X\begin{bmatrix}a & b\\ c & d\end{bmatrix}\ (X\in\mathbb{R}^{2\times 2}).$$

求 σ,τ 在 $\mathbb{R}^{2\times 2}$ 的标准基 $\boldsymbol{E}_{11},\boldsymbol{E}_{12},\boldsymbol{E}_{21},\boldsymbol{E}_{22}$ 下的矩阵 $\boldsymbol{A},\boldsymbol{B}$.

2. 在线性空间 $P_2[x]$ 上，定义线性变换 σ 为

$$\sigma(a+bx+cx^2)=(a+4b+6c)+(2b+5c)x+3cx^2.$$

（1）求 σ 的特征值与特征向量；

（2）求一个基 $\boldsymbol{\alpha}_1,\boldsymbol{\alpha}_2,\boldsymbol{\alpha}_3\in P_2[x]$ 使 σ 在此基下的矩阵为对角阵.

3. 令 $\boldsymbol{P}\in\mathbb{R}^{n\times n}$ 可逆，对任意 $\boldsymbol{X}\in\mathbb{R}^{n\times n}$，定义：

$$\sigma:\ \boldsymbol{X}\mapsto\boldsymbol{PXP}^{-1}.$$

求证 σ 为线性空间 $\mathbb{R}^{n\times n}$ 的可逆线性变换，并求 σ^{-1}.

4. 令 $\boldsymbol{A},\boldsymbol{B}\in\mathbb{R}^{n\times n}$，对任意 $\boldsymbol{X}\in\mathbb{R}^{n\times n}$，定义：

$$\sigma:\ \boldsymbol{X}\mapsto\boldsymbol{AXB}.$$

求证 σ 为线性空间 $\mathbb{R}^{n\times n}$ 的线性变换，并讨论何时 σ 可逆.

5. 求证下列两个矩阵相似

$$\boldsymbol{A}=\begin{bmatrix}1 & 2 & 3\\ 4 & 5 & 6\\ 7 & 8 & 9\end{bmatrix},\quad \boldsymbol{B}=\begin{bmatrix}9 & 8 & 7\\ 6 & 5 & 4\\ 3 & 2 & 1\end{bmatrix}.$$

（提示：将 $\boldsymbol{A},\boldsymbol{B}$ 解释为 $\mathbb{R}^3$ 的同一个线性变换在不同基下的矩阵.）

6. 令 σ 为有限维线性空间 V 的线性变换. 求证下列 3 项等价：

（1）σ 可逆；

（2）$V=\sigma(V)$；

（3）$\ker\sigma=\{\boldsymbol{0}\}$.

7. 令 $\boldsymbol{A}$ 为 n 阶实对称阵，定义 $\phi_A:\mathbb{R}^{n\times n}\to\mathbb{R}^{n\times n}$，$\boldsymbol{X}\mapsto\boldsymbol{AXA}^{\mathrm{T}}$. 求证 ϕ_A 为线性空间 $\mathbb{R}^{n\times n}$ 的可对角化线性变换. 提示：若 $\mathbb{R}^n$ 的标准正交基 $\boldsymbol{p}_1,\boldsymbol{p}_2,\cdots,\boldsymbol{p}_n$ 为 $\boldsymbol{A}$ 的特征向量，讨论 $\boldsymbol{p}_i\boldsymbol{p}_j^{\mathrm{T}}\in\mathbb{R}^{n\times n}$ 的线性相关性.

7.6 欧氏空间

1. 欧氏空间

在第 6 章中，我们在向量空间 $\mathbb{R}^n$ 中引入了向量的内积，从而引入了向量的长度、向量间的夹角、正交等概念. 这样，在研究向量空间 $\mathbb{R}^n$ 时，我们就有了更多的手段；在讨论二次型时，我们也看到这一点. 若我们能将这些概念引入到任何一个有限维线性空间上，无疑会有

同样的效果. 事实上,若 $V=\langle \boldsymbol{\alpha}_1,\cdots,\boldsymbol{\alpha}_n\rangle$ 为线性空间,则在基 $\boldsymbol{\alpha}_1,\cdots,\boldsymbol{\alpha}_n$ 下,通过同构对应

$$[\boldsymbol{\alpha}_1,\cdots,\boldsymbol{\alpha}_n](x_1,\cdots,x_n)^{\mathrm{T}}\mapsto(x_1,\cdots,x_n)^{\mathrm{T}},$$

我们就可以实现这一点. 即当

$$\boldsymbol{\alpha}=[\boldsymbol{\alpha}_i][x_i]^{\mathrm{T}},\quad \boldsymbol{\beta}=[\boldsymbol{\alpha}_i][y_i]^{\mathrm{T}}$$

时,定义

$$[\boldsymbol{\alpha},\boldsymbol{\beta}]=x_1y_1+\cdots+x_ny_n,$$

则运算$[\boldsymbol{\alpha},\boldsymbol{\beta}]$的性质与 $\mathbb{R}^n$ 上的内积一样. 事实上,在一个线性空间上可以定义多种内积. 下面我们将更一般地讨论线性空间的内积.

定义 1 设 V 为线性空间. 若 V 中每对向量 $\boldsymbol{\alpha},\boldsymbol{\beta}$ 按某一法则都对应唯一一个确定的实数$[\boldsymbol{\alpha},\boldsymbol{\beta}]$,且$[\boldsymbol{\alpha},\boldsymbol{\beta}]$满足:

(1) $[\boldsymbol{\alpha},\boldsymbol{\beta}]=[\boldsymbol{\beta},\boldsymbol{\alpha}]$;

(2) $[k\boldsymbol{\alpha},\boldsymbol{\beta}]=[\boldsymbol{\alpha},k\boldsymbol{\beta}]=k[\boldsymbol{\alpha},\boldsymbol{\beta}]\ (k\in\mathbb{R})$;

(3) $[\boldsymbol{\alpha}+\boldsymbol{\beta},\boldsymbol{\gamma}]=[\boldsymbol{\alpha},\boldsymbol{\gamma}]+[\boldsymbol{\beta},\boldsymbol{\gamma}]$;

(4) $[\boldsymbol{\alpha},\boldsymbol{\alpha}]\geqslant 0,\ [\boldsymbol{\alpha},\boldsymbol{\alpha}]=0\Leftrightarrow\boldsymbol{\alpha}=\mathbf{0}$,

则称$[\boldsymbol{\alpha},\boldsymbol{\beta}]$为 V 上的**内积**,在这个内积之下,称 V 为**欧氏空间**.

例 1 对任意 $\boldsymbol{\alpha},\boldsymbol{\beta}\in\mathbb{R}^n$,定义$[\boldsymbol{\alpha},\boldsymbol{\beta}]=\boldsymbol{\alpha}^{\mathrm{T}}\boldsymbol{\beta}$,则 $\mathbb{R}^n$ 是 n 维欧氏空间. 当然,$\mathbb{R}^n$就是欧氏空间的原型.

例 2 若 $\boldsymbol{A}\in\mathbb{R}^{n\times n}$为正定阵,对任何 $\boldsymbol{\alpha},\boldsymbol{\beta}\in\mathbb{R}^n$,定义

$$[\boldsymbol{\alpha},\boldsymbol{\beta}]=\boldsymbol{\alpha}^{\mathrm{T}}\boldsymbol{A}\boldsymbol{\beta},$$

则由正定阵的性质容易验证$[\boldsymbol{\alpha},\boldsymbol{\beta}]$也是 $\mathbb{R}^n$ 上的内积.

评注: 例 1 和例 2 说明,同一个线性空间上可以有不同的内积,即同一个线性空间可以成为不同的欧氏空间. 在没有特别声明时,$[\boldsymbol{\alpha},\boldsymbol{\beta}]=\boldsymbol{\alpha}^{\mathrm{T}}\boldsymbol{\beta}$ 为欧氏空间 $\mathbb{R}^n$的内积.

例 3 对任意$f,g\in\mathrm{C}[a,b]$,定义

$$[f,g]=\int_a^b f(x)g(x)\,\mathrm{d}x,$$

则由定积分的性质容易看到$[f,g]$为线性空间 $\mathrm{C}[a,b]$上的内积,从而 $\mathrm{C}[a,b]$也构成一个欧氏空间.

例 4 对任意 $\boldsymbol{A},\boldsymbol{B}\in\mathbb{R}^{n\times n}$,定义

$$[\boldsymbol{A},\boldsymbol{B}]=\mathrm{tr}(\boldsymbol{A}\boldsymbol{B}^{\mathrm{T}}).$$

求证$[\boldsymbol{A},\boldsymbol{B}]$为线性空间 $\mathbb{R}^{n\times n}$上的内积.

证明 对任意 $\boldsymbol{A},\boldsymbol{B},\boldsymbol{C}\in\mathbb{R}^{n\times n},k\in\mathbb{R}$,我们有:

(1) $[\boldsymbol{A},\boldsymbol{B}]=\mathrm{tr}(\boldsymbol{A}\boldsymbol{B}^{\mathrm{T}})=\mathrm{tr}[(\boldsymbol{A}\boldsymbol{B}^{\mathrm{T}})^{\mathrm{T}}]=\mathrm{tr}(\boldsymbol{B}\boldsymbol{A}^{\mathrm{T}})=[\boldsymbol{B},\boldsymbol{A}]$;

(2) $[k\boldsymbol{A},\boldsymbol{B}]=\mathrm{tr}(k\boldsymbol{A}\boldsymbol{B}^{\mathrm{T}})=k\mathrm{tr}(\boldsymbol{A}\boldsymbol{B}^{\mathrm{T}})=k[\boldsymbol{A},\boldsymbol{B}]$;

(3) $[\boldsymbol{A}+\boldsymbol{B},\boldsymbol{C}]=\mathrm{tr}[(\boldsymbol{A}+\boldsymbol{B})\boldsymbol{C}^{\mathrm{T}}]=\mathrm{tr}(\boldsymbol{A}\boldsymbol{C}^{\mathrm{T}}+\boldsymbol{B}\boldsymbol{C}^{\mathrm{T}})=[\boldsymbol{A},\boldsymbol{C}]+[\boldsymbol{B},\boldsymbol{C}]$;

(4) $[\boldsymbol{A},\boldsymbol{A}] = \mathrm{tr}(\boldsymbol{A}\boldsymbol{A}^{\mathrm{T}}) = \sum_{j=1}^{n}\sum_{i=1}^{n} a_{ij}^2 \geqslant 0$；$[\boldsymbol{A},\boldsymbol{A}] = 0 \Leftrightarrow \boldsymbol{A} = \boldsymbol{0}$.
由定义知$[\boldsymbol{A},\boldsymbol{B}]$为 $\mathbb{R}^{n\times n}$上的内积.

如同欧氏空间 $\mathbb{R}^n$中,在一般的欧氏空间中,也可以引入向量的长度,夹角及正交等概念.

定义 2 令 V 为欧氏空间.

(1) 对于 $\boldsymbol{\alpha}\in V$,称实数$\|\boldsymbol{\alpha}\|\equiv\sqrt{[\boldsymbol{\alpha},\boldsymbol{\alpha}]}$为向量 $\boldsymbol{\alpha}$ 的**长度**(或**范数**)；当$\|\boldsymbol{\alpha}\|=1$ 时,称 $\boldsymbol{\alpha}$ 为**单位向量**.

(2) 对于 $\boldsymbol{\alpha},\boldsymbol{\beta}\in V$,若$[\boldsymbol{\alpha},\boldsymbol{\beta}]=0$,称向量 $\boldsymbol{\alpha}$ 与 $\boldsymbol{\beta}$ 正交,记为 $\boldsymbol{\alpha}\perp\boldsymbol{\beta}$.

(3) 对于非零向量 $\boldsymbol{\alpha},\boldsymbol{\beta}\in V$,称

$$\arccos\frac{[\boldsymbol{\alpha},\boldsymbol{\beta}]}{\|\boldsymbol{\alpha}\|\cdot\|\boldsymbol{\beta}\|},$$

为向量 $\boldsymbol{\alpha}$ 与 $\boldsymbol{\beta}$ 的夹角.

2. 内积的性质

欧氏空间 V 中内积及范数的基本性质($\boldsymbol{\alpha},\boldsymbol{\beta},\boldsymbol{\gamma}\in V,k\in\mathbb{R}$)：

(1) $[\boldsymbol{\alpha},k\boldsymbol{\beta}]=k[\boldsymbol{\alpha},\boldsymbol{\beta}]$；

(2) $[\boldsymbol{\alpha},\boldsymbol{0}]=[\boldsymbol{0},\boldsymbol{\beta}]=0$；

(3) $[\boldsymbol{\gamma},\boldsymbol{\alpha}+\boldsymbol{\beta}]=[\boldsymbol{\gamma},\boldsymbol{\alpha}]+[\boldsymbol{\gamma},\boldsymbol{\beta}]$；

(4) $[\boldsymbol{\alpha},\boldsymbol{\beta}]^2\leqslant\|\boldsymbol{\alpha}\|^2\cdot\|\boldsymbol{\beta}\|^2$；

(5) $\|\boldsymbol{\alpha}+\boldsymbol{\beta}\|\leqslant\|\boldsymbol{\alpha}\|+\|\boldsymbol{\beta}\|$.

在这几项中,(1)～(3)是形式验证,(4)和(5)的证明与 $\mathbb{R}^n$中情况类似.

在具体的欧氏空间中,不等式$[\boldsymbol{\alpha},\boldsymbol{\beta}]^2\leqslant\|\boldsymbol{\alpha}\|^2\cdot\|\boldsymbol{\beta}\|^2$有具体的形式. 在标准欧氏空间 $\mathbb{R}^n$中,此不等式为

$$(a_1b_1+\cdots+a_nb_n)^2\leqslant(a_1^2+\cdots+a_n^2)(b_1^2+\cdots+b_n^2);$$

而在例 3 的欧氏空间 $\mathrm{C}[a,b]$中,此不等式为

$$\left(\int_a^b f(x)g(x)\mathrm{d}x\right)^2\leqslant\int_a^b f(x)^2\mathrm{d}x\cdot\int_a^b g(x)^2\mathrm{d}x.$$

3. 标准正交基

定义 3 设 $V=\langle\boldsymbol{\alpha}_1,\cdots,\boldsymbol{\alpha}_n\rangle$为欧氏空间,则我们称矩阵

$$\boldsymbol{A}=\begin{bmatrix}[\boldsymbol{\alpha}_1,\boldsymbol{\alpha}_1] & \cdots & [\boldsymbol{\alpha}_1,\boldsymbol{\alpha}_n]\\ \vdots & \ddots & \vdots\\ [\boldsymbol{\alpha}_n,\boldsymbol{\alpha}_1] & \cdots & [\boldsymbol{\alpha}_n,\boldsymbol{\alpha}_n]\end{bmatrix}$$

为基 $\boldsymbol{\alpha}_1,\cdots,\boldsymbol{\alpha}_n$ 的**度量阵**.

命题 7.12 设 $V=\langle\boldsymbol{\alpha}_1,\cdots,\boldsymbol{\alpha}_n\rangle$为欧氏空间,$\boldsymbol{A}$ 为基 $\boldsymbol{\alpha}_1,\cdots,\boldsymbol{\alpha}_n$ 的度量阵. 若

$$\boldsymbol{\alpha}=[\boldsymbol{\alpha}_i]\boldsymbol{x},\quad \boldsymbol{\beta}=[\boldsymbol{\alpha}_i]\boldsymbol{y},$$

则 $[\boldsymbol{\alpha},\boldsymbol{\beta}]=\boldsymbol{x}^{\mathrm{T}}\boldsymbol{A}\boldsymbol{y}$.

证明 由内积的性质,我们得到

$$\begin{aligned}[\boldsymbol{\alpha},\boldsymbol{\beta}] &= \left[\sum_{i=1}^{n} x_i\boldsymbol{\alpha}_i,\sum_{j=1}^{n} y_j\boldsymbol{\alpha}_j\right] = \sum_{i=1}^{n}\sum_{j=1}^{n} x_i y_j[\boldsymbol{\alpha}_i,\boldsymbol{\alpha}_j] \\ &= (x_1,\cdots,x_n)\begin{bmatrix}[\boldsymbol{\alpha}_1,\boldsymbol{\alpha}_1] & \cdots & [\boldsymbol{\alpha}_1,\boldsymbol{\alpha}_n] \\ \vdots & \ddots & \vdots \\ [\boldsymbol{\alpha}_n,\boldsymbol{\alpha}_1] & \cdots & [\boldsymbol{\alpha}_n,\boldsymbol{\alpha}_n]\end{bmatrix}\begin{bmatrix}y_1 \\ \vdots \\ y_n\end{bmatrix} \\ &= \boldsymbol{x}^{\mathrm{T}}\boldsymbol{A}\boldsymbol{y}.\end{aligned}$$

由此命题我们看到,若基 $\boldsymbol{\alpha}_1,\cdots,\boldsymbol{\alpha}_n$ 的度量阵为单位阵,则内积的计算就非常简单了,这样的基无疑是重要的.

定义 4 设 $V=\langle\boldsymbol{\alpha}_1,\cdots,\boldsymbol{\alpha}_n\rangle$ 为欧氏空间. 若基 $\boldsymbol{\alpha}_1,\cdots,\boldsymbol{\alpha}_n$ 的度量阵为单位阵,即 $\boldsymbol{\alpha}_1,\cdots,\boldsymbol{\alpha}_n$ 为相互正交的单位向量,则称基 $\boldsymbol{\alpha}_1,\cdots,\boldsymbol{\alpha}_n$ 为 V 的**标准正交基**.

若 $\boldsymbol{\alpha}_1,\cdots,\boldsymbol{\alpha}_m$ 为欧氏空间 V 中的一组线性无关的向量,用第 6 章中的 Schmidt 正交化方法,我们同样可以得到一组与 $\boldsymbol{\alpha}_1,\cdots,\boldsymbol{\alpha}_m$ 等价的标准正交向量组;特别是,当 V 为有限维欧氏空间,从 V 的任何一个基出发,我们都可以构造出 V 的一个标准正交基.

例 5 线性空间 $P_2[x]$ 在内积

$$[f,g]=\int_{-1}^{1}f(x)g(x)\mathrm{d}x$$

之下为欧氏空间.

(1) 求基 $1,x,x^2$ 的度量阵 $\boldsymbol{A}$;

(2) 求 $P_2[x]$ 的一个标准正交基.

解 (1) 令 $\boldsymbol{\alpha}_1=1,\boldsymbol{\alpha}_2=x,\boldsymbol{\alpha}_3=x^2$,则

$$[\boldsymbol{\alpha}_1,\boldsymbol{\alpha}_1]=\int_{-1}^{1}\mathrm{d}x=2,$$

$$[\boldsymbol{\alpha}_1,\boldsymbol{\alpha}_2]=[\boldsymbol{\alpha}_2,\boldsymbol{\alpha}_1]=\int_{-1}^{1}x\mathrm{d}x=0,$$

$$[\boldsymbol{\alpha}_1,\boldsymbol{\alpha}_3]=[\boldsymbol{\alpha}_3,\boldsymbol{\alpha}_1]=\int_{-1}^{1}x^2\mathrm{d}x=\frac{2}{3},$$

$$[\boldsymbol{\alpha}_2,\boldsymbol{\alpha}_2]=\int_{-1}^{1}x^2\mathrm{d}x=\frac{2}{3},$$

$$[\boldsymbol{\alpha}_2,\boldsymbol{\alpha}_3]=[\boldsymbol{\alpha}_3,\boldsymbol{\alpha}_2]=\int_{-1}^{1}x^3\mathrm{d}x=0,$$

$$[\boldsymbol{\alpha}_3,\boldsymbol{\alpha}_3]=\int_{-1}^{1}x^4\mathrm{d}x=\frac{2}{5},$$

从而

$$A=\begin{bmatrix}2 & 0 & \frac{2}{3}\\ 0 & \frac{2}{3} & 0\\ \frac{2}{3} & 0 & \frac{2}{5}\end{bmatrix}.$$

（2）将 $\boldsymbol{\alpha}_1,\boldsymbol{\alpha}_2,\boldsymbol{\alpha}_3$ 正交化，得到

$$\boldsymbol{\beta}_1=\boldsymbol{\alpha}_1=1,$$

$$\boldsymbol{\beta}_2=\boldsymbol{\alpha}_2-\frac{[\boldsymbol{\alpha}_2,\boldsymbol{\beta}_1]}{[\boldsymbol{\beta}_1,\boldsymbol{\beta}_1]}\boldsymbol{\beta}_1=x,$$

$$\boldsymbol{\beta}_3=\boldsymbol{\alpha}_3-\frac{[\boldsymbol{\alpha}_3,\boldsymbol{\beta}_1]}{[\boldsymbol{\beta}_1,\boldsymbol{\beta}_1]}\boldsymbol{\beta}_1-\frac{[\boldsymbol{\alpha}_3,\boldsymbol{\beta}_2]}{[\boldsymbol{\beta}_2,\boldsymbol{\beta}_2]}\boldsymbol{\beta}_2=x^2-\frac{1}{3};$$

再将 $\boldsymbol{\beta}_1,\boldsymbol{\beta}_2,\boldsymbol{\beta}_3$ 单位化，得到

$$\boldsymbol{\varepsilon}_1=\frac{1}{\|\boldsymbol{\beta}_1\|}\boldsymbol{\beta}_1=\frac{1}{\sqrt{2}},$$

$$\boldsymbol{\varepsilon}_2=\frac{1}{\|\boldsymbol{\beta}_2\|}\boldsymbol{\beta}_2=\sqrt{\frac{3}{2}}x,$$

$$\boldsymbol{\varepsilon}_3=\frac{1}{\|\boldsymbol{\beta}_3\|}\boldsymbol{\beta}_3=\sqrt{\frac{45}{8}}\left(x^2-\frac{1}{3}\right);$$

则 $\boldsymbol{\varepsilon}_1,\boldsymbol{\varepsilon}_2,\boldsymbol{\varepsilon}_3$ 是 $P_2[x]$ 的标准正交基.

4. 子空间的正交补

定义 5 （1）设 W 是欧氏空间 V 的子空间，$\boldsymbol{\alpha}\in V$. 若对任何 $\boldsymbol{\beta}\in W$，都有 $\boldsymbol{\alpha}\perp\boldsymbol{\beta}$，则称**向量 $\boldsymbol{\alpha}$ 与子空间 W 正交**，记为 $\boldsymbol{\alpha}\perp W$.

（2）设 W_1,W_2 是欧氏空间 V 的两个子空间. 若对任何 $\boldsymbol{\alpha}\in W_1,\boldsymbol{\beta}\in W_2$，都有 $\boldsymbol{\alpha}\perp\boldsymbol{\beta}$，则称 W_1,W_2 为**正交子空间**，记为 $W_1\perp W_2$.

命题 7.13 设 W 是有限维欧氏空间 V 的子空间，则

$$W^{\perp}\equiv\{\boldsymbol{\alpha}\in V\mid\boldsymbol{\alpha}\perp W\}$$

为 V 的子空间，且

$$V=W\oplus W^{\perp}.$$

注：我们称 $W^{\perp}$ 为 W 的**正交补**（空间）.

证明（留作练习）.

例 6 设 $W=L(\boldsymbol{\alpha}_1,\boldsymbol{\alpha}_2)$，$\boldsymbol{\alpha}_1=(1,1,0)^{\mathrm{T}}$，$\boldsymbol{\alpha}_2=(0,1,1)^{\mathrm{T}}$，求 W 在 $\mathbb{R}^3$ 中的正交补 $W^{\perp}$.

解 由 $\dim W=2$ 知 $\dim W^{\perp}=1$. 若 $\boldsymbol{\gamma}=(x_1,x_2,x_3)^{\mathrm{T}}\in W^{\perp}$，则

$$\begin{cases}x_1+x_2=0\\ x_2+x_3=0\end{cases},$$

$\boldsymbol{\alpha}_3=(1,-1,1)^{\mathrm{T}}$ 为此方程组的非零解，从而 $W^{\perp}=L(\boldsymbol{\alpha}_3)$.

5. 正交变换

若 $\boldsymbol{P}\in\mathbb{R}^{n\times n}$ 为正交阵,则正交变换 $\boldsymbol{y}=\boldsymbol{P}\boldsymbol{x}$ 保持欧氏空间 $\mathbb{R}^n$ 中的内积,即 $[\boldsymbol{P}\boldsymbol{x},\boldsymbol{P}\boldsymbol{y}]=[\boldsymbol{x},\boldsymbol{y}]$. 由此,我们知道此线性变换保持 $\mathbb{R}^n$ 中向量的长度、向量间的夹角等. 这样的变换也可以推广到欧氏空间上.

定义6 令 σ 为欧氏空间 V 的线性变换. 若对任何 $\boldsymbol{\alpha},\boldsymbol{\beta}\in V$,有

$$[\sigma(\boldsymbol{\alpha}),\sigma(\boldsymbol{\beta})]=[\boldsymbol{\alpha},\boldsymbol{\beta}],$$

即 σ **保持内积**,则称 σ 为 V 的**正交变换**.

例7 令 V 为欧氏空间,$\boldsymbol{\alpha}\in V$ 为一个单位向量,对任何 $\boldsymbol{\beta}\in V$,如下定义 V 的变换:

$$\eta_\alpha(\boldsymbol{\beta})=\boldsymbol{\beta}-2[\boldsymbol{\beta},\boldsymbol{\alpha}]\boldsymbol{\alpha}.$$

求证 η_α 为 V 的正交变换. 在 $\mathbb{R}^3$ 中,图 7-3 展示了 η_α 的含义,因而 η_α 也称为**镜面反射**,$\boldsymbol{\alpha}$ 就是这个镜面的法向.

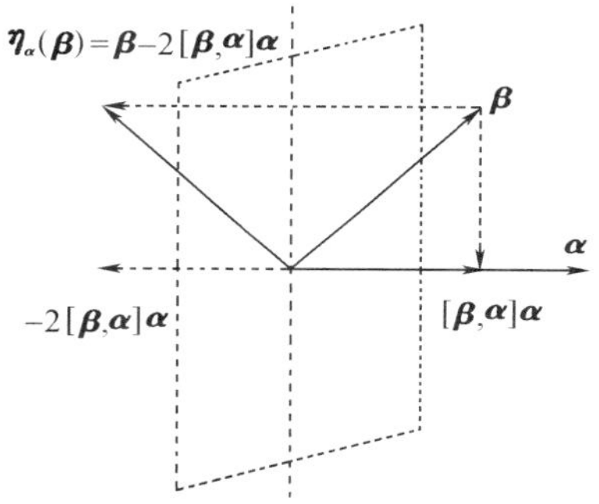

图 7-3

证明 容易验证 η_α 为 V 的线性变换. 我们验证 η_α 也保持内积:

$$\begin{aligned}[\eta_\alpha(\boldsymbol{\beta}),\eta_\alpha(\boldsymbol{\gamma})]&=[\boldsymbol{\beta}-2[\boldsymbol{\beta},\boldsymbol{\alpha}]\boldsymbol{\alpha},\boldsymbol{\gamma}-2[\boldsymbol{\gamma},\boldsymbol{\alpha}]\boldsymbol{\alpha}]\\&=[\boldsymbol{\beta},\boldsymbol{\gamma}]-2[\boldsymbol{\gamma},\boldsymbol{\alpha}][\boldsymbol{\beta},\boldsymbol{\alpha}]-2[\boldsymbol{\beta},\boldsymbol{\alpha}][\boldsymbol{\gamma},\boldsymbol{\alpha}]+4[\boldsymbol{\beta},\boldsymbol{\alpha}][\boldsymbol{\gamma},\boldsymbol{\alpha}]\\&=[\boldsymbol{\beta},\boldsymbol{\gamma}].\end{aligned}$$

定理7.7 **设 σ 为 n 维欧氏空间 V 的线性变换,则下列四项等价:**

(1) σ 为正交变换;

(2) 对任何 $\boldsymbol{\alpha}$,有 $\|\sigma(\boldsymbol{\alpha})\|=\|\boldsymbol{\alpha}\|$;

(3) 若 $\boldsymbol{\alpha}_1,\cdots,\boldsymbol{\alpha}_n$ 为 V 的标准正交基,则 $\sigma(\boldsymbol{\alpha}_1),\cdots,\sigma(\boldsymbol{\alpha}_n)$ 也是 V 的标准正交基;

(4) σ 在标准正交基 $\boldsymbol{\alpha}_1,\cdots,\boldsymbol{\alpha}_n$ 下的矩阵为正交阵.

证明 (1)⇒(2) 明显.

(2)⇒(3) 由(2)知 $\sigma(\boldsymbol{\alpha}_1),\cdots,\sigma(\boldsymbol{\alpha}_n)$ 为单位向量. 当 $i\neq j$ 时,由(2),有

$$[\sigma(\boldsymbol{\alpha}_i+\boldsymbol{\alpha}_j),\sigma(\boldsymbol{\alpha}_i+\boldsymbol{\alpha}_j)]=[\boldsymbol{\alpha}_i+\boldsymbol{\alpha}_j,\boldsymbol{\alpha}_i+\boldsymbol{\alpha}_j],$$

$$\|\sigma(\boldsymbol{\alpha}_i)\|^2+2[\sigma(\boldsymbol{\alpha}_i),\sigma(\boldsymbol{\alpha}_j)]+\|\sigma(\boldsymbol{\alpha}_j)\|^2=\|\boldsymbol{\alpha}_i\|^2+2[\boldsymbol{\alpha}_i,\boldsymbol{\alpha}_j]+\|\boldsymbol{\alpha}_j\|^2,$$

$$[\sigma(\boldsymbol{\alpha}_i),\sigma(\boldsymbol{\alpha}_j)]=[\boldsymbol{\alpha}_i,\boldsymbol{\alpha}_j]=0,$$

即 $\sigma(\boldsymbol{\alpha}_1),\cdots,\sigma(\boldsymbol{\alpha}_n)$ 相互正交.

(3)⇒(4) 设

$$[\sigma(\boldsymbol{\alpha}_1),\cdots,\sigma(\boldsymbol{\alpha}_n)]=[\boldsymbol{\alpha}_1,\cdots,\boldsymbol{\alpha}_n][\boldsymbol{p}_1,\cdots,\boldsymbol{p}_n],$$

则由于 $\boldsymbol{\alpha}_1,\cdots,\boldsymbol{\alpha}_n$ 和 $\sigma(\boldsymbol{\alpha}_1),\cdots,\sigma(\boldsymbol{\alpha}_n)$ 都是标准正交基,从而

$$[\sigma(\boldsymbol{\alpha}_i),\sigma(\boldsymbol{\alpha}_j)]=\boldsymbol{p}_i^{\mathrm{T}}\boldsymbol{p}_j=\begin{cases}1 & (i=j);\\0 & (i\neq j).\end{cases}\qquad (*)$$

这说明 $[\boldsymbol{p}_1,\cdots,\boldsymbol{p}_n]$ 为正交阵.

(4)⇒(1) 设 $\boldsymbol{\alpha}_1,\cdots,\boldsymbol{\alpha}_n$ 为标准正交基,且

$$[\sigma(\boldsymbol{\alpha}_1),\cdots,\sigma(\boldsymbol{\alpha}_n)]=[\boldsymbol{\alpha}_1,\cdots,\boldsymbol{\alpha}_n]\boldsymbol{P},$$

$\boldsymbol{P}$ 为正交阵. 这时上面的(*)式仍然成立,从而 $\sigma(\boldsymbol{\alpha}_1),\cdots,\sigma(\boldsymbol{\alpha}_n)$ 也是标准正交基.

对任意 $\boldsymbol{\alpha},\boldsymbol{\beta}\in V$,有

$$\boldsymbol{\alpha}=[\boldsymbol{\alpha}_i][x_i]^{\mathrm{T}},\quad \boldsymbol{\beta}=[\boldsymbol{\alpha}_i][y_i]^{\mathrm{T}};$$

此时

$$\sigma(\boldsymbol{\alpha})=[\sigma(\boldsymbol{\alpha}_i)][x_i]^{\mathrm{T}},\quad \sigma(\boldsymbol{\beta})=[\sigma(\boldsymbol{\alpha}_i)][y_i]^{\mathrm{T}}.$$

由于 $\boldsymbol{\alpha}_1,\cdots,\boldsymbol{\alpha}_n$ 和 $\sigma(\boldsymbol{\alpha}_1),\cdots,\sigma(\boldsymbol{\alpha}_n)$ 都是标准正交基,故

$$[\sigma(\boldsymbol{\alpha}),\sigma(\boldsymbol{\beta})]=x_1y_1+\cdots+x_ny_n=[\boldsymbol{\alpha},\boldsymbol{\beta}],$$

即 σ 为正交变换.

习 题 7.6

1. 若 $\boldsymbol{\alpha}_1,\cdots,\boldsymbol{\alpha}_m$ 为欧氏空间中的正交向量组,求证

$$\|\boldsymbol{\alpha}_1+\cdots+\boldsymbol{\alpha}_m\|^2=\|\boldsymbol{\alpha}_1\|^2+\cdots+\|\boldsymbol{\alpha}_m\|^2.$$

2. 设 $\boldsymbol{\alpha}_1,\cdots,\boldsymbol{\alpha}_m$ 为有限维欧氏空间 V 中的标准正交向量组,求证:对任何 $\boldsymbol{\alpha}\in V$,有

$$\sum_{i=1}^{m}[\boldsymbol{\alpha},\boldsymbol{\alpha}_i]^2\leqslant\|\boldsymbol{\alpha}\|^2.$$

3. 在本节例 2 中的欧氏空间中,求基 $\boldsymbol{e}_1,\cdots,\boldsymbol{e}_n$ 的度量阵.

4. 在欧氏空间 $P_2[x]$ 中(内积如例 5),求子空间 $W=L(1,x)$ 的正交补 $W^{\perp}$.

5. 若 $\boldsymbol{\alpha}_1,\cdots,\boldsymbol{\alpha}_m$ 为欧氏空间 V 中的正交向量组,且此向量组中没有零向量,求证此向量组线性无关.

6. 若 W_1,W_2 为欧氏空间 V 的两个有限维正交子空间,求证:

(1) $W_1\cap W_2=\{\boldsymbol{0}\}$;

(2) $\dim(W_1+W_2)=\dim W_1+\dim W_2$.

7. 证明命题 7.13.

8. 设 W_1,W_2 都是欧氏空间 V 的子空间,求证:

(1) $(W_1+W_2)^{\perp}=W_1^{\perp}\cap W_2^{\perp}$;

（2）$(W_1 \cap W_2)^{\perp} = W_1^{\perp} + W_2^{\perp}$.

9. 在有限维欧氏空间中，求证正交变换在任何基下的矩阵的行列式为 ±1.

10. 求证正交变换的乘积和逆仍为正交变换.

11. 在有限维欧氏空间 $V = \langle \boldsymbol{\alpha}_1, \cdots, \boldsymbol{\alpha}_n \rangle$ 中，求证度量阵 $[[\boldsymbol{\alpha}_i, \boldsymbol{\alpha}_j]]_{n\times n}$ 为正定阵.

习 题 答 案

第 1 章

习题 1.1

1. (1) 1; (2) $ab(b-a)$; (3) 8; (4) 6;

   (5) $(a+b+c)(ab+bc+ac-a^2-b^2-c^2)$;

   (6) $a_1x^2+a_2x+a_3$.

2. (1) $x=2$, $y=-\frac{7}{2}$; (2) $x=-\frac{11}{8}$, $y=-\frac{9}{8}$, $z=-\frac{6}{8}$.

4. (1) D; (2) 0.

习题 1.2

1. (1) 4; (2) 3; (3) $\frac{1}{2}n(n-1)$; (4) $\frac{1}{2}n(n-1)$.

2. $\frac{1}{2}n(n-1)-t$. 3. 0.

4. $-a_{11}a_{23}a_{32}a_{44}a_{55}$, $-a_{11}a_{23}a_{34}a_{45}a_{52}$, $-a_{11}a_{23}a_{35}a_{42}a_{54}$.

5. (1) $(-1)^{\frac{1}{2}n(n-1)}a_{1n}a_{2,(n-1)}\cdots a_{n1}$; (2) $(a_{11}a_{44}-a_{14}a_{41})(a_{22}a_{33}-a_{23}a_{32})$; (3) 5!;

   (4) 0.

6. x^4 的系数为 10, x^3 的系数为 -5.

习题 1.3

1. (1) -3; (2) 90; (3) 0; (4) -16; (5) 32; (6) -60; (7) 0;

   (8) $a^2+b^2+c^2-2ab-2ac-2bc+2d$;

   (9) $(x+y+z)(x-y-z)(-x+y-z)(-x-y+z)$;

   (10) $-3(x^2-1)(x^2-4)$.

习题 1.4

2. $A_{14}+A_{24}+A_{34}+A_{44}=-A_{44}=6$.

3. $A_{11}+A_{12}+\cdots+A_{1n}=\begin{vmatrix} 1 & 1 & \cdots & 1 \\ a & x & \cdots & a \\ \vdots & \vdots & \ddots & \vdots \\ a & a & \cdots & x \end{vmatrix}=(x-a)^{n-1}$.

4. (1) -1; (2) -160; (3) -85; (4) 48; (5) $-(a-b)^4$; (6) x^2y^2;
(7) $abcd+ab+cd+ad+1$; (8) 1.

5. (1) $(-1)^{n-1}$; (2) a^n-a^{n-2}; (3) $[(n-1)a+x](x-a)^{n-1}$;
(4) $a_1\cdots a_n(1+\sum\limits_{i=1}^{n}\frac{1}{a_i})$; (5) $a_1x^{n-1}+a_2x^{n-2}+\cdots+a_{n-1}x+a_n$.

习题 1.5

1. (1) $x_1=1$, $x_2=-1$, $x_3=1$; (2) $x_1=1$, $x_2=-1$, $x_3=-1$, $x_4=1$.

2. $\lambda=1$ 或 $\mu=0$.

4. 结合范德蒙行列式,用反证法.

5. $\begin{vmatrix} a_1 & b_1 & c_1 & d_1 \\ a_2 & b_2 & c_2 & d_2 \\ a_3 & b_3 & c_3 & d_3 \\ a_4 & b_4 & c_4 & d_4 \end{vmatrix}=0$.

第 2 章

习题 2.1

3. (1) 等价; (2) 等价; (3) 不等价; (4) 等价.

4. (1) $x=-\frac{1}{3}k$, $y=-\frac{2}{3}k$, $z=k$; (2) $x=\frac{4}{27}$, $y=\frac{37}{27}$, $z=-\frac{9}{27}$;
(3) 无解; (4) $x_1=\frac{50}{31}-k$, $x_2=-\frac{68}{31}+k$, $x_3=k$.

5. (1) $\begin{bmatrix} 1 & 0 & 0 & 0 \\ 0 & 1 & 0 & 0 \\ 0 & 0 & 1 & 0 \\ 0 & 0 & 0 & 1 \end{bmatrix}$; (2) $\begin{bmatrix} 1 & 0 & 0 & 0 & 0 \\ 0 & 1 & 0 & 0 & -\frac{1}{3} \\ 0 & 0 & 1 & 0 & -\frac{5}{3} \\ 0 & 0 & 0 & 1 & 0 \end{bmatrix}$.

习题 2.2

1. (1) 真; (2) 真; (3) 假; (4) 假; (5) 真; (6) 真; (7) 真.

2. (1) 2; (2) 4; (3) 3; (4) 3.

5. 当 $\lambda=3$ 时, $\mathrm{r}(\boldsymbol{A}_\lambda)=2$; 当 $\lambda\neq 3$ 时, $\mathrm{r}(\boldsymbol{A}_\lambda)=3$.

6. 提示: 若 $[a_{ij}]_{m\times n}\to\begin{bmatrix} \boldsymbol{E}_k & \boldsymbol{0} \\ \boldsymbol{0} & \boldsymbol{0} \end{bmatrix}$, $[b_{ij}]_{s\times t}\to\begin{bmatrix} \boldsymbol{E}_l & \boldsymbol{0} \\ \boldsymbol{0} & \boldsymbol{0} \end{bmatrix}$, 则

$$M \to \begin{bmatrix} \boldsymbol{E}_k & \boldsymbol{0} & \boldsymbol{0} & \boldsymbol{0} \\ \boldsymbol{0} & \boldsymbol{0} & \boldsymbol{0} & \boldsymbol{X} \\ \boldsymbol{0} & \boldsymbol{0} & \boldsymbol{E}_l & \boldsymbol{0} \\ \boldsymbol{0} & \boldsymbol{0} & \boldsymbol{0} & \boldsymbol{0} \end{bmatrix}.$$

习题 2.3

1.（1）$x_1 = -8k,\ x_2 = \frac{8}{3}k,\ x_3 = \frac{9}{8}k,\ x_4 = k$；（2）无解；

（3）$x=9,\ y=-3,\ z=-5$；（4）$x=\frac{1}{2}-\frac{1}{2}k_1+\frac{1}{2}k_2, y=k_1, z=k_2, w=0$.

2.（1）当 $\lambda=2, \frac{1}{2}(7-\sqrt{33}), \frac{1}{2}(7+\sqrt{33})$ 时，有非零解；

（2）当 $\lambda=0,2,3$ 时，有非零解.

3.（1）当 $\lambda\neq1$，且 $\lambda\neq-2$ 时，有唯一解；当 $\lambda=1$ 时，有无穷多组解；当 $\lambda=-2$ 时，无解；

（2）当 $a\neq1, b\neq0$ 时，有唯一解；当 $a=1, b=\frac{1}{2}$ 时，有无穷多组解；当 $b=0$ 时，或当 $a=1$，$b\neq\frac{1}{2}$ 时，无解.

5. 当 $a\neq1, a\neq5$ 时，有唯一解；当 $a=5, b\neq1$ 时，无解；

当 $a=5, b=1$ 时，有无穷多组解，通解为

$$x_1=-1+k,\ x_2=1-2k,\ x_3=k,\ x_4=0;$$

当 $a=1$ 时，也有无穷多组解，此时通解为

$$x_1=-\frac{1}{4}(b+3),\ x_2=\frac{1}{2}(b+1),\ x_3=-\frac{1}{4}(b-1)-k,\ x_4=k.$$

第 3 章

习题 3.1

1.（1）$(0,1,2)$；（2）$\begin{bmatrix} 3 & 0 \\ -1 & 1 \end{bmatrix}$；（3）$\begin{bmatrix} 3 & 6 & 9 \\ 2 & 4 & 6 \\ 1 & 2 & 3 \end{bmatrix}$；（4）10；

（5）$a_{11}x_1^2+(a_{12}+a_{21})x_1x_2+a_{22}x_2^2$；（6）$(35,6,49)^{\mathrm{T}}$；（7）0；（8）$\begin{bmatrix} 0 & 1 \\ 0 & 3 \\ 0 & 5 \end{bmatrix}$；

（9）$\begin{bmatrix} -4 & & \\ & 4 & \\ & & 1 \end{bmatrix}$；（10）$\begin{bmatrix} 1 & & \\ & 2 & \\ & & 3 \end{bmatrix}$.

2.（1）$\boldsymbol{AB}=\boldsymbol{BA}=\boldsymbol{E}_2$；（2）$\boldsymbol{AB}=\boldsymbol{BA}=\boldsymbol{E}_3$.

3. $\begin{bmatrix} -14a^{10}+15b^{10} & 6(a^{10}-b^{10}) \\ 35(b^{10}-a^{10}) & 15a^{10}-14b^{10} \end{bmatrix}$.　　4. $14^{99}\begin{bmatrix} 1 & 2 & 3 \\ 2 & 4 & 6 \\ 3 & 6 & 9 \end{bmatrix}$.　　5. $\begin{bmatrix} 1 & nk \\ 0 & 1 \end{bmatrix}$.

6. $\boldsymbol{A}^2=\begin{bmatrix} 0 & 0 & 1 & 0 \\ 0 & 0 & 0 & 1 \\ 0 & 0 & 0 & 0 \\ 0 & 0 & 0 & 0 \end{bmatrix}$, $\boldsymbol{A}^3=\begin{bmatrix} 0 & 0 & 0 & 1 \\ 0 & 0 & 0 & 0 \\ 0 & 0 & 0 & 0 \\ 0 & 0 & 0 & 0 \end{bmatrix}$, $\boldsymbol{A}^4=\boldsymbol{0}$.

12. $\boldsymbol{X}^{\mathrm{T}}\boldsymbol{A}\boldsymbol{X}=0$.

14. $\begin{bmatrix} \lambda^n & n\lambda^{n-1} & \frac{n(n-1)}{2}\lambda^{n-2} \\ 0 & \lambda^n & n\lambda^{n-1} \\ 0 & 0 & \lambda^n \end{bmatrix}$.

习题 3.2

3. (1) $\begin{bmatrix} 5 & -2 \\ -2 & 1 \end{bmatrix}$;　(2) $\begin{bmatrix} \cos\alpha & \sin\alpha \\ -\sin\alpha & \cos\alpha \end{bmatrix}$;　(3) $\begin{bmatrix} -2 & 1 & 0 \\ -\frac{13}{2} & 3 & -\frac{1}{2} \\ -16 & 7 & -1 \end{bmatrix}$;

(4) $\begin{bmatrix} 1 & -2 & 7 \\ 0 & 1 & -2 \\ 0 & 0 & 1 \end{bmatrix}$;　(5) $\begin{bmatrix} 1 & -2 & 4 & -8 \\ 0 & 1 & -2 & 4 \\ 0 & 0 & 1 & -2 \\ 0 & 0 & 0 & 1 \end{bmatrix}$;　(6) $\begin{bmatrix} 1 & 1 & -2 & -4 \\ 0 & 1 & 0 & -1 \\ -1 & -1 & 3 & 6 \\ 2 & 1 & -6 & -10 \end{bmatrix}$.

4. (1) $\begin{bmatrix} 1 & 2 \\ 1 & 3 \end{bmatrix}$;　(2) $\begin{bmatrix} -6 & -11 & 8 \\ 0 & 1 & 1 \\ -11 & -21 & 15 \end{bmatrix}$;　(3) $\begin{bmatrix} 1 & 1 \\ \frac{1}{4} & 0 \end{bmatrix}$;　(4) $\begin{bmatrix} -2 & 1 & 0 \\ 1 & 3 & 4 \\ 1 & 0 & 2 \end{bmatrix}$.

5. $\begin{bmatrix} 3 & -8 & -6 \\ 2 & -9 & -6 \\ -2 & 12 & 9 \end{bmatrix}$.　　6. $\begin{bmatrix} -1 & -1-2^{11} \\ 0 & 2^{11} \end{bmatrix}$.

8. 计算$(\boldsymbol{E}-\boldsymbol{A})(\boldsymbol{E}+\boldsymbol{A}+\boldsymbol{A}^2+\cdots+\boldsymbol{A}^{k-1})$.

9. $|\boldsymbol{A}|=1$.

10. $\frac{1}{2}$.　　11. 0.　　13. 用命题 3.6.

习题 3.3

1. 注意$\begin{bmatrix} 1 & 0 & \cdots \\ 0 & 0 & \cdots \\ \vdots & \vdots & \ddots \end{bmatrix}=\begin{bmatrix} 1 \\ 0 \\ \vdots \end{bmatrix}(1,0,\cdots)$.

4. 注意 $\boldsymbol{A}=\boldsymbol{P}[\boldsymbol{E}_s\boldsymbol{0}]\boldsymbol{Q}=[\boldsymbol{P}\ \boldsymbol{0}]\boldsymbol{Q}$.

习题 3.4

1. (1) $\begin{bmatrix}1&7&0&0\\2&-1&0&0\\0&0&5&7\\0&0&5&3\end{bmatrix}$； (2) $\begin{bmatrix}1&2&5&2\\0&1&2&-4\\0&0&-4&3\\0&0&0&-9\end{bmatrix}$.

2. (1) $\begin{bmatrix}1&-2&0&0\\-2&5&0&0\\0&0&2&-3\\0&0&-5&8\end{bmatrix}$； (2) $\begin{bmatrix}0&0&2&-3\\0&0&-5&8\\1&-2&0&0\\-2&5&0&0\end{bmatrix}$.

3. $\begin{bmatrix}\boldsymbol{0}&\boldsymbol{B}^{-1}\\\boldsymbol{A}^{-1}&\boldsymbol{0}\end{bmatrix}$.

4. $(-1)^{mn}ab$.

第4章

习题 4.1

1. (1) $\boldsymbol{\beta}=\frac{5}{4}\boldsymbol{\alpha}_1+\frac{1}{4}\boldsymbol{\alpha}_2-\frac{1}{4}\boldsymbol{\alpha}_3-\frac{1}{4}\boldsymbol{\alpha}_4$； (2) $\boldsymbol{\beta}=\boldsymbol{\alpha}_1+\frac{1}{2}\boldsymbol{\alpha}_2-\boldsymbol{\alpha}_3+\frac{1}{2}\boldsymbol{\alpha}_4$.

2. (1) $\lambda=15$； (2) λ 任意.

3. 当 $a=-1,b=0$ 时，$\boldsymbol{\beta}=\boldsymbol{\alpha}_2$(不唯一)；

   当 $a\neq-1,b$ 任意时，$\boldsymbol{\beta}=-\frac{2b}{a+1}\boldsymbol{\alpha}_1+\left(1+\frac{b}{a+1}\right)\boldsymbol{\alpha}_2+\frac{b}{a+1}\boldsymbol{\alpha}_3$.

习题 4.2

1. (1) 真； (2) 真； (3) 真； (4) 真； (5) 假； (6) 真； (7) 真； (8) 真.

2. (1) 线性无关； (2) 线性无关； (3) 线性相关； (4) 线性无关.

习题 4.3

1. (1) n； (2) $r-1$； (3) r； (4) (略).

2. (1) 秩为 2，$\boldsymbol{\alpha}_1,\boldsymbol{\alpha}_2$ 为极大无关组(不唯一)； (2) 秩为 3，$\boldsymbol{\alpha}_1,\boldsymbol{\alpha}_2,\boldsymbol{\alpha}_3$ 为极大无关组；

   (3) 秩为 2，$\boldsymbol{\alpha}_1,\boldsymbol{\alpha}_2$ 为极大无关组(不唯一).

3. $\boldsymbol{\alpha}_2,\boldsymbol{\alpha}_3,\boldsymbol{\alpha}_4$ 为极大无关组(不唯一)，$\boldsymbol{\alpha}_1=\boldsymbol{\alpha}_2+\boldsymbol{\alpha}_3$.

7. (1) $\boldsymbol{\alpha}_1,\boldsymbol{\alpha}_2,\boldsymbol{\alpha}_3$ 为极大无关组(不唯一)，$\boldsymbol{\alpha}_4=\frac{8}{5}\boldsymbol{\alpha}_1-\boldsymbol{\alpha}_2+2\boldsymbol{\alpha}_3$；

   (2) $\boldsymbol{\alpha}_1,\boldsymbol{\alpha}_2,\boldsymbol{\alpha}_3$ 为极大无关组(不唯一)，$\boldsymbol{\alpha}_4=\boldsymbol{\alpha}_1+3\boldsymbol{\alpha}_2-\boldsymbol{\alpha}_3$，$\boldsymbol{\alpha}_5=-\boldsymbol{\alpha}_2+\boldsymbol{\alpha}_3$.

习题 4.4

1. (1) 有非零解时； (2) 等价.

2. (1) $\begin{bmatrix}0\\1\\2\\1\end{bmatrix}$(不唯一); (2) $\begin{bmatrix}-2\\1\\1\\0\\0\end{bmatrix},\begin{bmatrix}-1\\-3\\0\\1\\0\end{bmatrix},\begin{bmatrix}2\\1\\0\\0\\1\end{bmatrix}$(不唯一).

3. (1) $\begin{bmatrix}x\\y\\z\end{bmatrix}=\begin{bmatrix}-1\\2\\0\end{bmatrix}+k\begin{bmatrix}-2\\1\\1\end{bmatrix}$; (2) $\begin{bmatrix}x\\y\\z\\w\end{bmatrix}=\begin{bmatrix}\frac{1}{2}\\0\\0\\0\end{bmatrix}+k_1\begin{bmatrix}-\frac{1}{2}\\1\\0\\0\end{bmatrix}+k_2\begin{bmatrix}\frac{1}{2}\\0\\1\\0\end{bmatrix}$.

4. $k(1,\cdots,1)^{\mathrm{T}}$.

5. $(2, 3, 4, 5)^{\mathrm{T}}+k(3, 4, 5, 6)^{\mathrm{T}}$.

6. $(0,1,0)^{\mathrm{T}}+k(-3,1,2)^{\mathrm{T}}$.

习题 4.5

1. (1) 零向量; (2) 无限; (4) 等价;
   (3) 维数不是 0 的向量空间一定含有维数更小的向量空间;
   (5) 向量组 $\boldsymbol{\alpha}_1,\cdots,\boldsymbol{\alpha}_m$ 的秩为 $L(\boldsymbol{\alpha}_1,\cdots,\boldsymbol{\alpha}_m)$的维数,极大无关组为此向量空间的基.
2. (1) 是向量空间,$\dim V_1=2$,基为$(1,-1,0)^{\mathrm{T}},(1,0,-1)^{\mathrm{T}}$;
   (2) 不是向量空间;
   (3) 是向量空间,$\dim V_3=1$,基为$(-2,1,2)^{\mathrm{T}}$;
   (4) 是向量空间,$\dim V_4=2$,基为$(2,1)^{\mathrm{T}},(-1,1)^{\mathrm{T}}$.
3. $\dim\mathcal{R}(\boldsymbol{A})=3$,$\boldsymbol{A}$ 的 1,2,3 列为$\mathcal{R}(\boldsymbol{A})$的基;
   $\dim\mathcal{N}(\boldsymbol{A})=2$,$(-1,-3,1,1,0)^{\mathrm{T}},(0,1,-1,0,1)^{\mathrm{T}}$ 为$\mathcal{N}(\boldsymbol{A})$基(参见习题 4.3-7-(2) 的答案).

8. $\boldsymbol{B}=\begin{bmatrix}1&&\\&1&\\&&4\end{bmatrix}$. 9. $\boldsymbol{K}=\begin{bmatrix}3&5&1\\-2&-3&0\\3&-1&-1\end{bmatrix}$.

第 5 章

习题 5.1

1. (1) 假(见本节例 2); (2) 假; (3) 假; (4) 假.
2. (1) 特征值 $\lambda_1=\lambda_2=0$,特征向量为$(k,0)^{\mathrm{T}}(k\neq0)$.
   (2) 特征值 $\lambda_1=1,\lambda_2=3$;
   对应特征值 1 的特征向量为$(k,-k)^{\mathrm{T}}(k\neq0)$;
   对应特征值 3 的特征向量为$(k,k)^{\mathrm{T}}(k\neq0)$.
   (3) 特征值 $\lambda_1=\lambda_2=\lambda_3=2$,特征向量为$(k,0,0)^{\mathrm{T}}(k\neq0)$.

(4) 特征值 $\lambda_1=\lambda_2=\lambda_3=1$,特征向量为 $k_1(1,0,0)^T+k_2(0,0,1)^T(k_1^2+k_2^2\neq 0)$.

(5) 特征值 $\lambda_1=\lambda_2=1,\lambda_3=10$;

对应特征值 1 的特征向量为 $k_1(1,-1,0)^T+k_2(1,1,-4)^T(k_1^2+k_2^2\neq 0)$;

对应特征值 10 的特征向量为 $k(2,2,1)^T(k\neq 0)$.

(6) 特征值 $\lambda_1=-1,\lambda_2=\lambda_3=2$;

对应特征值 −1 的特征向量为 $k(1,0,1)^T(k\neq 0)$;

对应特征值 2 的特征向量为 $k_1(0,1,-1)^T+k_2(1,0,4)^T(k_1^2+k_2^2\neq 0)$.

3. $|\lambda \boldsymbol{E}-\boldsymbol{A}|=(\lambda-1)(\lambda-2)(\lambda-3)$; $|4\boldsymbol{E}-\boldsymbol{A}|=6$; $|4\boldsymbol{E}+\boldsymbol{A}|=210$.

4. $\boldsymbol{A}=\begin{bmatrix}-13 & 6\\ -30 & 14\end{bmatrix}$.

8. ± 1.　　9. $|\boldsymbol{E}+\boldsymbol{A}|=1$.　　10. $x=10,y=-4$.

习题 5.2

1. (1) 假; (2) 假.

3. $\boldsymbol{P}=\begin{bmatrix}1 & 0\\ 1 & 1\end{bmatrix}$, $\boldsymbol{A}^{10}=\begin{bmatrix}1 & 0\\ 1-2^{10} & 2^{10}\end{bmatrix}$.

4. $x=4,y=5$.

10. $x=3$.

习题 5.3

1. 2 个.　　2. 5 个.

3. (1) $\boldsymbol{A}$ 的若当标准形 $\boldsymbol{J}=\begin{bmatrix}1 & 0 & 0\\ 0 & 0 & 1\\ 0 & 0 & 0\end{bmatrix}$;

(2) $\boldsymbol{P}=\begin{bmatrix}0 & 1 & -1\\ 1 & -2 & 1\\ 0 & 1 & 0\end{bmatrix}$(不唯一).

第6章

习题 6.1

1. (1) 1; (2) −7.

2. (1) $\sqrt{3}$; (2) $3\sqrt{2}$.

3. $(4,0,1,-3)^T$.

习题 6.2

1. $\boldsymbol{A}=\frac{1}{5}\begin{bmatrix}9 & -2\\ -2 & 6\end{bmatrix}$.

3. $\boldsymbol{A}=\begin{bmatrix}1&0&0\\0&0&-1\\0&-1&0\end{bmatrix}$.

4. (1) $\boldsymbol{P}=\begin{bmatrix}\frac{2}{\sqrt{5}}&\frac{1}{\sqrt{5}}\\-\frac{1}{\sqrt{5}}&\frac{2}{\sqrt{5}}\end{bmatrix}$, $\boldsymbol{P}^{\mathrm{T}}\boldsymbol{AP}=\begin{bmatrix}0&0\\0&5\end{bmatrix}$;

(2) $\boldsymbol{P}=\frac{1}{3}\begin{bmatrix}1&-2&2\\2&-1&-2\\2&2&1\end{bmatrix}$, $\boldsymbol{P}^{\mathrm{T}}\boldsymbol{AP}=\begin{bmatrix}-2&&\\&1&\\&&4\end{bmatrix}$.

5. (1) $5y_1^2+(1+\sqrt{21})y_2^2+(1-\sqrt{21})y_3^2$;

(2) $5y_1^2+3y_2^2-3y_3^2$.

6. (1) $f=2y_1^2+5y_2^2+y_3^2$, $\boldsymbol{x}=\begin{bmatrix}1&0&0\\0&\frac{1}{\sqrt{2}}&\frac{1}{\sqrt{2}}\\0&\frac{1}{\sqrt{2}}&-\frac{1}{\sqrt{2}}\end{bmatrix}\boldsymbol{y}$;

(2) $f=y_1^2+y_2^2-y_3^2-y_4^2$, $\boldsymbol{x}=\begin{bmatrix}\frac{1}{\sqrt{2}}&0&-\frac{1}{\sqrt{2}}&0\\\frac{1}{\sqrt{2}}&0&\frac{1}{\sqrt{2}}&0\\0&-\frac{1}{\sqrt{2}}&0&\frac{1}{\sqrt{2}}\\0&\frac{1}{\sqrt{2}}&0&\frac{1}{\sqrt{2}}\end{bmatrix}\boldsymbol{y}$.

习题 6.3

2. 10 个.

3. 15 个.

4. (1) $f=y_1^2+y_2^2-y_3^2$, $\boldsymbol{x}=\begin{bmatrix}1&-1&1\\0&1&-2\\0&0&1\end{bmatrix}\boldsymbol{y}$;

(2) $f=y_1^2-y_2^2+6y_3^2$, $\boldsymbol{x}=\begin{bmatrix}1&1&-3\\1&-1&2\\0&0&1\end{bmatrix}\boldsymbol{y}$.

习题 6.4

1. (1) 假; (2) 真; (3) 假; (4) 假.

2. (1) 正定; (2) 正定.

3. $\lambda>1$.

第7章

习题 7.1

1. (1) 不构成；(2) 构成；(3) 不构成；(4) 构成；(5) 构成.

习题 7.2

1. $(a_{11}-a_{12}, a_{12}-a_{21}, a_{21}-a_{22}, a_{22})^{\mathrm{T}}$.

3. $\begin{bmatrix}1&0&0&1\\1&1&0&1\\0&1&1&1\\0&0&1&0\end{bmatrix}$; $\begin{bmatrix}x_1\\x_2\\x_3\\x_4\end{bmatrix}=\begin{bmatrix}1&0&0&1\\1&1&0&1\\0&1&1&1\\0&0&1&0\end{bmatrix}\begin{bmatrix}y_1\\y_2\\y_3\\y_4\end{bmatrix}$.

习题 7.3

1. (1) 不构成子空间；
   (2) 构成子空间；$\dim W_2=3$；$\boldsymbol{E}_{11}$，$\boldsymbol{E}_{12}$，$\boldsymbol{E}_{23}$ 为基.
2. 维数为 2；$\boldsymbol{\beta}_1$，$\boldsymbol{\beta}_2$ 为基.
3. $\dim(W_1+W_2)=3$，$\boldsymbol{\alpha}_1, \boldsymbol{\alpha}_2$，$\boldsymbol{\beta}_2$ 为基；$\dim(W_1\cap W_2)=1$，$\boldsymbol{\beta}_1$ 为基.

习题 7.5

1. $\boldsymbol{A}=\begin{bmatrix}a&0&b&0\\0&a&0&b\\c&0&d&0\\0&c&0&d\end{bmatrix}$，$\boldsymbol{B}=\begin{bmatrix}a&c&0&0\\b&d&0&0\\0&0&a&c\\0&0&b&d\end{bmatrix}$.

2. 特征值为 1,2,3；
   对应特征值 1 的特征向量为 $k[1,x,x^2](1,0,0)^{\mathrm{T}}(k\neq0)$，
   对应特征值 2 的特征向量为 $k[1,x,x^2](4,1,0)^{\mathrm{T}}(k\neq0)$，
   对应特征值 3 的特征向量为 $k[1,x,x^2](13,5,1)^{\mathrm{T}}(k\neq0)$；
   σ 在基

$$\boldsymbol{\alpha}_1=[1,x,x^2]\begin{bmatrix}1\\0\\0\end{bmatrix},\ \boldsymbol{\alpha}_2=[1,x,x^2]\begin{bmatrix}4\\1\\0\end{bmatrix},\ \boldsymbol{\alpha}_3=[1,x,x^2]\begin{bmatrix}13\\5\\1\end{bmatrix}$$

   下的矩阵为 $\mathrm{diag}(1,2,3)$.

习题 7.6

3. **A**.

4. $W^{\perp}=\left\{k\left(x^2-\dfrac{1}{3}\right)\,\middle|\,k\in\mathbb{R}\right\}$.